U0320881

中国农业科学院

农业环境与可持续发展研究所所志

（2013—2023）

中国农业科学院农业环境与可持续发展研究所　编

中国农业科学技术出版社

图书在版编目（CIP）数据

中国农业科学院农业环境与可持续发展研究所所志. 2013—2023 / 中国农业科学院农业环境与可持续发展研究所编. --北京：中国农业科学技术出版社，2023. 3

ISBN 978-7-5116-6215-6

Ⅰ. ①中…　Ⅱ. ①中…　Ⅲ. ①中国农业科学院－农业环境－研究所－概况－2013-2023 ②中国农业科学院－农业可持续发展－研究所－概况－2013-2023　Ⅳ. ①S-242

中国国家版本馆CIP数据核字（2023）第 036599 号

责任编辑	姚　欢
责任校对	马广洋
责任印制	姜义伟　王思文

出 版 者	中国农业科学技术出版社
	北京市中关村南大街 12 号　　邮编：100081
电　话	（010）82106631（编辑室）　（010）82109702（发行部）
	（010）82109709（读者服务部）
网　址	https://castp.caas.cn
经 销 者	各地新华书店
印 刷 者	北京建宏印刷有限公司
开　本	185 mm × 260 mm　1/16
印　张	18
字　数	400 千字
版　次	2023 年 3 月第 1 版　2023 年 3 月第 1 次印刷
定　价	98.00 元

《中国农业科学院农业环境与可持续发展研究所所志（2013—2023）》

编委会

主　　任　赵立欣　郝志强

副 主 任　梁富昌　郝卫平　高清竹

委　　员（以姓氏笔画为序）

马　欣　王　琰　王靖轩　朱志平　刘　园　刘布春　李　峰

何文清　张艳丽　张晴雯　封朝晖　姚宗路　夏　旭　姬军红

龚道枝　董红敏　董莲莲　程瑞锋　曾希柏　雷水玲

编纂工作组

撰稿人员（以姓氏笔画为序）

干珠扎布　万运帆　马　欣　马媛莉　王　佳　王　琰　王　斌　王一丁

王英楠　王建东　王靖轩　王耀生　尹福斌　史大宁　朱志平　刘　园

刘　硕　刘　勤　刘中阳　刘布春　刘连华　刘雨坤　刘国强　刘艳琪

刘赟青　许吟隆　孙长娇　孙雨潇　苏世鸣　李　峰　李　阔　李　想

李玉娥　李迎春　李艳丽　吴隆起　何文清　张　义　张兆钰　张艳丽

张晴雯　苗　倩　郑　莹　封朝晖　赵鹏程　赵解春　郝　卓　胡国铮

姚宗路　贺　勇　秦晓波　贾兴永　夏　旭　高清竹　高静文　郭　莹

郭李萍　展晓莹　姬军红　黄金丽　龚道枝　崔海信　彭慧珍　董莲莲

蒋丽丹　韩　雪　惠　燕　程瑞锋　曾希柏　雷水玲　蔡岸冬　霍丽丽

魏潇雅

统稿人员

张艳丽　王一丁　李　想

前　言

2013—2023年，是中国特色社会主义进入新时代的十年，是中华人民共和国史上具有里程碑意义的十年。

2013—2023年，是中国农业科学院农业环境与可持续发展研究所（简称环发所）成立以来的第7个十年，也是环发所历史上值得记载纪念的十年。

这十年，是环发所踔厉奋发的十年。全所上下凝心聚力，履职尽责，认真贯彻落实党中央决策部署，深化体制机制创新，积极优化学科建设，加快人才培养与引进，不断强化科技创新与成果转化，持续加强条件平台建设，紧跟新时代推进各项事业，迈出新步伐。

这十年，是环发所硕果累累的十年。在大家的共同努力下，重点优势学科研发能力和国际竞争力持续提升，科技人才队伍不断壮大，科技成果转化质量和效益逐年增长，一批先进适用技术得到推广应用，环发所已经成为领域内有重要影响力的公益性科研事业单位。

为了总结环发所事业发展的光辉历史，缅怀老一辈科学家的丰功伟绩，教育和激励青年科研人员积极进取，决定出版《中国农业科学院农业环境与可持续发展研究所所志（2013—2023）》（简称《所志》）。《所志》共设9章，主要包括发展沿革、科学研究、成果转化与产业支撑、人才队伍、条件平台、合作交流、党建与精神文明建设、管理工作、大事记以及附录。编纂过程中，编委会和编纂工作组本着求真务实的态度，在编排体例和内容上力求科学、系统、完整、准确，以记叙为主，陈述事实。

受时间和水平所限，疏漏之处在所难免，敬请读者见谅。

编纂工作组
2023年3月

目　录

第一章 发展沿革

第一节 发展历程

中国农业科学院农业环境与可持续发展研究所由原中国农业科学院农业气象研究所和生物防治研究所于2002年合并组建而成，自创立以来经历了以下几个时期。

一、中国农业科学院农业气象研究所的发展回顾（1953—2002年）

（一）农业气象组时期（1953—1956年）

中国农业科学院农业气象研究所的前身是中国科学院地球物理研究所和华北农业科学研究所共同组建的农业气象组，创建于1953年3月6日，是中国最早成立的农业气象研究机构。

1949年，中华人民共和国成立后，党和政府十分重视农业科学研究事业。1953年我国启动实施国民经济建设第一个五年计划（简称"一五"计划），国家进入计划经济建设，农业增产任务很大，农业生产合作社迅速发展，对农业科学技术的要求日益增加。针对我国农业气象灾害频繁发生的实际，1953年4月召开的第一次全国农村工作会议做出开展农业气象工作的决定。有感于气象灾害频发对农业生产带来的严重影响，时任中国科学院副院长竺可桢、地球物理研究所所长赵九章与华北农业科学研究所所长陈凤桐共同倡议，在华北农业科学研究所下设由中国科学院地球物理研究所、华北农业科学研究所共同组建的农业气象组，这是研究所的前身，也是我国最早的农业气象研究机构。地址为北京市西郊白祥庵路12号，即现在的北京市海淀区中关村南大街12号。人员由双方派员组成，合作期3年，由中国科学院选派吕炯研究员任主任，1954年中国科学院增派萧前椿副研究员为副主任。1953年农业气象组成立时全组17人，人员构成：中国科学院8人，华北农业科学研究所9人。其中：科技人员13人，行政管理人员2人，工人2人。

建立之初，农业气象组就遵循中共中央和中央人民政府提出的"理论联系实际，科学为生产服务"科研工作方针，其主要业务内容包括：主要农作物生长发育的农业气象鉴定、农业气象预报、农业气象仪器研制、农业气候及灾害性天气预防等。农业气象组先后开展了"冬小麦生长发育条件的农业气象鉴定（冬小麦分期播种试验）""冬小麦灌冻试验""土壤水分及土壤蒸发试验""冬小麦霜冻冻害研究""小气候仪器设计"等课题研究。

（二）农业气象研究室三部门合作时期（1957—1960年）

根据《1956—1967年科学技术发展远景规划纲要》（简称《十二年科技规划》）对农业气象工作的要求，经农业部、中国科学院、中央气象局三个部门酝酿，合作成立中国农业科学院农业气象研究室。1957年1月4日三方正式签订了合作协议，合作期3年。协议规定，以农业气象组为基础，扩充建立农业气象研究室，作为中国农业科学院的组成部门之一，由三方共同派员合作研究。1957年3月中国农业科学院成立，4月29日正式行文，就成立农业气象研究室问题报请农业部备案。1957年8月27日，国务院科学规划委员会（57）科字第120号文批复，同意中国农业科学院成立5个研究所及2个研究室，其中就包括农业气象研究室。农业气象研究室成为中国农业科学院最早成立的直属专业研究所（室）之一，研究室下设水稻气象、小麦气象、棉花气象、园艺气象、灾害性天气及病虫气象、农业气候、农业气象仪器7个研究组，办公室负责行政管理工作。

这个时期，农业气象研究室着眼于贯彻执行《1956年到1967年全国农业发展纲要》，从农业气象工作上保证农业增产、粮食获得稳定丰收，其业务主要内容包括：研究农作物生长发育的气象条件，为农业气象情报和预报、农业气候分析和区划提供根据；为研究品种繁育、推广提出农业气象依据；建立起统一的农业气象观测方法和全国农业气象观测网，为农业气象科研和农业气象服务提供资料；广泛开展农业、林业、畜牧业气象情报、预报服务工作及专业气候服务工作；提出切实可行的改善农田小气候的措施方案、防御各种气象灾害和改造自然的措施方案。

这段时期的科研工作重点包括：农作物生长发育及推广驯化的农业气象条件的研究，农业技术措施对小气候影响的试验，农业病虫害与气象条件关系的试验研究，灾害性天气防御方法的研究，与防护林改造自然等有关农业气象方面的研究。农业气象研究室先后承担了"华北地区农业气候热量资源研究""华北冬小麦霜冻指标及其气候条件研究""新型电阻测定土壤湿度研究""蔬菜的物候观测方法研究""水稻抽穗开花结实与气象条件关系研究""农田小气候观测方法研究""灌溉麦田小气候效应研究""二十四节气在农业生产上应用研究"等课题研究。

（三）原子能利用研究所代管时期、恢复院直属研究室时期（1961—1970年）

1961—1963年：1960年年初，三部门合作期满后，中国科学院、中央气象局合作人员陆续回到原单位，农业气象研究室人员全部为中国农业科学院编制。此时，国家正处于三年困难时期，全院开始精简机构、下放人员。1960年12月，农业部下达中国农业科学院精简方案，农业气象研究室从原有44人精简到仅余12名科技人员。1961年，中国农业科学院决定，农业气象研究室并入原子能利用研究所，由该所代管，对内作为该所第五研究室，对外仍保留原建制、公章和业务联系。

1963—1970年：1963年7月1日，农业气象研究室恢复中国农业科学院直属建制，任命岳良材为副主任主持工作；下设农业气象鉴定、农业气候、农田小气候、土壤气候、仪器等课题组。1964年任命耿锡栋任副主任兼党支部书记主持工作，下设旱涝、小麦气候区划、水稻烂秧、土壤水分测定仪等课题组。1966年"文化大革命"开始，农业气象研究室业务全部中断。

20世纪60年代，农业气象研究工作的中心任务：掌握天气、气候，特别是灾害性天气的变化规律，做出中长期预报；分析研究农业气候资料，做出全国、地区的农业气候区划；研究气候变化与农作物生长发育的关系；探明不同农业技术条件下农田小气候状况及其控制与改善途径，结合农业气象科学技术十年规划，更好地为我国农业大面积、大幅度、平衡、连续增产服务。

1961—1965年，围绕作物气象研究，重点开展秋播小麦生态气候型研究，探讨了各类型小麦品种生长发育与光、热、水等气象因子间的关系，生态特征及适应性分布。围绕农田小气候研究，重点开展玉米-大豆间作田辐射平衡研究、稻田露地保温育秧防止烂秧研究。围绕农业气象仪器研制与观测方法研究，研制了电子土壤水分测定仪和温、湿、风等小气候测定仪。围绕农业气候资源研究，开展了作物生态气候研究，着手全国农业气候区划的探索，1964年开展了小麦气候区划研究、农业气候区划研究。围绕干旱研究，重点开展了华北干旱发生规律和防御措施研究，对作物水分指标、干旱气候规律、旱地农田水分变化、抗旱保墒措施等进行研究；1964年，北方干热风普遍发生，研究室派人参加了国务院农林办公室组织的北方干热风调查，解释了干热风危害的实质、发生区域和季节；1965年，我国北方发生严重旱灾，研究室参与了北方旱情调查，总结了作物抗旱技术，同年总结出林粮间作和浇麦黄水防御干热风的经验。

（四）下放北京市时期（1970—1978年）

根据1970年国务院关于中国农业科学院精简机构下放的批示和农林部的文件，农业气象研究室于1971年2月按建制下放北京市，1971年12月划归北京市农业科学研究所，作为独立研究室，设一组和二组。1975年3月1日，北京市农业科学研究所恢复北京市农业科学院建制，农业气象研究室改为北京市农业科学院农业气象研究室；1976年农业气象研究室扩充为4个组，业务分别为：农业气象预报服务；气候资源利用、气象灾害防御；农田小气候改良、激光和仪器研究；业务、行政、图书和资料管理。1978年农业气象研究室下设科技组、行政组、作物气象组、农业气候组、气象灾害组、小气候组。

下放北京市期间，农业气象研究室主要针对北京市粮食生产中间种、套作、复种的农业气象问题和蔬菜大棚生产中的环境调控问题开展研究。围绕农业气象研究，组织在北京市各区县调查农业生产情况，在朝阳、顺义、大兴、平谷、密云、房山等区县设立农业基点，开展农业气象科学试验和相关研究工作。在作物气象研究领域，结合北京郊区及华北耕作制度改革，主要开展作物间套种耕作制度的光能利用研究，研制出JW75-B型多点半导体温度计进行批量生产，分发全国各有关单位试用；20世纪50—70年代，通过广泛试验，制定了农作物物候观测方法、蔬菜物候观测方法、土壤水分蒸发测定方法、农田小气候观测方法，为我国广泛开展农业气象研究、业务和服务打下了良好基础。在农业气候研究领域，开展北京地区农业气候分析，编写出版《北京地区的气候与农业生产》，配合全国农业区划工作的广泛开展，承担中国农业气候资源调查和农业气候区划课题任务。在农业气象灾害与减灾研究领域，研制出的保墒增温剂得到示范推广，在北京市开展干热风调查研究、旱情考察。

（五）回归中国农业科学院时期（1979—1990年）

"文化大革命"结束后，经国务院批准，中国农业科学院将下放北京市的两所一室（含农业气象研究室）收回，并从1978年到1984年陆续迁回北京市白石桥路30号标本楼和网室办公。迁回时职工52人，农业气象研究室属中国农业科学院一类所建制，下设办公室、科技组、作物气象组、农业气候组、农业小气候组、农业气象灾害组、畜牧气象组及农业气象试验站。1984年迁入院新建办公楼5楼办公。1985年农业气象研究室定为中国农业科学院二类所，副局级单位。

20世纪80年代，随着1978年全国科学大会的召开，研究所迎来了科学的春天，作为全国性农业气象研究机构，着重于全国性、重大农业气象问题的研究，以及必要的基础研究和理论研究，科研力量部署上侧重于应用，在农业气象研究、农业气候研究、农业气象灾害与减灾技术研究、旱作农业与节水农业研究等方面都取得了较大进展。

（1）农业气象研究。在作物气象研究领域，研究所主要加强了气象条件与作物品质、气象条件与经济作物的研究，如热量条件与玉米品质的关系、环境条件对鲜枣品质的影响、绿豆的光温指标、人参的光合特性研究及草莓北育南种研究等。在农业气象仪器研制与观测方法研究领域，研制出热扩散式土壤湿度计、BT-79型半导体温度计、NQ-79型农田小气候综合测定仪、DYZ-1型遥测多点温湿度仪、组合电阻式土壤湿度测定仪等，大都具有遥测、直读、精度高、可多点测定等性能，部分科研成果实现了产品化、规模化推广使用，研制了多种关键性成套实验装备或装置，同时农业气象要素的观测和农业气象试验数据记录开始向计算机化的全自动、大容量及快速处理方向发展；研究提出用CO_2气体分析仪测定作物光合作用方法、应用同化箱测定作物群体光合强度方法等被许多科研部门所引用，研究改进的农田蒸散蒸腾测定方法、植物群体光合速率测定方法等都达到了较高的技术水平。

（2）农业气候研究。在农业气候资源研究领域，主持开展了中国农林作物气候区划的研究、北方旱地农田类型分区及评价研究、世界作物气候生态与作物资源利用等课题研究，为中国综合农业区划、中国种植业区划、北方旱地农田分区治理等做出了贡献。在畜牧生态气候研究领域，1980年研究室在调查我国主要畜禽品种分布、生产性能、生态适应性等基础上，首次完成了中国畜牧生态气候区划，为我国畜牧业发展布局和引种提供重要参考。

（3）农业气象灾害与减灾技术研究。在霜冻害研究方面，20世纪80年代，先后开展东北地区低温冷害及防御对策研究、武陵山区春季低温冷害及防御对策研究、冰核活性细菌与作物霜冻之间的关系研究等。在畜牧气象灾害研究方面，先后开展高温、高湿天气对奶牛的影响及其对策研究，畜牧气象灾害调查及防御研究等。

（4）旱作农业与节水农业研究。在旱农地区农业综合发展研究方面，"六五"期间与中国农业科学院农业自然资源与农业区划研究所（简称资划所）共同主持北方旱地农业类型分区及其评价研究；在旱地农田水资源研究方面，主持国家攻关专题"主要类型旱农地区农田水分状况及其调控技术"研究，在我国首次定量分析了不同类型旱地农田土壤水分动态、水分平衡和水分循环规律，系统分析了我国旱地粮食生产潜力、开发程度、制约因素，提出我国北方各类旱农区实现粮食自给的前景及对策。对抗旱剂、保水剂在抗旱中的应用，地膜覆盖、秸秆覆盖对抑制农田水分蒸发、改善农田水分状况的作用，蒸腾抑制剂和土壤结构改良剂的应用技术等开展大量研究，相关产品和技术得到大面积推广。

（六）更名为农业气象研究所时期（1990—2002年）

1990年5月4日，国家科学技术委员会（90）国科计字327号文批准，中国农业科学院农业气象研究室更名为中国农业科学院农业气象研究所。更名后其方向、任务、隶属关系、级别均未变。1996年农业气象研究所机构调整，下设办公室（人事处）、科研处、开发服务中心，原有研究室改为全球变化研究室、减灾研究室、环境工程研究室、区域发展研究室、应用基础和信息产业研究室、试验站。

从20世纪90年代开始，研究所由侧重应用研究转向应用研究和应用基础研究并重，既要解决农业生产中具有重大经济效益、生态效益、社会效益的农业气象问题，又要研究解决农业气象学科发展中的理论、方法问题。"八五"期间，研究所的主要任务：承担全国性重大农业气象课题，合理利用和开发农业气候资源，有效防御和减轻农业气象灾害，改善和调节农业小气候环境，不断提高作物产量和品质。"九五"期间，研究所的主要任务：基础性研究与应用性研究相结合，主要包括"全球气候变化、气候资源的合理利用、粮食产量预报"等支撑国家决策的研究，以及"抗逆减灾、区域综合治理、环境工程和干旱地区农业"等直接影响我国农业生产的应用研究；加大抗逆减灾特别是抗旱剂、种衣剂、节水农业技术、高渗农药技术以及相关仪器设备的研究和开发。

（1）农业气象研究。在农业气象研究方面，承担了玉米生产管理决策支持系统研究、荆条泌蜜生理及预测预报方法研究、高产麦田群体冠层CO_2分布及供需矛盾研究、不同叶型玉米光合生产机理研究等课题。农业气象仪器的研制紧密结合新技术，向现场化、微处理器化、智能化方向发展，研制出农田辐射平衡测定系统、农产品气调储藏冷库的分布式计算机测控系统、人工霜冻实验箱及实验数据采集系统等实验系统等。

（2）农业气候研究。在农业气候资源研究方面，确定了农业气候研究方向，即加强气候与农业生产发展关系的研究，提高我国农业气候资源开发利用与保护的研究水平，重视农业气候理论应用的研究；出版了《世界农业气候与作物气候》《中国小麦气候生态区划》等著作；20世纪90年代后期以来，致力于农业气候资源方面的基础研究，为中国农业气候资源数字化图集编制奠定了良好的工作基础和坚实的理论基础及技术方法。在畜牧生态气候研究方面，先后开展节能高效太阳能猪舍环境控制技术、规模化猪鸡场环境调控关键设备等研究，猪舍小气候控制研究成果有效解决了南方炎热对猪生长发育影响的问题。

（3）全球气候变化研究。在气候变化情景构建方面，采用了与国际接轨、以模型为核心的技术方法，在脆弱性和适应对策以及温室气体清单、减缓对策等方面开展研究，同时加强了与《联合国气候变化框架公约》有关政策密切关联的基础和应用研究；以第一主持单位牵头攻关完成"气候变化对农业、水文水资源、森林及沿海地区海平面的影响及对策"，初步阐明了全球气候变化区域评价中农业系统模拟及其在环境外交中的应用，提出了气候变化对水文水资源、气候变化对森林、气候变化对沿海地区海平面的影响及适应对策，1996年获得国家计委、国家科委和财政部颁发的"八五"科技攻关重大科技成果奖，1998年获得国家科技进步奖二等奖。在气候变化影响评估方面，主持"全球气候变化信息与模型支持系统的建立与应用（1995—2000）"等国家级研究课题，课题成果于1997年获得农业部科技进步奖二等奖。在温室气体排放监测与清单编制方面，1990年起开展有关温室气体研究，围绕非工业源温室气体减排技术、中国反刍动物和动物废弃物甲烷排放清单编制、农业源温室气体排放系统监测等开展研究，"中国动物甲烷排放的测定与国家清单的编制"分别于1997年、1999年获得国家环保局科技进步奖二等奖、国家科技进步奖三等奖，研究成果有力地支持了外交谈判。在气候变化外交政策支撑研究方面，1997年主持国家科技攻关专题"温室气体排放贸易及《京都议定书》相应对策研究"，获2000年度科技部、财政部、国家计委、国家经贸委"九五"国家重点科技攻关计划优秀科技成果奖。

（4）农业气象灾害与减灾技术研究。在霜冻害研究方面，主持国家攻关专题霜冻灾害综合防御实用技术研究，围绕避霜冻、抗霜冻、减霜冻技术进行试验研究，探索出一条防霜冻的新途径；组装集成玉米、棉花、小麦农作物综合防霜冻配套技术，建立试验示范点，取得显著效益；以第一单位主持完成的"防御东北地区玉米低温冷害专家系统（PMLTCD）"于1992年获农业部科技进步奖三等奖。在干旱研究方面，针对小麦、玉米、大豆、杂粮等研制了系列节水抗旱种衣剂，研究了系列集水技术和不同降水特点的水肥互作技术。在设施农业环境调控领域，"九五"以来开始针对设施农业环境调控、农业灾害监测预警与调控管理等方面进行应用研究和技术产品开发。

（5）旱作农业与节水农业研究。在旱作农业研究方面，在"七五"科技攻关基础上，重点开展"北方旱地农田水分平衡及提高作物生产力研究""主要类型区农田水分平衡、水分生产潜力适度开发及调控技术研究""晋东豫西旱农地区（寿阳）农林牧综合发展研究"等研究工作，取得了突破性成果；"晋东豫西旱农类型区农林牧综合发展优化模式"研究，由旱地农、林、牧单项增产技术研究向农牧有机结合转化、农林牧综合发展研究转化，建立了该类型区农林牧优化结构，于1999年获得国家科技进步奖三等奖，"晋东豫西旱农地区农牧结合产业化持续发展模式与技术"创建了高产型农业发展样板，达到水、土、饲料、饲草资源高效利用，研究成果获科技部、财政部、国家计委、国家经贸委"九五"国家重点科技攻关计划优秀科技成果奖。作物高效用水研究，是"九五"末期在旱作农业研究的基础上发展起来的，系统研究了作物抗旱节水与高产之间协调关系和调控机制，突破了作物高效用水的关键技术与产品，提高了粮食作物水分利用率和利用效率。

（6）畜牧环境科学与工程研究。"八五"期间，承担农业部重点专题"节能高效太阳能猪舍环境控制技术"，通过工程技术将太阳能、生物能转换为热能，改善猪舍小气候，减轻了我国北方广大地区冬春季节寒冷对猪生产发育影响；开展中国畜舍建筑气候区划，为9个区自行设计太阳能畜舍提供了科学依据。"九五"期间，承担了国家攻关专题"规模化猪鸡场环境调控关键设备的研制"，研制出的蒸发降温技术解决了我国南方广大炎热地区规模化猪场夏季3个月停产问题。

二、中国农业科学院生物防治研究所的发展历程回顾（1980—2002年）

经农业部同意，中国农业科学院生物防治研究室（简称生防室）于1980年1月正式成立。生防室是全国性农业病、虫、草害生物防治科研机构。除开展生防科研工作外，农作物病、虫、杂草害天敌的引种和交换工作由生防室统一管理。1985年国家科委组织生防室协调全国生防科研工作。同年，中国农业科学院党组决定将原蔬菜研究所的农业环保科研任务和科技人员并入生防室，成为综合性的生防环保科研机构。1990年5月，经国家科委批准，生物防治研究室更名为中国农业科学院生物防治研究所（简称生防所）。

生防所以应用基础研究和应用研究为主，注重对具有植保功能的有益生物资源采集、分离（或分类）保藏，进而研究其杀虫、灭菌、除草的功能和机理，评价其利用前景，开发无公害生物农药、生物制剂、农药剂型及产品标准制定，应用技术研究等；同时对生防科技成果进行组装和推广，达到有效控制农业生产中的病虫草害，保护环境进而实现农业可持续发展。

生防所重点围绕有益昆虫利用及杂草生物防治技术研究、天敌引种检疫和利用研究、昆虫病原生物研究、农用抗生素研究、多功能生物农药的研制等方面持续攻关，多项研究取得重要进展。1988年设立中美生防合作实验室，持续多年开展农业科技合作；主持完成的"新农用抗生素120及其产生菌的分离、鉴定、生产工艺和应用"分别获农牧渔业部科技进步奖二等奖（1985年）、国家科技进步奖三等奖（1987年），"应用芫菁夜蛾线虫防治小木蠹蛾"分别获农业部科技进步奖二等奖（1989年）、国家科技进步奖三等奖（1991年），"赤眼蜂的应用基础、工厂化中试生产新工艺及示范区的建立"获国家科技进步奖二等奖（1995年），"中国苏云金杆菌杀虫剂的商品化生产、质量标准化及应用"获国家科技进步奖二等奖（1995年）。生防所组织编写的《中国生物防治》获1999年全国优秀科技图书奖。

三、组建农业环境与可持续发展研究所（2002年至今）

2001年11月16日，中国农业科学院党组印发《关于同意组建农业环境与可持续发展研究所（中心）的批复》（农科院人字〔2001〕328号），农业气象研究所与生物防治研究所正式合并组建中国农业科学院农业环境与可持续发展研究所。2002年10月10日，根据科技部、财政部、中编办《关于农业部等九个部门所属科研机构改革方案的批复》（国科发政字〔2002〕356号），农业气象研究所与生物防治研究所合并，更名为中国农业科学院农业环境与可持续发展研究所，明确为非盈利性科研机构。

（一）"十五"工作回顾

研究所合并、重组后，科技事业呈现良好发展态势，2001—2005年研究所在全国农业科研机构综合科研能力评估排全国第17位，全院第6位。

1. 科技创新工作

"十五"期间，研究所主持省部级及以上课题150余项；在气候变化影响评估、干旱与霜冻灾害防御、旱作节水农业、畜禽养殖场环境调控等重点领域进行研究攻关，获得省部级以上科技奖励17项，主持的"规模化猪鸡场环境调控关键技术与设备""抗旱种衣剂的研发与推广应用""干旱与霜冻灾害综合防御技术研究""应用绿僵菌防治蟑螂研究及其制剂百澳克开发"获得北京市科技进步奖三等奖，主持的"气候变化对主要脆弱领域的影响阈值及综合评估"获得国家环境保护总局环境保护科学技术奖二等奖。

2. 重点学科建设

在科技部、农业部和中国农业科学院的大力支持下，研究所于2002年按计划顺利完成中日农业技术研究发展中心的建设。通过两年多的建设与重组，研究所明确重点建设农业气象学、生物安全与生态农业、节水农业、药物生物工程和农业环境工程5个重点优势学科和10个重点研究方向，即围绕全球气候变化、节水农业、农业生态、药物工程、生物安全、环境工程、农业减灾、生物防治、农田环境、农业环境评价进行研究。

3. 人才队伍建设

截至2005年年底，研究所在职职工144人，其中，研究员25人（占比17.3%），副研究员40人（占比27.8%）；含中国科学院院士1人，中国农业科学院一级岗位杰出人才2人，二级岗位杰出人才10人；形成了一支老中青相结合的实力强大、阵容整齐的研究队伍。

4. 科研设施平台

"十五"期间，建有农业部农业环境与气候变化重点开放实验室；农业部生物防治重点开放实验室；农业部外来入侵生物预防与控制研究中心；农业部畜牧环境设施设备质量监督检验测试中心（筹）；中日农业技术研究发展中心暨中日合作研究公共实验室；中美农业环境中心；中美生物防治合作实验室；中国农业科学院节水农业综合研究中心等。设有气候变化、农业减灾、入侵生物学、生物防治、农业环境与生态学、旱地农业、农业水资源利用、蛋白质药物生物工程、农药微生物制剂、环境控制与信息技术、设施农业工程和畜牧环境工程12个专业实验室。

（二）"十一五"工作回顾

自2002年重组以来，经过多年的发展，已经初步建成了较为完善的学科体系，组建了结构较为合理的研究与管理队伍，建成了较为齐全的科研平台支撑体系，截至"十一五"末，研究所已经跻身于科研大所的行列。

1. 学科和团队建设

2006年经院长办公会议研究决定，将研究所的植物保护和生物防治学科相关研究划转植物保护研究所。研究所建立了农业气象学、农业生态学、农业环境工程学和农业水资源水环境学4个优势学科体系，农业气象学科处于国内领先地位，农业水资源学科和农业环境工程学科在国内居优势地位，农业生态学科则具备了较强的发展潜力，形成了气候变化、农业减灾、生态安全、环境修复、环境工程、旱作农业6个重点方向。

2. 科技创新工作

"十一五"期间，研究所牵头组织了气候变化农业影响及适应、农田面源污染、水污染重大科技专项、养殖业污染源普查、外来入侵生物环境影响、旱作农业等国家级项目，在农业温室气体减排、农业污染特征与产排污系数、环境生物修复、LED节能光源、农情远程实时监测与农业防灾减灾、旱作农业、农业水体污染防控等领域的应用基础研究和关键技术研发中取得重大突破，编制了第一个提交联合国的中国农业温室气体清单，建立了全球第一个户用沼气CDM项目减排核算和监测方法，研制了全国第一个天气指数农业保险产品，研发了保水剂、生物修复制剂、绿色农药助剂等一系列产品。研究所以第一完成单位在设施农业环境调控、生物农药与清洁生产、红壤肥力与环境调控等方面获得国家科技进步二等奖3项，具体包括：朱昌雄主持的"微生物农药发酵新技术新工艺及重要产品规模应用"于2006年获得国家科技进步奖二等奖，杨其长主持的"都市型设施园艺栽培模式创新及关键技术研究与示范推广"于2009年获得国家科技进步奖二等奖，曾希柏主持的"南方红壤区旱地的肥力演变、调控技术及产品应用"于2009年获得国家科技进步奖二等奖。

"十一五"期间，研究所获各种科技奖励17项，年均发表论文130篇、出版著作8部以上、申请专利15项以上。研究成果在哥本哈根气候峰会和坎昆气候大会的国际气候谈判、应对气象灾害和外来生物入侵突发事件、农业污染防控、水土环境保护、生态农业、现代农业、节水农业等行业重点领域发挥了重要作用，支撑了旱作节水农业、农业污染防治、中国应对气候变化方案、现代农业发展、外来入侵生物防治等规划的编制和相关条例的制定。

3. 人才队伍建设

截至"十一五"末，研究所在职职工161人，其中，研究员26人，副研究员43人；博士68人、硕士42人；高级职称职工占在职职工的42.9%，研究生学历职工占在职职工的68.3%；拥有新世纪百千万人才2人、部级专家4人、政府特贴专家31人。

4. 科研设施平台

拥有国家和部级科研平台8个，拥有中日农业技术研究发展中心、中美农业环境中心、国际农业研究磋商组织（CGIAR）联合实验室，国际原子能机构（IAEA）联合实验室等国际合作平台5个，在西藏那曲、湖南岳阳、北京顺义等地设有中国农业科学院农业环境野外科学观测实验站9个，农业与气候变化、立体污染防控、设施农业环境工程等院级中心6个。

5. 国内外交流合作

国内外影响力不断提升，环发所是国家气候变化农业影响与评估组长单位和国家气候变化谈判农业领域的唯一技术支撑单位，农业部防灾减灾、旱作节水、外来入侵生物环境风险等领域的咨询专家组组长单位，基础农学农业环境学的牵头编写单位，全国农业环境科研协作网的牵头和组织单位，政府间气候变化专门委员会（IPCC）评估报告的主要作者和联合国粮农组织（FAO）农业水质管理手册组织编制单位。

（三）"十二五"工作回顾

随着中国农业科学院"科技创新工程"开展以来，研究所"十二五"期间在学科体系构建、创新团队建设、平台支撑体系完善等方面均取得了长足进步，进入了快速发展的大好时期。

1. 科技创新工作

2011—2015年，研究所共获得国家级竞争性科研项目335项，留所总经费1.89亿元，其中，国家"973"计划项目1项、"863"计划项目1项、公益性行业科研专项项目2项、国家科技支撑计划项目4项、国家自然科学基金项目71项，以研究所作为第一完成单位获国家科技进步奖励2项、省部级科技奖励35项，获得国家专利147项（其中发明专利62项），发表学术论文926篇（其中SCI检索论文211篇），制定国家、行业、地方标准24项。与"十一五"相比，在竞争性项目争取、省部级科技成果奖励、论文产出和国家专利授权等方面均有不同程度提升，特别是在SCI检索论文以及发明专利授权方面有大幅提升，尤其在"973"和"863"计划项目主持方面取得突破，研究所整体科研实力、科技创新能力取得了长足发展，呈现出良好的发展态势。

2. 学科和团队建设

为大力推动农业科技创新工程，进一步适应国家对农业环境科技的迫切需求，研究所在参考国际前沿与自身现实的基础上，以突出优势和特色为原则，对原有4个学科领域、15个重点研究方向、26个课题组进行了精心梳理和合理重组，通过科学谋划与部署，逐步优化拓展形成农业气象学、农业水资源学、农业环境工程学、农业生态学和纳米农业技术应用学五大优势和新兴学科，重点开展农业温室气体与减排固碳、气候变化影响与农业气候资源利用、农业气象防灾减灾、生物节水与旱作农业、农业水生产力与水环境、设施植物环境科学与工程、畜牧环境科学与工程、退化及污染农田修复、农业清洁流域和多功能纳米材料及农业应用10个重点方向，并组建了10个创新团队，初步构建并完善了符合农业科研规律、满足支撑现代农业发展需求的学科体系，为今后学科和团队的进一步优化融合奠定了基础。

3. 人才队伍建设

2015年中编办批复了研究所人员编制增加的申请，编制从161人增加到253人，缓解了人员编制不足的问题，发展空间得到大幅拓展。人员结构渐趋合理。截至2015年年底，研究所共有在职人员164人，其中科研人员127人、管理人员18人、科研辅助支撑人员19人，分别占在职职工的77.4%、11.0%、11.6%；研究生124人，博士后22人，聘用人员45人。科研人员中，研究员42人，副研究员48人；具有博士学位人员92人、硕士学位人员30人。

4. 科研设施平台

研究所围绕学科发展和国家重大科技需求，以农业部重点实验室和野外科学观测实验站建设为主线，以粮食主产区综合试验基地为基础，初步构建了较为完善的农业环境科研平台体系。截至2015年年底，研究所拥有国家级科研创新平台2个，部级重点实验室3个，部级质量监督检验测试中心1个，部级风险评估实验室1个，部/院级野外科学观测实验站11个，国际联合实验室7个。院科技创新工程实施后，研究所围绕科技创新与支撑学科发展的现实需求，进一步对各平台进行了科学合理布局和功能完善，形成了较为完备的平台支撑体系。

（四）"十三五"工作回顾

1. 科技创新工作

"十三五"期间，研究所主持承担国家级、省部级科研课题400余项，在畜禽粪污资源化利用、设施农业生产LED（发光二极管）关键技术、粮食主产区主要作物气象防灾减灾、林果水旱灾害监测预警与风险防范、环境友好型地膜覆盖技术等重点领域进行攻关；获国家及省部级奖励28项，其中以第一完成单位获得国家科技进步奖二等奖3项，包括"北方旱地农田抗旱适水种植技术及应用""畜禽粪便污染监测核算方法和减排增效关键技术""高光效低能耗LED智能植物工厂关键技术及系统集成"。以第一作者或通信作者在影响因子大于10的期刊上发表高水平论文9篇，在JCR（期刊引用报告）学科TOP5期刊发表论文44篇；获授权专利183项，其中国际专利4项，国家发明专利88项；获得软件著作权125项；编制国家、行业标准20项。与"十二五"期间相比，科研经费增长49%、国家级奖励增长50%、SCI检索论文增长155%、发明专利增长100%，软件著作权增长150%，科技创新能力和国际影响力明显提升，研究所综合实力在全院评价中保持前十水平，呈现出良好的发展态势。

2. 学科和团队建设

"十三五"期间，研究所围绕光、温、水、土、气、生等关键环境要素开展创新研究，初步建立了涵盖理学、工学、农学三大类学科门类的综合性农业环境学科体系，形成了农业气象、农业水资源与水环境、农业生态、农业生物环境工程、农业材料工程五大学科领域，组建了11个科研团队。聚焦农业应对气候变化、气候资源利用、气象灾害防控、设施环境和畜牧环境控制、种养殖废弃物资源利用、生物节水与旱作农业、退化及污染农田修复、清洁流域构建、纳米新材料和农膜污染防控等重点学科方向和科学问题，开展应用基础研究和技术研发，不断丰富学科内涵和引领推动学科发展，多学科交叉融合不断催生出新兴学科，研究所学科综合性发展，创新能力较强，符合国家绿色发展的关键学科领域需求。

3. 支撑转化工作

积极对接服务政府部门，围绕气候变化农业领域谈判、国家农业污染源普查任务畜禽养殖业污染源普查和地膜污染源普查、畜禽粪污资源化利用整县推进、农村人居环境治理、农膜污染专项治理、"三区三州"科技扶贫等部委中心任务提供支撑，政府智库作用越来越突出。通过所地合作、所企合作等方式，加大先进适用性技术、产品和装备的推广应用，累计推广关键技术43项，关键核心技术、模式或产品示范面积达1 300万亩（1亩≈667 m²，全书同）；成果转化收入增长34%，有力支撑了脱贫攻坚和乡村振兴主战场。

4. 人才队伍建设

截至"十三五"末，研究所在职职工188人。拥有在站博士后23人，在读研究生224人（其中博士研究生91人，硕士研究生133人），外聘人员78人，为科技创新提供了重要补充力量。人才质量和年龄结构进一步优化，113人具有高级职称（其中，研究员55人，副研究员58人），占总人数的60.1%。研究生学历166人（其中135人具有博士学位，31人具有硕士学位），占总人数的88.3%。45岁以下人员135人，占全所职工总人数的71.8%。高级职称人员中，45岁以下71人，占高级职称总人数的62.3%。研究所认真落实团队首席接续机制，"70后"首席占首席总数的55%，首席年龄55岁以上的团队全部完成了执行首席的配备，58岁以上的团队首席全部转为资深首席。中层干部队伍年龄结构进一步优化，平均年龄从2015年年底的47.4岁下降到2020年年底的45.8岁。依托院科技创新工程，组建了11个科研团队，构建起"团队首席（资深首席）-执行首席-科研骨干-科研助理"的科研队伍。新增国家高层次人才3人，培育"百千万人才工程"国家级人选3人，中国科协青年托举工程入选者5人。通过青年英才计划全职引进国内外优秀青年人才16人，入选院级农科英才21人。人才队伍的国际化程度进一步提升，27人次在国际组织和国际知名期刊担任重要职务。

5. 科研设施平台

"十三五"期间，新增国家野外科学观测实验站1个、部重点实验室2个、国际合作平台3个、部级数据中心1个，寿阳站进入国家野外科学观测研究站序列，寿阳、顺义、那曲、岳阳4站入选农业农村部国家农业科学观测实验站，为各项事业发展提供了重要支撑保障。

6. 国际交流合作

研究所瞄准学科国际前沿热点，重点加强与世界顶尖科研机构深入合作，依托中日农业技术研究发展中心等12个国际合作平台开展实质性合作交流。中日农业技术研究发展中心纳入中日政府间国际合作框架，入选"改革开放40年中国农业科学院国际合作10件重大事件"。研究所牵头承担欧盟地平线项目、联合国粮农组织等国际组织合作项目20余项，主办设施园艺、畜禽环境、纳米科技等研究方向10次重大国际会议；引进国际知名专家17人，在联合国政府间气候变化专门委员会等国际机构兼职27人次。

第二节 机构设置沿革

2015年7月，根据《农业部办公厅关于中国农业科学院部分院属单位机构编制调整的通知》，研究所财政补助事业编制为253名。

2016年9月，根据《关于同意农业环境与可持续发展研究所内设机构调整的批复》（农科人干函〔2016〕104号），条件建设与财务处更名为财务处，产业与后勤服务中心更名为成果转化中心。

2019年9月，根据《中央编办关于农业农村部所属部分事业单位分类的批复》（中央编办复字〔2019〕105号），研究所划入公益二类事业单位。

2020年10月，根据《关于同意农业环境与可持续发展研究所内设机构调整的批复》（农科人干函〔2020〕116号），新设人事处、条件保障处；办公室更名为综合办公室，加挂党委办公室牌子；科技处、国际合作与交流处合并成立科研管理与国际合作处，保留中日中心综合协调办公室牌子。财务处更名为财务资产处；成果转化中心更名为成果转化处。

截至2022年12月底，研究所内设机构共14个：职能部门6个，分别为综合办公室（党委办公室）、科研管理和国际合作处（中日中心综合协调办公室）、人事处、财务资产处、成果转化处、条件保障处；科研部门6个，分别为气候变化研究室、农业减灾研究室、旱作节水农业研究室、环境工程研究室、生态安全研究室、环境修复研究室；支撑部门2个，分别为编辑信息室和农业环境分析测试中心。核定处级干部职数为24人。

第二章　科学研究

2013年，中国农业科学院正式启动科技创新工程，分试点探索期、调整推进期和全面发展期3个阶段，按"3+5+5年"梯次推进，开启了全院科技创新工作的新局面。10年来，研究所紧紧抓住国家高度重视农业科技创新、打造国家战略科技力量的历史机遇，不断优化农业气象、农业水资源与水环境、农业生态、农业生物环境工程、农业材料工程等五大学科领域，依托院科技创新工程组建11个科研团队，聚焦气候变化与减排固碳、智慧气象与农业气候资源利用、农业气象灾害防控、节水新材料与农膜污染防控、生物节水与旱作农业、设施植物环境工程、畜牧环境科学与工程、种植废弃物清洁转化与高值利用、退化及污染农田修复、农业清洁流域、多功能纳米材料等重点方向，大力开展科技创新，科研成果不断涌现，科研立项与产出实现双跨越。

第一节　农业气象

一、气候变化与减排固碳研究

2013年以来，研究所聚焦农业碳达峰碳中和国家重大战略需求，开展应对气候变化与减排固碳领域创新研究，承担国家重点研发计划、国家科技支撑计划和公益性行业科研专项课题7项，国际合作项目17项，国家自然科学基金15项，其他课题或子课题51项。研究所逐步完善了国家农业环境那曲观测实验站等减排固碳研究平台，构建国家农业环境数据中心，承担国家温室气体自愿减排项目审定与核证中心的工作。研究所评价成果2项、培育成果1项，获得省部级奖5项；以第一作者和通信作者发表论文165篇，其中SCI检索论文92篇，EI论文7篇，中文核心期刊论文72篇；获得发明专利18项、软件著作权27项、行业标准、地方标准及团体标准17项；向国家发展改革委和生态环境部提交适应、减排固碳等气候变化谈判对案48份，向西藏自治区党委、人民政府提交生态文明建设等对策建议5份。为我国农业减排固碳、碳达峰碳中和战略、国际气候履约及农业气象学科科技创新做出了突出贡献。

（一）农田减排固碳增产协同机制和技术研发

针对我国稻田和旱作农田温室气体排放量大、减排固碳增产难兼顾以及未来气候变化等问题，以水稻、小麦-玉米和蔬菜等生产系统为研究对象，开展了农田减排增碳丰产协同机制和技术研发，为提高我国农田减排固碳能力和应对气候变化不利影响提供科学理论及技术产品支撑。

一是针对气候变化对稻田温室气体排放影响及减排固碳技术，开展了长期试验研究。基于开顶式气室气候变化原位模拟长期试验研究，系统阐明了大气CO_2浓度和温度升高对双季稻生长发育和产量形成的影响，发现增温一定程度上抵消了增CO_2对早稻产量的促进效果，增温增CO_2协同提高了晚稻产量，未来气候变化有助于提高双季稻生产力。针对我国农田有机废弃物资源化利用问题，借助分子生物学手段，揭示了中高量秸秆生物质炭对双季稻田温室气体减排和水稻增产的微生物调节机制。针对优质水稻品种筛选减缓气候变化问题，在华南双季稻主产区筛选出3个高产低排放水稻品种。研究结果受到广泛关注，该技术在华南和华中稻区得到了推广应用，并于2019年在G20峰会高级别论坛上作为气候智慧型农业技术典型案例被吸纳推广。

二是针对我国主要旱地农田的固碳减排技术及其机理开展了长期研究，包括"东北冷凉地区合理轮作加秸秆粉碎深埋""华北高产集约化农田一年两作免耕深松""华北滨海区中低产田玉米整秸秆深埋抑盐"等固碳技术模式，在代表性示范区辐射示范面积共计6 968万亩。试验区土壤6年期间比当地农民习惯管理方式在0～40 cm增加固碳0.7 t/hm²，平均每年土壤固碳增加0.12 t/hm²。该技术模式获得2019年黑龙江省科技进步奖三等奖。

三是深入探究了旱地农田N_2O排放途径，发现旱地农田施肥后的氨氧化过程和紧接着的硝化细菌反硝化过程是N_2O排放的主要过程，研发了相应的N_2O减排技术（减排率20%以上）。以华北典型麦-玉农田为例，研发了有机肥替代30%氮肥并结合脲酶抑制剂和硝化抑制剂综合技术模式，创新了"氮素上层控释、磷钾下层深施、肥种时空适配、缩氮减损提效"的两肥分层异位精播一体化理论，研发了"控总氮、巧分配、降损耗、稳高产、促增效"的专用肥配施氮素增效剂的关键技术。该技术模式2015—2017年共推广示范310万亩，获得2018年河北省科技进步奖二等奖。

四是针对农业流域温室气体间接排放与阻控机制，在长期高时间精度监测基础上，定量评估了环境因子和人类活动对农业流域温室气体（GHG）传输的影响。针对国家温室气体清单编制和全球N_2O估算不确定性等科学问题和重大需求，利用实测区域估算和政府间气候变化专门委员会（IPCC）默认方法等进行多方法对比，对典型农业流域水系氧化亚氮间接排放系数（EF_{5r}）进行了综合评估，重新估算了中国及世界河流N_2O间接排放量，为IPCC进一步修正GHG排放系数和国家温室气体清单的编制提供了有力科学支撑。相关成果发表在*Environmental Science & Technology*、*Agriculture, Ecosystems &*

Environment、*Science of the Total Environment*等国际环境领域权威期刊上。

五是在保证国家粮食安全和重要农产品有效供给的前提下，我国种植业碳达峰碳中和面临巨大挑战，对其实施战略和实现路径进行了探讨。基于本土化的排放因子和活动水平数据全面评估了我国农田温室气体排放及土壤固碳现状，并从农业废弃物循环、氮肥利用率提高、水分优化管理和控制氮盈余4个角度提出农田减排固碳技术路径，预计到2030年和2060年我国种植业温室气体可分别减排11%和24%，如果考虑土壤固碳，温室气体净排放可分别减少37%和41%。该研究为粮食安全、碳中和双重目标约束下的农业减排固碳和绿色低碳转型提供科学参考。该成果发表于国际权威期刊*Resources，Conservation & Recycling*。

（二）高寒草地生态与生产协同提升技术及模式

长期扎根西藏那曲，针对高寒牧区低温缺氧的气候条件以及草地退化机理不清、有效修复措施缺乏、饲草利用效率低等突出问题，研究所开展了高寒草地生态与生产功能协同提升关键技术研发及应用工作，先后获全国农牧渔业丰收奖一等奖1项，西藏自治区科学技术奖一等奖1项、二等奖2项，大北农科技奖二等奖1项，为治边稳藏、高寒牧区生态文明建设、高寒牧区脱贫攻坚提供了有力的科技支撑。

一是构建了高寒草地监测评估系统，揭示了高寒草地退化机理。首次提出了基于遥感监测的高寒草地退化指数，通过多年连续地面观测和验证，构建了高寒草地监测评估系统，明确了近40年高寒草地退化时空格局与过程。

二是研发了高寒草地生态修复技术体系、优质饲草生产技术体系，实现了高寒牧区饲草多源供给。筛选确定了抗寒抗旱牧草品种11个，创建了水肥稳定供给的高寒草地生态修复技术体系、高寒牧区"冬圈夏草"技术和低海拔农区优质饲草种植技术，解决了高寒牧区土壤贫瘠、水热不匹配的问题，使退化草地植被平均盖度提高35%以上，人工饲草产量提升4倍以上，显著提升了高寒牧区饲草供给能力。

三是创建了高寒牧区草地生态与生产协同提升模式，在青藏高原大面积推广应用，显著提高了高寒牧区草牧业生产效率，有效解决了高寒牧区草地生态与生产的矛盾。明确了退化高寒草地最佳禁牧年限阈值为5~7年，确定了暖季最适放牧强度为每公顷0.8~1.0个羊单位，规范了退化草地修复后"长周期、低频率"轮牧技术，草地利用率提高4.5个百分点；集成创新了高寒草地修复、饲草多源供给、饲草营养提升、暖季轮牧和冷季半舍饲为一体的"低草高牧"模式，克服了高寒缺氧的恶劣条件，在青藏高原推广应用4 000余万亩，生态、经济、社会效益显著。

（三）农用地碳排放和气候变化自动监测与模拟

农业碳排放监测是温室气体产生机理、减排固碳技术研发及参与气候变化谈判的基础。自2013年以来，研究所在农用地碳排放和气候变化自动监测与模拟仪器设施方面开展了针对性研发，从监测设备、分析方法及自动化采样和进样方面进行农业温室气体监测技术的创新研究，主要着重自动化、远程控制观测及分析精度提高这几个方面，取得相关创新专利技术10余项，支撑了团队6个国家级课题、1个行业专项项目及2项国际合作课题的开展，实现了研究室温室气体采集分析的全自动化和低成本高效率的农田和草地气候变化模拟，建立了5个气候变化实验模拟站点。成果被国内10多家科研机构应用，年均创收节支50万元以上，为获得国家科技进步奖二等奖，以及省部级一、二、三等奖做出了贡献。

（四）为全球气候治理与农业应对气候变化谈判提供决策支撑

受部委直接委派和专项支持，多名人员作为《联合国气候变化框架公约》（以下简称《公约》）中国代表团主要成员，参与土地利用、土地利用变化与林业（LULUCF）、农业、全球适应目标、国家适应计划、损失损害等国际气候治理关键议题的谈判，同时参与了全球农业温室气体联盟、土壤千分之四倡议、气候智慧型农业国际联盟及亚太经合组织（APEC）等其他国际机制和多边经济体的磋商。多名人员参与联合国政府间气候变化专门委员会（IPCC）等全球应对气候变化重要报告的编写，参与国家温室气体清单编制，连续10年审评发达国家温室气体清单报告，担任《公约》适应委员会委员。在多项国际事务中，发挥了积极建设性的作用，为争取国家和行业发展权益提供了重要保障。为国家发展改革委、农业农村部、生态环境部等部委提供了超过140余份的谈判对策建议，长期稳定地支撑了国家利益需求，为探索农业应对气候变化领域的可持续发展路径、提升国际话语权提供了高质量服务。

二、智慧气象与农业气候资源利用

2013年以来，为充分发挥气候变化与农业气候资源利用在全国农业环境科技创新中的引领带动和示范作用，研究所以中国农业科学院科技创新工程试点为契机，重点开展气候变化对农业影响评估和对策、适应气候变化的农业气候资源高效利用机理与技术体系研究。研究所先后主持国家科技支撑计划项目"北方重点地区适应气候变化技术开发与应用"、联合国粮农组织资助的中国茶业碳中和先遣性探索项目、英国挑战基金"非洲发展廊道"项目（坦桑尼亚南部农业廊道适应气候变化能力建设）、"气候变化对作物品质的影响机理"等7个项目和课题；承担国家自然科学基金项目"作物生长对地质封存二氧化碳点源泄露的响应过程和机理""冬小麦籽粒蛋白质及组分形成过程对气候暖干化的应答机制"等10项。开展适应气候变化的政策研究，支撑国家适应气候变化整体战略布局与决策，多名人员作为首席作者参与撰写《第四次气候变化国家评估报告》，多名人员作为主要作者参与生态环境部《国家适应气候变化战略2035》的撰写，参与科技部第六次国家技术预测，参与编制科技部《碳中和技术发展路线图》（非二氧化碳温室气体减排技术评估），以及参加"十四五"科技部气候变化领域科技需求咨询等。

（一）农业气候风险评估与国家适应战略

"十二五"期间，研究所在农业气候风险评估和适应技术研发方面，重点开展了东北典型地区水稻和玉米、黄淮海典型地区冬小麦种植，珍稀濒危物种保护、火灾与病虫害风险预警，形成集成技术体系10套、综合示范基地9个，推广应用面积4.4万亩；通过适应技术研发与应用，主要作物产量提高8%以上，降低成本10%以上，发生灾害时减产率降低10%以上。"十三五"期间，积极拓展新的学科增长点，从气候变化对农产品产量、品质和利用效率协同调控出发，在创建高精度气候情景基础上，揭示未来高温、干旱等极端气候事件风险时空变化趋势与分异规律，探明1.5℃与2.0℃温升对小麦、玉米和水稻产量差异的驱动机制，构建气候灾害风险评估系统；基于FACE试验和典型气候区多点联动试验，阐明影响作物品质形成的关键气象因子，研发Gene-based作物模型，在方法上突破性地将生物技术与信息技术相结合，创建基于基因的作物模型模拟系统，实现作物产量和品质协同的优势气候区布局。针对国内"重减排、轻适应"的问题，探索构建适应气候变化技术体系，发展适应方法学，开展气候变化对我国农业影响与风险时空格局展开分析，识别了气候变化对农业熟制的影响，并对我国农业病虫害的未来风险进行了预估，为我国农业适应气候变化提供支撑。

基于"气候模式-作物模型-经济模型"耦合的大麦研究成果，作为通信作者发表在*Nature Plants*上，在2018年全球最受媒体关注科学论文中国区排名第一位。将育种与适应气候目标结合，分析了过去30多年育种对气候变化的贡献，提出了未来应对气候变化的小麦育种策略，相关研究成果发表于*Nature Communications*。通过多学科交叉融合，将气候数据、遥感数据和农牧户实地调研数据相结合，系统评估了生态补奖政策对中国草地资源保护和农牧业可持续发展的贡献，相关研究成果发表于*Nature Communications*。基于气候情景与FACE平台的作物品质系列研究成果发表于农业及环境领域JCR一区期刊*Journal of Experimental Botany*、*Environmental and Experimental Botany*等。

研究成果支撑了相关部委和地方政府适应气候变化规划的制定，并受生态环境部气候司委托，牵头开展《国家适应气候变化战略2035》的研究工作，主持北京市、重庆市、浙江省丽水市等地方政府适应气候变化规划研究项目；服务于农险企业和种植企业决策，为平安保险集团提供农业气候风险评估决策服务；撰写的政策建议《我国亟需提升适应气候变化能力》，得到中共中央办公厅采纳，创新性地提出适应路径、适应示范基地建设、适应能力建设等一系列的行动方案，切实促进我国未来适应气候变化工作全面深入开展。

（二）碳中和方法学与产品认证探索

在"气候韧性"技术的基础上，研究所拓展"农产品全价值链低碳种植-高效加工和绿色消费的技术集成"新的学科增长点,深入开展"碳中和方法与产品认证"研究,取得以下成果。

一是在浙江省松阳县建立全球首个碳中和茶叶核算与示范基地,研发全生命周期茶产业碳排放核算方法,提出茶叶生产适应和减排的综合行动,引入碳汇等负排放措施以实现茶产业全生命周期的碳中和路径和措施。

二是开展碳捕集与封存(CCS)的环境影响评估。构建了自主知识产权的封存CO_2泄漏模拟平台,证实了CCS泄漏对地表植被与生态系统具有负面作用。

三是低密度生态系统碳汇交易的权衡分析与激励模式。提出生态系统行动的碳交易的收益授予低碳密度生态系统所有者,为低碳密度生态系统参与碳交易设计利益转移模式。

四是减氮增效减排修复技术应用与示范。提出以"氮素上层控释、肥种时空适配、缩氮减损提效"为主的氮肥高效应用技术,在河北省的应用示范面积达5 000亩,减排效果达到20%。

五是与FAO联合发布报告*Carbon neutral tea production in China:Three pilot case studies*,这是FAO首个碳中和茶方面的报告,助力推动FAO全球低碳韧性农业倡议及行动的实施,未来,碳中和茶产品认证将是中国-FAO农产品碳中和合作研究项目的重点。

相关学术论文发表在CCS领域的顶级期刊*International Journal of Greenhouse Gas Control*,生态环境领域JCR一区期刊 *Journal of Cleaner Production*、*Journal of Applied Ecology*等。为全球第一个全流程盐水层CCS封存工程提供科技支撑,获得中国职业安全健康协会(一级学会)科学技术奖二等奖。减氮增效减排关键技术为河北小麦玉米提质增效提供了技术支撑,获得河北省科技进步奖二等奖。提出的政策建议《推进国家重大生态工程碳汇交易,为碳中和目标发力》被中共中央办公厅采用。

三、农业气象灾害防控

2013年以来,研究所瞄准农业气象灾害风险防控领域的国际热点与科学前沿,面向国家粮食安全战略以"高产、优质"发展目标,面向现代农业产业市场"增产增收、提高效益"目标,面向防范自然灾害风险"提高农业防灾减灾能力、增强农业抗风险能力"目标,承担国家重点研发计划、国家科技支撑计划、公益性行业(农业)科研专项、国家自然科学基金、国家自然科学海外基金、农业部948、农业农村部财政资金等10余项,其他课题或子课题30余项。在基础理论与方法研究、重大关键技术集成与应用研究、新产品与新材料研制、科技成果转化等方面取得一大批科研成果。自2011年起,研究所成为农业农村部"农业防灾减灾专家指导组"组长单位,承担国家重大农业灾害损失评估、减灾技术指导与政策建议等工作。同时,也是农业农村部农业环境重点实验室(学科群)、作物高效用水与抗灾减损国家工程实验室的主要支撑力量,是农业农村部农业环境与灾害物联网监控中心的技术支撑力量，有力推动了农业气象领域的科技创新，为保障国家粮食安全和农业绿色可持续发展，支撑政府宏观决策做出重要贡献。

（一）农业气象灾害研究

面向农业气象灾害风险评估与风险转移，建立了东北玉米（水稻、大豆）产量、气象、农业灾害指标数据库；构建了基于东北地区灾情资料的粮食作物主要灾害损失评估模型，提出了农作物生产风险评估新方法；绘制了东北玉米旱灾、粳稻低温冷害风险图，提出了东北玉米旱灾风险、粳稻低温冷害风险控制方案。明确了东北地区参考作物蒸散量及其分解项的年际、季节的时空分布特征、探明空间尺度上参考作物蒸散量及其分解项的主气候敏感因子分布特征。阐明了三大粮食主产区小麦、玉米、水稻13种气象灾害及其时空分布规律，提高了气象灾害预测准确率，构建了创新性的减灾保产技术体系。开展了精细化网格历史和未来气候情景降尺度气象数据构建与评估，揭示了气候变化背景下中国苹果、葡萄气候适宜区的变化，评估了中国苹果、葡萄种植的水旱等相关灾害风险。针对林果水旱灾害发生、发展和致灾特点，以苹果、葡萄为研究对象，探明了气候变化背景下我国苹果葡萄气候适宜种植区北移西扩的变迁规律；考虑承灾体脆弱性和暴露性，明确了多尺度、多方法的苹果葡萄不同生育期水旱灾害系列指标；揭示了苹果、葡萄水旱灾害的演变规律，绘制了相关的风险区划系列图。针对河南冬小麦晚霜冻害，重点开展了气象与遥感协同的冬小麦晚霜冻害评估及冬小麦产量损失早期预测研究，基本厘清了气象因子致灾机制、冻害影响机制、小麦响应机制以及冻害-小麦-环境互作机制，奠定了冬小麦产量损失早期预测技术体系的构建基础。为解决大田环境下麦穗密度大、重叠严重的问题，构建了基于图像识别和机器学习的农田监测方法，提高了穗密度估算的准确率，克服了由麦穗重叠严重造成的穗密度估算准确率低的问题。针对黄淮海麦区高温低湿型干热风灾害区域性高发的问题，初步明确干热风是冬小麦的主要危害因子，明确了高温低湿型干热风在冬小麦灌浆期的原生伤害和次生的水分生理伤害的主要致灾机理。围绕农业防灾减灾救灾方向，面向农业气象灾害研究继续开展农业灾害影响及其演变规律、灾害致灾机理与调控机理、灾害补偿机制和农业灾害风险管理理论等应用基础性研究，继续开展基于不同数据源研究农业因灾损失评估方法，验证和预估结果可靠；全面评估变暖环境下农业气象灾害风险评估与区划及其对农业生产的影响。

（二）农业气象环境与灾害精准监测预警技术

明确了东北地区重旱、中旱和轻旱划分标准的阈值，厘定了不同时间尺度的旱灾保险纯费率；定量估算了经济蒸散量及不同水分管理下沧州地区冬小麦季需水量，为冬小麦季水分高效利用及灌溉策略的定量化应用提供理论依据。模拟研究了不同灌溉模式下土壤水分和产量的年际变化，建立预测土壤水分的新方法。初步建立了农业环境与灾害物联网远程监控与诊断管理系统平台，开发了小麦气象灾害远程监控与诊断管理系统、果树霜冻远程监控与诊断管理系统、智能手机监控管理与报警系统等应用并推广应用，在河南小麦主产区的多个代表性区域建立了小麦气象灾害远程监控与诊断管理系统的田间监测站点，在山东泰安、山东济宁、山西运城等地苹果园建立了果树霜冻远程监控与诊断管理系统的果园监测站点，监测数据实时传输至物联网系统平台，为当地农情上报与农业气象灾害决策分析提供了重要的农业基础信息。研发了实时气象数据收割系统，可实现全天24小时无人值守气象数据采集；完成了水稻高温热害、小麦干热风及小麦干旱等主要农业气象灾害的时空监测分析。自主研发的农业环境（灾害）远程监控相关设备与软件系统已在全国20多个省有160多处应用推广，该技术成果于2015年获批农业部全国农业农村信息化技术创新示范基地。构建了"区域干旱预警系统"，系统包括天气分析、灾害分析、气象干旱指标库、干旱特征分析和灾害评估模块、干旱监测与预警模块、用户管理等子模块，为区域和季节性干旱灾害风险评估提供了信息支持。针对三大区域水稻、玉米、小麦等作物的干旱、寒露风、倒春寒等13种主要农业气象灾害，在云计算、物联网、GIS技术和大数据系统的支撑下，面向政府管理部门、农业科技人员、农业企业、农户等农业信息使用主体，研发了一套集大数据采集存储、气象灾害监测-预警-评估、减灾保产技术服务为一体的业务化运行平台，包括农业气象灾害预警大数据管理系统、农业气象灾害综合研判与会商系统和"互联网+"农业气象灾害精细化服务系统，实现了13个主要农业气象灾害从灾前风险分析和预警评估、灾中跟踪监测诊断到灾后强度分析和损失评估的全自动大数据汇聚处理、全生命周期灾害进展监控、全要素地图综合研判及对农业气象灾害事件的全过程跟踪管理，为粮食作物主产区农业防灾减灾提供决策参考。研发的林果水旱灾害综合监测预警与风险防范决策支持平台，可实现我国苹果、葡萄灾害精细化动态监测预警与风险综合防范决策支持，亦可应用于其他农作物。研究利用微波雨衰反演降雨强度这一新型降雨监测手段，在ITU-R雨衰模型的基础上，建立适用于田间环境条件的微波雨衰计算方法与单条微波链路平均降雨强度反演模型。构建了点面结合的二维重建技术，探索研究田块尺度二维降雨场动态监测新方法新技术，实现田块尺度下高时空分辨率的二维降雨场动态监测，为田块尺度下农业环境精准监测与智慧防灾减灾提供决策依据，为微波降雨传感器原型设计研发提供技术与数据。基于电磁波脉冲在土壤介质不同介电常数界面反射原理，通过在北京顺义试验基地开展田间试验，研究利用探地雷达等低频微波技术对不同深度土壤层含水量进行反演，通过建立不同深度土壤层含水量模型，分析土壤水分随深度的动态变化规律，为定量深度土壤水分无损快速测量提供新技术。

集成田间物联网多源数据融合的作物生长监测诊断综合指标与模型，联网田间物联网监测站点，初步构建完成覆盖全国小麦等粮食主产区代表性生态区域的农田环境与作物生长监测物联网系统平台。完成"物联网主控节点设备-田间物联网终端站点-跨区域多站点组网的田间物联网-作物生长监测物联网系统平台-基于系统平台的生产管理应用服务"，最终实现监测点作物与环境信息的实时在线获取，多源感知数据融合的农田环境与作物生长的跨区域分布式动态监测与集中式诊断管理功能，使农田环境与作物生长监测管理方式转向自动化、网络化、精准化、可视化，为生产者与农技部门的实施精细化生产管理提供数据支持与决策依据。该技术成果"农田环境与作物生长监测物联网系统"作为农业信息化科研应用典型案例，获评为2020年度中国农业科学院科研信息化应用典型案例，入编《中国农业科学院科研信息化发展报告2020（白皮书）》。2021—2023年继续开展农业灾害监测预警和诊断评估技术与方法研发，建立农业防灾减灾技术体系，构建集成灾害监测预警、动态诊断与风险评估一体化智能服务应用系统，并与人工智能（AI）等先进技术融合，借此提高农业智能化生产。

（三）农业灾害风险管理研究

围绕提高农业灾害风险转移效率的国家需求和农业保险产品研发的技术需求，确立了基于农业生产气象灾害纯风险的费率厘定方法，探明了气候变化对指数保险费率厘定的影响；通过解析作物产量损失与气象灾害的定量关系，确立基于气象灾害风险的费率厘定方法；研究了气候变化影响农作物干旱风险的时空分布，厘定了空间上差异、时间上动态的合理费率。解析了影响农户支付意愿的关键因素，挖掘了农业保险的目标人群，为农户量身定制保险产品指明了方向。研发了基于"基差风险"控制的多灾种、多指数的天气指数农业保险关键技术，集成创新了由点到面、学科交叉、行业融合支撑的灾害风险转移技术的解决方案和应用模式。成果总体上达到同类研究国际先进水平，部分达到国际领先水平。开发了陕西省米脂县等31个苹果基地县苹果干旱指数保险产品，厘定了保险费率，并进行了空间的精细化区划。基于春季低温灾害和转色期雨涝灾害复合灾害风险，研发了宁夏回族自治区酿酒葡萄天气指数保险；基于苹果花期霜冻和季度干旱风险研发了四川省茂县苹果气象指数保险；基于阴雨寡照、暴雨和风灾风险，研发了河北省饶阳县设施葡萄气象指数保险。为了适应林果风险保障需求的水旱及其相关复合灾害的气象指数保险产品，作为创新型地方特色保险产品开展了试点应用，形成了"天气指数农业保险产品研发与应用"等系列成果。未来将继续围绕提高农业灾害风险转移效率的国家需求和农业气象指数保险产品研发的通用技术需求，开展农业灾害补偿机制和农业灾害风险管理方法的应用基础性研究。通过梳理特色农产品的指数保险研发流程，提炼地方特色农产品天气指数保险产品的通用流程，形成天气指数农业保险产品研发指引。

（四）农业减灾新材料和新产品研发

发现了EAS-多糖醇新型抗旱活性物质，20%PEG模拟条件下EAS-多糖醇能有效促进小麦幼苗应对干旱的能力；针对不同年限、不同施用量生物炭对土壤扩蓄增容的有利影响及潜在生态环境风险，研发了可协调微环境差异的抗旱诱导作用与土壤水肥均匀蓄容的关键技术。开发了具有螯合捕集转化反应特性的磁性固体螯合剂颗粒材料，首次实现将土壤中的重金属污染分离移除，直接净化修复。材料结构具原创性，有自主知识产权，在同类技术中达国际先进水平。

研究了3种寡糖（低聚木糖、纤维寡糖和甲壳低聚糖）、复配寡糖及海藻酸钠多糖对作物抗低温、抗病害及品质改善的影响，明确了寡糖对作物抗低温、抗病害及品质调控机制；基于源、库、流特点及其调控，开发了脂质多糖、次对羟多糖、亚多糖等系列多糖醇植物蒸腾调控制剂，能够保障干旱条件下作物根系的活性，提高叶片和茎秆中积累的物质最大限度地趋向籽实，进而减少干旱灾害损失；开发了内核基础保水吸水倍率大于2 000 g/g的凝胶新材料，基于深松、秸秆还田、农用保水剂等技术和材料，快速构建作物抗逆耕层，有效提高作物的抗逆性及资源利用效率。

（五）农业防灾减灾技术指导与政策建议

2011年以来，研究所作为农业农村部农业防灾减灾专家指导组组长单位，承接农业农村部政府购买服务，常态化开展农业防灾减灾指导工作，为农业农村部提供定期和不定期灾情预判、政策建议、防灾减灾技术指导以及灾后生产恢复的指导工作，为国家粮食生产布局和风险防范提供建议报告。重点开展农业气象灾害预警预报信息分析、农业灾害损失评估、影响分析与防灾减灾指导，完善防灾减灾专家指导组的工作机制，修订《重大农业灾害突发事件应急预案》，完善农业防灾减灾业务网络交流平台，向农业农村部提交农业防灾减灾信息简报/月报400余份，得到了部委领导的肯定批示和主管部门的大力支持，为农业生产决策管理提供科学依据，为我国农业防灾减灾提供了有力的科技支撑和服务。

第二节　农业水资源与水环境

一、生物节水与旱作农业

2013年以来，聚焦北方旱地农业高质量发展保障粮食安全、水安全和生态环境安全的国家重大战略需求，瞄准旱作节水农业领域的国际科技前沿，凝练旱地水转化界面过程与高效利用的生物学机制、旱作节水农业关键技术、产品以及典型区域旱作农业节水提质增效技术体系和发展模式等科研方向，重点突破关键的科学问题和深度节水、极限节水的"卡脖子"关键技术，在旱地农业水生产力多因素协同提升机制、旱地农业节水提质增效关键技术与产品和旱地抗旱适水种植技术模式等领域取得重要进展和成果，为解决旱地农业生态系统退化修复、水土资源高效可持续利用和乡村生态文明建设提供科技支撑。

先后承担国家重大科技专项、国家重点研发计划、国家科技支撑计划和公益性行业科研专项项目/课题等15项，国际合作项目9项，国家自然科学基金项目27项，其他项目/课题或子课题71项。经过创新研发，逐步完善了国家作物高效用水与抗灾减损工程实验室、农业农村部旱作节水农业重点实验室、农业农村部寿阳农业环境与旱地农业野外科学观测试验站、CAAS-ICARDA-ICRISAT旱地农业联合实验室和CAAS-IWMI农业水管理联合研究中心等旱作节水农业研究平台，获批建设国家寿阳旱地农业生态系统科学野外观测研究站、"一带一路"科创中国国际旱地农业研究院和中国农业科学院-国际原子能机构协作中心水土资源分中心，承担国家旱作农业科学观测与试验和技术应用示范工作。发表论文353篇，其中SCI检索论文216篇，中文核心期刊论文115篇；获得发明专利27项、软件著作权43项；编制行业地方及团体标准9项；获国家科技进步奖二等奖1项，省部级科技一、二等奖12项。

（一）旱地作物水分生产力的多因素协同提升机制

针对旱地作物水分生产力提升潜力大、多因素多尺度形成机制不明确等问题，采用室内培养实验、盆栽实验、小区农田试验到区域模型模拟的多点多尺度研究方法，从基因（宏基因）、代谢分子产物和表型水平，重点开展了旱地土壤环境（温度、pH、水盐和养分）和气象条件变化对根区微生物群落结构特征和基因多样性、碳氮转化的影响和作物叶片代谢、群体光合-蒸腾耦合及区域作物水分生产的协同调控作用机制的研究。

室内培养实验发现环境变化因子数增加显著降低土壤细菌和真菌物种分类、遗传的多样性，真菌降低幅度较大。盆栽实验揭示了根际细菌真菌互作显著增加招募促生微生物以及微藻肥改变土壤微生物网络关系调节土壤氮代谢过程。发现植物根系组装促生微生物网络，同时增强细菌与真菌的界间互作，成功分离11株植物促生功能菌株，其中，L4菌株在植物根系中定殖具有调节植物根系发育功能。

研究阐明提高磷酸戊糖途径和抑制次生代谢中的酚类合成，实现能量迁移至胁迫响应从而改善作物抗旱能力。揭示水分胁迫时冬小麦叶片被动适应调节，三羧酸循环和糖酵解途径受到明显抑制，且引起大部分氨基酸和糖类及多元醇大幅降低，但叶片有机酸含量上升以维持离子平衡。根系在干旱胁迫下糖酵解、细胞膜脂代谢和氨基酸合成受到明显的抑制，但三羧酸循环显著增强为生成有机酸类化合物提供能量。根外部质子缺乏造成NO_3^-含量降低，影响氮素吸收利用，导致氨基酸合成受阻。发现小麦平展叶因截获更多光能而具较高光合效率，又保持较低冠层温度利于高产，平展叶形成的冠层结构土壤蒸发耗水利于节水。发现群体密度相同的株型松散品种晋麦47和株型紧凑品种京411的产量相近，但前者的蒸腾耗水显著低于后者，冠层温度也明显降低。

田间试验阐明覆膜增温保水显著提高弗兰克菌属和硝化菌属的丰度，从而改善固氮和硝化作用。利用创新建立的N_2O气体$\delta^{15}N_\alpha$值校正方法分析显示，施用无机肥可促进反硝化菌属作用，而有机肥会使硝化菌属作用增强。发现土壤酸化会刺激N₂O排放并提高真菌反硝化作用产生的N₂O。无机肥增强了硝化、真菌反硝化作用，阻碍了N₂O向N₂的还原，导致N₂O排放量较大；有机肥的作用刚好相反。综合白菜产量和环境效应，最佳的有机替代化肥的比例为20%左右。利用同位素技术进行污染溯源研究发现，2019年地下水粪肥污染比例比2009年升高。查明北方旱作农田土壤有机碳时间演变规律及区域分布格局，揭示旱地有机碳高效转化和固定机制，确定了旱作农田秸秆还田的最佳还田量和氮肥与秸秆配施量。

野外试验结果表明植物收割和土壤养分扰动水平决定了相对于旱地生态系统组分确定性变化和随机性变化的重要性，从而确定了扰动后旱地生态系统演替的格局。探明了旱作春玉米水分生产力的日、季节动态特征，揭示了绿叶面积指数、散射光和光合有效辐射对水分生产力动态的影响机制，构建了基于过程的区域农田生态系统模型Agro-CEVSA，模拟分析了北方旱作春玉米水分生产力时空格局和驱动机制。利用山西寿阳和辽宁锦州的两个通量观站点的观测数据，对Agro-CEVSA模型进行了验证，并基于Agro-CEVSA模型完成了北方旱地春玉米水分生产力时空动态的模拟。相关成果发表于*Plant and Soil*、*Science China-Life Science*、*Journal of Cleaner Production*、*Frontiers in Plant Science*等国际知名期刊共43篇，获中国农业科学院青年科技创新奖、中国农业科学院科技成果转化专利奖、山西省科技进步奖一等奖、吉林省自然科学奖二等奖和北京市科学技术进步奖三等奖各1项。

（二）旱地农业节水增效关键技术与产品

针对当前旱地农业水肥利用率低、农产品品质差、水环境污染压力大以及灌溉施肥系统操作难等问题，重点开展了主要旱地粮食作物和果蔬滴灌水肥一体化与有机肥替代的节水提质减排增效机理，作物水分-养分-产量-品质-温室气体排放定量关系与水肥理想阈值，以及灌溉施肥智能控制模型和智慧灌溉施肥系统等研究和开发工作。

研究提出了亏缺灌溉通过根源化学信号脱落酸传导和植株氮素营养共同提高植物水分利用效率的双调控理论；明确了灌溉产生的干湿交替过程促进土壤有机氮和有机磷的矿化率，提高作物氮素和磷素吸收的机理。利用大数据整合分析了地膜覆盖和作物水肥一体化技术的节水减肥增产效果，表明地膜覆盖增产20%～50%，滴灌水肥一体化技术的增产12.0%以上，水分生产力提升26.4%，氮肥利用效率提高34.3%。

长期定位试验探索了不同覆盖模式和不同灌溉施肥制度对"田间微气候-作物耗水-作物生长"之间的互馈机制与变化特征，揭示了不同灌溉施肥制度下作物产量、品质变化趋势及土壤温室气体排放规律，确定了水肥一体化下冬小麦-夏玉米、春玉米、葡萄、猕猴桃、番茄和黄瓜等主要粮经作物水分-养分-产量-品质-GHG定量关系、水分养分诊断基准、最佳灌溉量与施氮量和时期及适宜氮肥种类。

开发了生活污水适度处理与滴灌回用技术与装置；突破了适合沼液滴灌的灌水器设计理论，并创制了沼液滴灌专用滴头；研制了日光温室大棚水汽凝结灌溉技术及系统。与北京科百等知名企业合作，突破了基于5G物联网和大数据的智慧灌溉施肥控制模型，研制了新一代无线网络控制的灌溉施肥系统，并集成了清洁能源驱动的滴灌施肥系统。技术产品规模化应用到河北、四川、广西、山西等地粮、经作物水肥一体化技术示范基地，取得了显著的社会经济效益和生态环境效益。

相关研究成果发表在*Agricultural Water Management*、*Energy Conversion and Management*等共37篇，获国家发明专利11项，先后荣获中国农业节水一等奖、二等奖4项，四川省科技进步奖二等奖1项。

（三）北方旱地农田抗旱适水种植技术模式

在北方旱地频旱多变环境、水土过度利用、生产稳定性下降背景下，推动旱地农业由对抗型向应变型转变，建立抗旱适水型种植技术和模式，是亟需解决的重大科学问题和技术难题。针对这些问题和技术需求，牵头在北方旱地半干旱、半湿润偏旱和半湿润等三个重点类型区，组织全国优势力量开展了协同创新，以增强旱地农田系统干旱逆境应变能力和水分适应弹性为目标，系统研究旱地农田土壤-植物-大气连续体水分循环过程及主控因素，探明土壤-地表-冠层协同调控机理和途径，创建北方旱地农田抗旱适水种植主导技术，取得了重大创新和突破。

研究揭示了30年间北方不同类型旱地频旱多变环境特征和作物水分供需变化规律，探明了旱地主要技术措施的降水适宜性，确定了不同类型区作物适水种植的优先序，制定了旱地农田增强干旱应对能力和降水适应弹性的技术与作物适应对策。

研究发现北方旱地冬小麦、春玉米等主要作物种植区北界北移了1～2个纬度，西扩2个经度，冬小麦生育期缩短10～15天，春玉米增加10～20天。近年来，北方旱农区降水量总体呈减少趋势，其中东北地区减少44.4 mm；华北北部玉米、西部及中部冬小麦干旱强度加剧；西北地区春玉米和夏玉米干旱发生范围每10年增加0.2个百分点。小麦、春玉米、马铃薯等旱地作物降水满足率下降超过5个百分点，旱地作物水分供需矛盾加剧。

利用916个点、1 345个试验、5 571组田间试验数据的系统研究发现，7项主要旱地栽培技术措施的水分利用效率（WUE）提升效应受降水影响显著。秸秆覆盖和秸秆粉碎还田技术在年降水量450～600 mm的旱农区最适；深松（耕）和有机培肥对作物水分利用效率的提升效应随降水量增加而降低，年降水量350～550 mm的旱农区技术效果最好，水分利用效率提升15%以上；免耕技术效应受降水量和年平均温度的双重影响，在年均温度＞7℃以及年降水量450～550 mm旱农区效果最优；地膜覆盖适宜于整个北方旱农区，随着降水量减少，水分利用效率提升效应更为突出。

研究确定了旱地冬小麦、玉米、花生、大豆、马铃薯和谷子等作物不同生育期水分敏感指数及区域分异特征，构建了随机水文年型适水种植结构诊断模型，经诊断发现适水配置多种作物能显著增强旱地农田系统稳定性及水分生产力（9.2%～11.7%）。北方不同类型旱地作物配置优先序：东北风沙半干旱和半湿润偏旱区为春玉米、花生（大豆）、谷子等；西北旱塬半干旱和半湿润偏旱区为春玉米、马铃薯、油菜、冬小麦等；华北丘陵半湿润偏旱区为春玉米、谷子、马铃薯、杂豆等；华北平原半湿润和半湿润偏旱区半旱地农业为夏玉米、冬小麦、花生（棉花）、大豆等。

研究确定了水碳氮协同效应和主要旱地土壤"高蓄积低损耗"的耕层土壤理想构型，探明了农田地表构型和覆盖的抑蒸降蚀调控效应，揭示了不同作物及其时空配置的资源高效利用和稳产增效作用机理，形成了抗旱适水种植的土壤-地表-冠层协同调控理论和方法。

40多年长期定位试验发现，褐土和黑垆土连续全量秸秆还田超过30年，耕层土壤有机碳分别达到16.8 g/kg和14.2 g/kg的平衡点。长期全量秸秆还田与化肥合理配施激发了外源氮的微生物固持-同化作用，肥料氮素利用率提高2～5个百分点。与秸秆不还田相比，连续全量秸秆还田土壤有机碳每增加1 g/kg，水稳性大团聚体含量增加2.5%，饱和导水率提高1.2%，稳定入渗率提高2.7%，生育期棵间蒸发减少4.7 mm，0～30 cm土壤蓄水增加5.2 mm。综合产量、水分利用效率、氮素利用率、碳足迹等指标建模，确定褐土和黑垆土在产量、水分利用和生态综合效益最优时的有机碳含量分别为13.7 g/kg和12.0 g/kg，为平衡点的81.5%和84.5%，是当前土壤有机碳水平的1.57倍和1.77倍。构建了旱地增渗、抑蒸、固持、提效的土壤构型综合评价模型，并通过15年以上长期定位试验田间验证和优化，确定了旱地褐土、黑垆土、潮土和棕壤土4种主要土壤"高蓄积低损耗"的耕层土壤理想构型参数。

连续9年田间定位试验发现，玉米、谷子等高秆作物与花生、大豆等矮秆作物间作，协调了根系在土壤中的纵向分布，高秆作物冠层截获更多辐射和降水，创造了水分、养分横向流动条件，提高了土壤水分养分有效性。适合机械作业的玉米花生4∶4间作、谷子花生2∶4间作水分利用当量比分别为1.14和1.19。华北丘陵区玉米大豆4∶4间作、玉米甘蓝2∶4间作，玉米带光截获量分别是大豆带和甘蓝带的1.21倍和1.44倍，水分利用当量比分别为1.13和1.16。

将技术降水适宜性、适水作物优先序和协同调控理论方法与不同类型旱地土壤和气候条件进行整合研究和校验，创建了华北丘陵半湿润偏旱区秸秆适水还田、华北平原中部半湿润偏旱节水压采区半旱地等旱地农田抗旱适水种植主推技术，研制了配套技术产品并实现了标准化，农田降水利用率达70%以上，春玉米水分利用效率为2.69 kg/（mm·亩）。该技术被列为省部级主导技术，为旱地农业高质量发展提供了解决方案。坚持边研究、边示范、边推广，将成熟技术纳入北方旱作节水农业技术推广方案，并与企业合作形成技术产品，研发的主导技术已在北方旱地农业生产中得到大面积推广应用。2017—2019年累计应用面积1.15亿亩，新增粮食产量45.9亿kg，新增产值86.5亿元，节约灌溉用水12亿m³，社会和生态效益显著。该研究成果获国家科技进步奖二等奖1项。

二、节水新材料与农膜污染防控

2013年以来，紧紧围绕"四个面向"，以整体提升我国农业水资源利用与农膜污染防控科学创新与技术支撑能力为根本导向，开展了抗旱节水新材料、全生物降解地膜新材料及新产品、农膜污染预警监测与综合防控技术体系的创新研究。承担国家重点研发计划、国家科技支撑计划、公益性行业专项项目/课题以及国务院专项全国第二次污染源普查地膜源普查专题等9项，国际合作项目6项，国家自然科学基金项目10项，其他项目/课题或子课题21项。

成功获批建设了农业农村部农膜污染防控重点实验室、国家作物高效用水与抗灾减损工程实验室等研究平台，承担了国家部委地膜应用与残留污染防控科学观测与技术应用示范工作。发表论文162篇，其中SCI检索论文51篇，出版专著10部；获得发明专利13项，软件著作权30项，行业、地方、团体标准18项。研究成果获省部级科技二等奖4项，北京市科技进步奖二等奖1项，中国农业科学院杰出科技创新奖1项。

作为农业农村部"重点流域农业面源污染治理""地膜科学使用回收试点工作"专家指导团队，为《农用薄膜管理办法》《农膜回收行动方案》《关于进一步加强塑料污染治理的意见》等地膜污染防控政策和方案制定提供了技术支持，支撑了地方政府关于地膜残留污染治理方面的政策、规划和实施方案的制定，服务于国内外农膜研发和生产企业，推动了我国生物降解材料和全生物降解地膜行业发展。

（一）抗旱节水新材料研发关键技术与产品

聚焦作物抗旱能力提升和水资源高效利用，针对旱地农业中已有抗旱节水制剂功能单一、作用效果不显著，研发和配套技术广谱性差、作用过程不明、应用推广难等问题，围绕土壤-植物-大气连续体不同界面的水分循环过程，从微环境水分调节、光合增效和库源调控，以及抗逆潜能激发等功能挖掘出发，重点开展了绿色抗旱节水新材料创新研发、调控过程与作用机理，以及田间应用技术综合评价研究。

研发形成了一系列功能型抗旱活性新材料、新制剂、新产品。利用淀粉、磷矿粉、风化煤和蛭石等天然基质材料，形成了兼具吸水保水和促进磷钾释放的功能材料、有机无机杂化保水材料和土壤扩蓄增容材料，产品的吸水倍率达100倍以上，释水效率达85%，成本降低20%～35%；筛选纤维寡糖、低聚糖和壳寡糖等作物抗逆诱导刺激活性物，研发形成了复合多元寡糖类制剂；研制了具有作物光合蒸腾协调、根冠促压和抗逆信号物质传导等功能的磷糖醇类新材料。突破了产品交联强度与质量稳定控制技术、不同功能来源材料交织复融过程控制技术、植物多糖溶解与微细分散技术等，解决了制剂的水分散溶解性和均匀性，以及不同材料功能作用发挥的扩倍增效作用。

聚焦新材料应用后土壤-作物-环境要素的互作影响，从保水材料的交联作用和有机质胶结作用角度，揭示了保水材料与土壤多相体系的水分传导途径和团聚体形成稳定机制；明确了其性能稳定和长效性发挥的限制因素，为后续材料研发中化学键和凝胶强度等关键参数的控制提供了基础；围绕大田作物，明确了不同叶面源功能材料根冠促压、抑制奢侈蒸腾、趋向籽实干物质转运和抗逆节水调控功能之间此消彼长的关系和代谢途径；围绕设施作物和经济作物，从延缓衰老、内源激素调节、土壤微生物多样性和群落响应等角度，揭示了多糖醇/磷糖/寡糖类功能制剂改善作物水分生理和诱导抗逆响应的作用过程和机制。通过大量田间试验表明，赋肥保水功能材料养分持续释放能力增加10～20倍；土壤扩蓄增容材料促使土壤有效孔隙增加5%，土壤水分无效蒸发降低10%，作物水分利用效率提高20%以上；叶面源功能调控制剂可促进作物水分利用效率提高5%，减少干旱损失8.7%～33.2%。

针对不同生态类型区作物需水特性和配套应用技术需求，明确区分了不同类型功能新材料/新产品的研发目标及其应用技术差异。明确提出了设施作物以延缓衰老、提高抗逆适应性为重点；粮食作物侧重壮根促生和抗逆稳产功能材料研发和应用技术研究；特色经济作物以提质增效作用过程和应用技术为主。相关技术产品规模化应用到河北、山东、河南、新疆和宁夏等地区2亿多亩粮经作物试验示范基地，达到了规模化集中展示效果，取得了显著的经济效益和生态环境效益。

（二）全生物降解地膜产品研发与应用

针对生物降解原材料、全生物降解地膜产品及认证体系、应用和评价技术的不足，2013年以来，围绕生物降解地膜树脂（PBAT）合成、全生物降解地膜产品研发、生产、评价和应用开展了研究；取得了一系列成果，支撑了国家和地方政策的制定，推动了全生物降解地膜的研究和应用。

组建了全生物降解地膜评价长期试验网络，为国家地膜污染阻控的决策制定提供了科技支撑。参与牵头组建了覆盖全国19个省（区、市）、12种作物的试验评价网络，探明了全生物降解地膜降解与环境因子的关系，明确了全生物降解地膜应用条件和适宜作物；研究阐明了典型覆膜农区代表性作物对全生物降解地膜功能需求，建立了"五性一配套"的全生物降解地膜产品和应用的评价技术规范。

设计合成了多种专用改性剂、相容剂、稳定剂等助剂，攻破了其阻隔性和耐候性不足的技术瓶颈；研制出耐候期可控地膜、超薄地膜、肥料型地膜等6种可量产的生物降解地膜产品配方，性能达到或优于国家标准，并实现规模化生产。

首次提出和定义了作物地膜覆盖安全期的概念，创新构建了"三链一环多点"产学研推工作机制。制定了不同区域作物全生物降解地膜应用技术规程，与5家生物降解地膜研发和生产企业建立了联合实验室和产业化基地。2013年以来，在全国19个省（区、市）76个县（市）进行了试验示范和规模化应用，累积应用面积达50多万亩。项目成果在中央电视台、人民日报和农业农村部官网等媒体上进行了普及宣传。

（三）农田地膜残留污染综合防控技术研发与应用

针对地膜污染总量不清、区域分布与危害机理不明、防控技术与产品缺失等突出问题，以探明地膜残留污染特征和提高综合防控能力为目标，历经10年协同创新，明确了我国地膜残留污染特征及划分等级，构建了地膜覆盖适宜性及安全期评价方法，研发出全生物降解地膜、新型残膜回收机具等关键产品，形成了"减量、回收、替代"的综合防控模式。

首次明确了我国地膜残留污染强度及危害风险，建立了农田地膜残留污染划分等级。通过对全国30个省（区、市）2 800个涉农县地膜应用情况普查、21种典型覆膜作物农田残留地膜监测，获取地膜应用、回收调查数据36.1万条，地膜残留量监测数据38.7万条。首次探明了我国农田地膜残留总量为118.4万t，平均残留强度为67.5 kg/hm^2；明确了我国地膜残留污染自北向南、自西向东递减的区域分异特征。探明了地膜残留强度对土壤水肥运移、作物生长发育及产量形成的影响，研究构建了地膜污染农田等级划分标准。

创新提出了作物地膜覆盖技术适宜性和安全期概念，建立了计算方法和评价模型；突破了残膜回收机具、全生物降解地膜等产品研发的技术瓶颈，研制了地膜减量、替代、回收的关键技术和设备。研究构建出地膜覆盖技术适宜性评价模型，提出了我国典型区域主要作物地膜覆盖安全期，构建了全生物降解地膜评价技术体系。

创建了主要覆膜类型区地膜残留污染综合防控模式，并进行了规模化示范应用。针对不同区域农业气候资源特点和作物对地膜覆盖功能的需求，基于项目研究的地膜残留污染分区等级评价、作物地膜覆盖技术适宜性评价等理论方法，依托残膜回收机具和全生物降解地膜，配套浅埋滴灌、耐候性地膜覆盖、水肥管理调控等技术，形成了"减量、回收、替代"等综合防控模式。

第三节　农业环境工程

一、设施植物环境工程

2013年以来，围绕国家设施农业产业对环境工程学科的重大需求，以大幅提升设施环控水平和生产效率为目标，以设施植物与环境互作生物学规律研究、设施资源高效利用型环控技术及装备研制为重点研究方向，通过协同配合、联合攻关，牵头承担了"十二五""863"计划项目（智能化植物工厂生产技术研究），"863"计划课题（温室节能工程关键技术及智能化装备研究），"十三五"国家重点研发计划（用于设施农业生产的LED关键技术研发与应用示范、中-罗农业科技示范园构建及合作研究示范），"十四五"国家重点研发计划（设施农业紫外LED光生物学及模组应用示范、中国-罗马尼亚设施农业技术联合研究），国家自然科学基金（UV-B介导光破坏防御机制及其对动态光环境下番茄种苗光合性能的影响、LED红蓝光连续照射对高氮肥水培生菜AsA代谢网络的影响机理及节律效应）等多个重大项目。以第一完成单位获得国家科技进步奖二等奖1项，省部级奖励4项，发表论文228篇，获专利授权83项，支撑部级重点实验室2个，国合基地1个，开展技术服务与成果转化80多项，为设施农业产业发展和科技进步做出了重要贡献。

（一）LED智能植物工厂环控关键技术与应用

植物工厂是一种环境高度可控、产能倍增的高效生产方式，对保障菜篮子供给、拓展耕地空间以及特殊场所战略需求都具有重要意义，产业化应用仍面临成本与效益平衡问题，亟待突破光源光效低、系统能耗大、蔬菜品质调控与多因子协同管控难等关键技术难题，历经10多年持续攻关研究，在高光效低能耗LED智能植物工厂关键技术及系统集成方面取得重大创新和突破。

率先提出植物光配方概念并阐明其理论依据，创制出基于光配方的LED节能光源及其控制技术。探明了PAR单色光、UV和FR对植物产量与品质形成的作用机制，基于植物光合对光谱具有选择吸收的特性，首次提出植物光配方概念，为植物光源创制奠定了理论基础；创制出基于GaN的高光效660 nm、450 nm LED芯片，研发出红蓝芯片组合型和蓝光芯片加荧光粉激发型两类4个系列LED光源；发明了移动与聚焦LED光源及其光环境调控技术，实现节能50.9%。

首次提出植物工厂光-温耦合节能调温方法，研制出基于室外冷源与空调协同降温技术装备。阐明了植物工厂光期热负荷与室外冷源之间的匹配关系及其调控机制，首次提出将光期置于夜晚并充分利用室外冷源的光-温耦合调温方法，研制出室外冷源与空调协同调温控制策略及其节能环境调控技术装备。与传统降温技术相比，节能24.6%~63.0%。

率先提出光与营养协同调控蔬菜品质的方法，发明了采前短期连续光照以及营养液耦合调控技术装备。阐明了水培叶菜光期与暗期硝酸盐-碳水化合物代谢机理，提出了采收前短期连续光照提升蔬菜品质方法；研发出光-营养协同调控蔬菜品质的技术装备。降低叶菜硝酸盐30%以上，分别提升维生素C和可溶性糖38%和46%，自毒物质每小时去除率达61.4 mg/m^2。

研发出植物工厂光效、能效与营养品质提升的多因子协同调控技术，集成创制出3个系列的智能LED植物工厂成套产品。构建了基于光配方、光-温耦合与营养品质提升等多因子协同调控的控制逻辑策略，实现对植物工厂环境-营养要素的在线检测、远端访问及多因子协同智能管控；集成创制出规模量产型、可移动型、家庭微型3个系列智能LED植物工厂成套技术产品。

研究成果获授权专利86件，其中发明专利42件（美国等国际专利4件），发表论文112篇（SCI、EI检索38篇），出版专著5部。荣获军队推广特等奖1项，省部级一等奖1项、著作一等奖1项，中国农业科学院杰出科技创新奖1项。成果已实现在北京、广东、浙江等22个省（区、市）、南海岛礁等部队以及航天系统应用，产品远销美国、英国、新加坡等国，规模量产型植物工厂推广面积1 200万m²以上，移动型与家庭微型植物工厂推广达30 000套以上。近3年直接效益6.3亿元，间接效益35.8亿元，社会、生态效益显著，应用前景广阔。

（二）温室太阳能主动高效利用技术与应用

日光温室作为我国独有的节能、低成本设施结构，面积已达81万hm²，为保障冬季蔬菜供给做出了重要贡献。针对日光温室被动式蓄放热方法存在的蓄热能力不足且无法调控、低温冷害频发、墙体盲目增厚等突出问题，以提升太阳辐射能截获与蓄积能力、主动调蓄白天热能用于夜晚增温并实现温室结构轻简化为目标，历经10多年攻关，取得了多项创新性成果。

首次提出日光温室太阳辐射能主动截获与释放思路，实现了温室热能储存与利用技术的突破。率先构建了基于Matlab的动态热环境模型CSGsim，阐明了太阳辐射能到达日光温室墙体、土壤的动态分布规律；首次提出主动截获太阳辐射能并通过流体介质转移储放的思想，探明了日光温室主动式蓄积与释放热能的优化模式与实现途径，为大幅提升日光温室太阳辐射能截获与蓄积能力奠定了理论基础。

发明了基于水媒介质的日光温室主动蓄放热方法，创新研发出塑料管式、塑料板式、铝合金板式三大类主动蓄放热技术产品。探明了太阳能主动截获与释放过程的优化工程热物理特性参数，发明了以日光温室墙面为承载体、以水媒为介质的主动式热能蓄积与释放方法，创制出PE黑管环绕式、双黑膜平板式、金属膜片式、黑膜硬塑模块式、金属翅片式、金属多腔式等六代主动蓄放热产品。蓄热效率由墙体被动式的18%提高到72%以上，系统平均性能系数为7.6，夜间放热量达5.1～7.1 MJ/m²。

创建了基于主动蓄放热的调温除湿技术方法，实现日光温室气温、根温与湿度环境的节能调控。研制出基于主动蓄放热的热能蓄积-释放一体化空气温度调控技术、基质-管道复合型根际增温技术以及新风引入-增温协同除湿技术装备；研发出基于热泵的主动蓄放热能效提升技术。温室夜间温度可提高5～6℃，作物根际温度提高4～5℃以上，相对湿度降低14%以上。

创制出轻简保温墙体与主动蓄放热系统一体化结构的新型温室，实现了日光温室结构轻简化与可装配化。研发出模块化、标准化温室轻型复合保温墙体，可内嵌于轻简保温墙体的主动蓄放热系统结构，实现了日光温室主动蓄放热–墙体整体装配式安装，施工时间和安装成本节省30%，墙体厚度由传统的砖墙50～60 cm、土墙60～80 cm缩减到20 cm以内，显著提高了土地利用效率。

先后获授权专利49件（发明专利13件），发表论文62篇（SCI/EI 35篇），形成了三大系列的12种主动蓄放热装备产品，以及20种针对不同气候区的轻简装配式日光温室标准设计方案。2013年，农业部专家组评价："该成果总体达到了国际先进水平，其中日光温室主动蓄放热方法、基于热泵的主动蓄放热系统能效提升技术达到了国际领先水平。"成果已在北京、山东、宁夏、辽宁、甘肃等10多个省（区、市）和部队系统的100多个基地推广应用，间接经济效益达5.9亿元以上，为日光温室技术革新与产业发展做出了重要贡献，经济、社会与生态效益显著。该成果获得2019年度中国农业科学院青年科技创新奖。

（三）设施作物高效生产LED关键技术与应用

围绕微量光质精准调控，率先明确了近紫外光（320～400 nm）与远红光（730～750 nm）等微剂量信号光谱对设施作物生长发育的影响机理，将作物生产有效光谱范围从可见光波段400～700 nm拓展至300～800 nm波段，丰富了设施作物生产光环境调控技术。创制了多种符合作物光需求的LED器件与类太阳光作物照明灯具系统，研发出基于生物感应的作物照明LED光环境智能管控技术，实现光环境动态精准调控，灯具系统节能效率提升60%以上，设施作物光能利用率提升23.0%～40.8%。制定了我国LED植物照明系列技术标准7项，被纳入国家半导体光源产品质量检测中心检测范围，打破了LED植物照明产业长期无标可依的局面。

该项成果在北京、广东、四川、海南等20多个省（区、市）推广应用，并出口加拿大、美国等国家，可满足远洋舰船、边防哨所及航空航天等特殊场景需求，取得了显著的经济效益与社会效益。

中国农学会组织以赵春江院士为组长的专家组以线上线下相结合的方式，对该成果进行了评价。专家组一致认为该项目在LED作物光配方技术机理、专用光源系统开发、光环境智能调控、标准体系构建等方面取得重要创新，成果整体水平达到国际先进。

二、畜牧环境科学与工程

2013年以来，面向畜禽健康养殖与农业绿色低碳发展重大需求和畜禽养殖环境国际前沿，以探讨畜牧环境效用机理、畜禽废弃物转化过程控制理论与方法、污染减排与增效关键技术等为重点，主要从事畜禽养殖粪便污染监测与减排增效、畜牧业温室气体和臭气减排技术、畜禽废弃物增值利用等方面开展创新研究。

依托农业农村部设施农业节能与废弃物处理重点实验室、农业农村部畜禽产品环境因子风险评估实验室、农业农村部畜牧环境设施设备质量监督检验测试中心（北京）、中荷畜禽废弃物资源化中心等创新平台，2013年以来，以第一完成单位获得国家科技进步奖二等奖1项、省部级一等奖3项；在*Nature Food*等高水平期刊发表论文100余篇，获得授权发明专利10余项。2014年畜牧环境科学与工程团队入选科技部创新人才推进计划重点领域创新团队，2021年获农业农村部优秀创新团队。

（一）粪便污染监测核算与减排增效技术研究

首创了我国畜禽粪便污染核算方法，建立了我国第一套畜禽养殖业污染物产生系数和排污系数，用于国务院组织的第一次和第二次全国污染源普查畜禽养殖业污染物核算；以污水源头减量为核心，创建了改饮水、改清粪和改输送，粪尿和雨污自动分离的"三改两分"工艺，研发了配套装备，猪场日污水排放量降低30%~65%；发明了粪便堆肥过程中养分保留与氨气减排技术，仓式生物基氨氮回收技术，臭气强度降低90%。集成创建了种养结合、清洁回用、集中处理3个系列的技术模式，成果被《国务院办公厅关于加快推进畜禽养殖废弃物资源化利用的意见》《农业环境突出问题治理规划（2014—2018）》《畜禽粪污资源化利用行动方案（2017—2020）》等国家政策和重大行动采用；该成果2017年获得中华农业科技奖一等奖，2018年获得国家科技进步奖二等奖。

（二）畜禽低碳养殖与节能减排技术研究

"十三五"期间，主持公益性（农业）行业专项"主要畜禽低碳养殖及节能减排关键技术研究与示范"项目，研发了污水沼液再生利用、堆肥臭气减排与氨氮回收利用关键技术与装备；主持编制《畜禽粪污土地承载力测算技术指南》等技术文件，由农业农村部发布实施，成为科学指导畜禽养殖业布局和粪便农田利用的全国通用方法；主持制定《反刍动物甲烷排放量的测定 六氟化硫示踪 气相色谱法》国家标准和《畜禽养殖场温室气体排放核算指南》农业行业标准等基础标准，支撑畜牧业绿色低碳发展；主持总理基金项目"畜牧业氨减排技术与强化治理方案"和"十三五"重点研发计划课题"养殖业全链条固铵减排关键技术"，牵头开展的畜牧业全链条氨气排放及减排技术，研发了密闭式畜舍强排空气氨回收技术、蛭石酸改性污水覆盖氨减排技术等创新技术，创建适合不同畜种的全链条综合氨减排模式。

（三）畜禽废弃物增值利用技术研究

率先开发了畜禽粪污发酵定向产酸及转化合成中链羧酸工艺，明确了畜禽粪污短链羧酸代谢类型和有机酸转化效率。在探索不同畜禽种类粪便产酸特征基础上，在国际上首次提出了以猪粪为原料合成中链羧酸的方法，经济价值潜力可达沼气的2~3倍；创新了畜禽粪污-种植源废弃物等共混发酵定向产乳酸工艺，以碳氮比为多元物料调控依据，阐明了畜禽粪污-种植源废弃物产乳酸最优比例，优化了猪粪-青贮秸秆、猪粪-果渣、猪粪-马铃薯等多种原料发酵产乳酸的工艺以及碳氮比、温度、氧化还原电位等运行参数；开发了粪污-青贮秸秆两阶段梯度控温发酵内源合成中链羧酸技术，解决了粪污酸化液合成中链羧酸过程需外源添加乙醇作为电子供体的技术难题，降低了畜禽粪污合成中链羧酸高值化新产品的成本，为创新畜禽粪污资源化产品、提升经济效益提供了新的途径。

三、种植废弃物清洁转化与高值利用

瞄准秸秆、蔬菜尾菜等种植废弃物资源化利用重大需求，针对存在能量转化效率低、产品附加值不高等问题，聚焦热解炭气联产、清洁捆烧、厌氧气肥联产等清洁转化技术，探索转化过程中能量转化规律、产物形成途径，制取热解气、沼气等清洁能源，替代化石能源，生物炭、沼肥等还田固碳增汇，探究高值化合物合成机制，研发高效低成本清洁转化关键技术及装备，开发炭基材料等高值化利用新技术新工艺，创制高值产品，开展产业化技术集成示范应用，推动实现废弃物资源利用高效化、产品高值低碳化。

承担国家重点研发计划等10余项，发表论文50余篇，其中SCI/EI检索论文39篇；授权专利45件，其中发明17件，软件著作权4项。制定行业、团体标准3项，出版著作2部，获省部级奖励2项。作为农业农村部秸秆综合利用专家指导组组长单位、国家农业绿色发展先行区联系指导单位等，扎实开展秸秆综合利用、农村能源等技术指导与培训工作，相关研究报告和政策建议获得农业农村部部长唐仁健、副部长张桃林肯定性批示累计11项，并纳入农业农村部、国家发展改革委等国家部委相关文件中。2022年研究所成功获批农业农村部华北平原绿色低碳重点实验室。

（一）秸秆捆烧清洁供暖技术装备研究与应用

创新研发秸秆高效低氮捆烧关键技术，显著提升了供暖锅炉的燃烧效率，烟气中氮氧化物排放量减少19.5%，热效率达82.51%，降低了氮氧化物的生成与排放，环保的同时还提升了燃烧效率。揭示了秸秆捆烧特性与颗粒物生成规律及路径，发明烟气中颗粒物减控脱除关键技术，使颗粒物脱除率提高41.2%，解决了颗粒物机理不清、排放高等问题。创新研制秸秆捆烧清洁供暖技术装备，并开展示范应用和产业化推广。技术成果具有操作简便、清洁环保、运行成本低等优点，市场竞争力较强，是解决北方农村地区清洁供暖和推进秸秆综合利用新的技术途径，在黑龙江、辽宁、内蒙古、河北、河南、山西等地推广应用，近3年推广秸秆打捆设备、秸秆捆烧锅炉4 500余台套，利用秸秆约207万t，替代标准煤约103万t。该成果入选农业农村部2021年农业主推技术、2021年中国农业农村重大新技术，获得机械工业科技进步奖二等奖。

（二）秸秆等有机废弃物气肥清洁联产与循环利用技术

针对秸秆等农业农村废弃物资源化处理存在的清洁转化效率低、装备适应性差、接口技术匹配性不好等瓶颈，融合热化学和生物化学转化技术，采用过程大数据模拟、人工智能控制、高通量信息学分析等先进手段，突破了秸秆热解炭肥联产原位催化、气化重整等关键技术，攻克了厌氧气肥联产定向水解酸化、匀质搅拌等技术瓶颈，设计了强化传质传热的定向扰动和沼液大通量回流搅拌等关键部件及智能控制系统，集成出分布式热解炭肥联产、全混式搅拌厌氧发酵等设备，创制以功能型有机肥为纽带的秸秆气肥清洁联产与循环利用成套技术装备。结合生物炭混配调质、沼渣快速堆肥、沼液浓缩等技术，创制炭基肥、沼渣沼液肥等功能型产品，探索出肥料精准还田及养分高效循环利用绿色工程工艺，创新低碳排放气肥联产循环利用技术模式，在全国典型地区示范应用，显著提高了秸秆清洁转化效率和减排固碳水平。对发展绿色低碳农业、农业农村减排固碳、提升农村人居环境水平具有重要意义。

（三）秸秆资源特性长期监测与模式研究

构建了秸秆资源评价方法，开展秸秆资源与理化特性监测，建立基于3 500个典型样本实测数据的原料特性数据库。探究秸秆资源时空分布特征，评价不同区域秸秆资源与利用潜力，构建秸秆综合利用温室气体评价方法，科学核算不同秸秆利用技术的温室气体排放因子，摸清秸秆"五料化"减排固碳底数，2020年秸秆综合利用的温室气体净减排贡献为0.70亿tCO$_2$e，预计到2030年秸秆综合利用温室气体减排固碳贡献潜力为1.52亿～1.72亿tCO$_2$e，到2060年贡献潜力可达2.20亿～2.73亿tCO$_2$e。提出秸秆清洁供暖技术模式，建立供暖评价指标体系，开展典型秸秆清洁供暖模式的技术经济综合评价。支撑国家秸秆综合利用重大政策制定及秸秆重点县建设等重大行动实施。

第四节　农业生态

一、退化及污染农田修复

2013年以来，聚焦退化耕地障碍消减与改良、重金属污染耕地修复两大研究方向，从机理探索、产品创制、技术创新、模式集成与示范应用等全链条开展科研攻关，研发技术及产品在湖南、河北、天津、贵州等地开展大面积示范应用，成效显著，先后获得省部级科技奖励8项，包括神农中华农业科技奖二等奖、贵州省科技进步奖一等奖、湖南省科技进步奖二等奖等。在国内外环境科学和土壤学领域期刊累计发表论文170多篇，出版《红壤化学退化与重建》《耕地质量培育技术与模式》《低产田改良新技术及其发展趋势》《土壤健康——从理念到实践》等学术专著11部，授权国家发明专利18项、实用新型专利7项、软件著作权6项。研究基地湖南岳阳农业环境科学实验站2019年入选国家农业科学观测实验站。退化及污染农田修复创新团队2012年入选农业部农业科研创新团队，2013年入选国家创新人才推进计划首批重点领域创新团队。

（一）中低产田障碍因子消减与地力提升

我国中低产田面积大、分布广，占耕地总面积2/3以上，其产量比同区域高产田低20%以上，成为保障国家粮食安全和农产品有效供给的短板。重点关注土壤酸化、养分失衡与贫瘠化、耕层浅薄等障碍因子的形成机制与消减技术及产品，为我国中低产田挖潜增效与地力提升提供理论指导与技术产品支撑。"十一五"以来，主持国家科技支撑计划"中低产田改良科技工程"项目，以及"耕地地力提升与退化耕地修复关键技术研究""中低产田障碍因子消减与地力提升共性关键技术研究"等课题，国家重点研发计划"稻田全耕层培肥与质量保育关键技术"课题等；主持国家自然科学基金区域创新发展联合基金重点项目"红壤区农田的酸化贫瘠化及其阻控机制"等10余项课题。

针对南方第四纪红壤母质发育土壤养分贫瘠、酸性强、黏性大、易板结等障碍因子，以"降酸、固碳、增肥"等为核心，依托在岳阳农业环境科学实验站设立的长期定位试验，探明了红壤旱地团聚体形成及稳定机制，明确了酸化红壤有机质稳定的过程及影响因子，阐明了参与碳、氮、磷养分循环微生物在红壤地力转化中的关键作用及应用潜力，揭示了红壤旱地酸化贫瘠化同步消减机制，构建了红壤旱地地力培育及产能提升技术和传统改良措施与功能微生物定向筛选相结合的新型改良技术等技术体系，为退化旱地红壤综合修复及土壤退化防控提供了技术支撑。以红壤区双季稻区全耕层培肥与质量保育为重点，利用同位素示踪等技术，研究了秸秆、绿肥、猪粪等有机物料在土壤中的转化过程和有机碳累积特征，明晰了秸秆和绿肥腐解、养分释放的规律及其影响因子，阐释了有机替代通过调控土壤电化学性质和微生物多样性降低双季稻田氮流失的机理，形成了双季稻田厚沃耕层构建、土壤扩库增容等关键技术。

（二）重金属超标耕地安全利用

耕地污染是严重影响农产品质量、威胁国家粮食安全乃至人体健康、制约农业绿色发展的头等大事。自2013年以来，主持"十二五"和"十三五"国家重点研发计划课题"循环农业系统污染物减控关键技术研究""农田重金属污染阻隔和钝化技术及材料示范应用"，国家自然科学基金"外源砷在土壤中的老化过程及其机制研究"等农田重金属降活、重金属中轻度污染耕地安全利用方面项目课题10多项。

在微生物与（类）重金属砷互作方面，利用色谱分离和基于同步辐射的X射线吸收近边结构（XANES）技术，发现真核微生物细胞内砷的输入、输出及胞内转化途径。基于142个真核微生物全基因组数据，提出了真核微生物胞内砷代谢的分子途径；利用酶促-差速离心结合扫描透射X射线显微成像（STXM）技术，明晰了细胞壁阻隔、液胞区隔及隔膜固定等固砷途径的量化贡献；基于色谱分离和XANES技术分析，首次发现微生物胞内砷甲基化的重要限速机制。发现胞内亚甲基四氢叶酸还原酶向S-腺苷甲基转移酶的甲基（—CH$_3$）传递可显著促进砷甲基化进程；在稻田砷甲基转化方面，发现不同有机物施用差异性激发土壤砷甲基转化相关机制；研究揭示了稻田根际泌氧营造的高Eh生境抑制砷甲基化的化学-生物学过程，该结果对抑制水稻直穗病发生具有重要科学价值。近10年在*Environmental Science & Technology*、*Journal of Hazardous Materials*、*Journal of Cleaner Production*等国际知名期刊累计发表SCI论文27篇，培养研究生14名（博士7名）、博士后1名；创制了7项可用于砷超标耕地安全利用的产品/技术，创新了基于风险分级的砷超标耕地安全利用技术体系与模式，并于湖南（石门、湘潭）、贵州（贵阳）等地开展应用示范，累计推广3 200多亩，实现砷超标耕地安全利用率95%以上，农产品质量符合国家食品卫生标准，产生十分显著的经济、社会与环境效益。

（三）重金属在土壤-作物系统中的迁移转化规律

近年来，依托农业环境核磁微结构分析实验室和国家大科学装置等试验平台，利用核磁共振和同步辐射等先进分析技术，在微观分子水平上研究了重金属在土壤-作物系统中的迁移转化规律，研发了多种高性能、低成本的钝化材料，并在国际上率先从分子水平上揭示了秸秆源溶解性有机碳与铁氧化物互作及其固定重金属的多界面反应机制。

针对重金属超标农田系统涉及秸秆还田、肥料施用效应及其环境风险问题，利用同步辐射技术在纳米尺度上揭示了重金属Cr与有机铁氧化物共沉淀体的界面反应机制，系统阐明了有机铁氧化物共沉淀体通过吸附和共沉淀过程以铁氧化物和有机组分中羧基固定Cr（Ⅲ）的分子机制，并基于STXM扫描衍射相干成像技术率先探明了可溶性有机质以架桥形式促进有机铁氧化物共沉淀体共沉淀而间接提高有机铁氧化物固定Cr（Ⅲ）的多界面反应机制。相关研究成果为农田Cr的降活与修复提供了重要理论依据，所展示的同步辐射新技术新方法，对于后续研究土壤多界面过程具有重要借鉴意义。在国家重点研发计划课题"海河流域污灌农田重金属污染综合防治与示范"等项目资助下，建立了重金属"源头阻控-过程调控-作物吸收阻隔"模式。针对不同程度农田重金属污染状况，构建重金属污染分级综合防治与靶向技术治理模式，保障粮食安全生产。成果在天津东丽区、河北雄安新区等地示范推广面积超过2 000亩，培训人员500余名，为超标农田安全利用提供了重要技术支撑，有效提升了区域农业绿色发展水平。相关研究结果，在*Environmental Science & Technology*、*Journal of Hazardous Materials*、*Environmental Pollution*、《土壤学报》等国内外农业环境领域著名期刊上发表学术性论文50余篇，授权发明专利3项，并主持召开分子环境土壤科学前沿国际研讨会。

（四）外来生物入侵防控

2013年以来，在外来入侵物种防控领域主持国家重点研发计划生物安全专项课题、公益性行业科研专项、GEF项目等22项；获省部级以上科技奖励12项，授权发明专利17项；制定农业行业/地方标准29项；出版著作18部；发表论文80余篇。作为农业农村部农业资源环境标准委员会外来入侵物种防控分委员会单位，牵头构建外来入侵物种风险评估方法与早期监测预警技术，建立外来入侵物种信息与数据的标准化采集、处理、分析发布的共同标准和技术规程。起草制定外来草本植物普查类型和区域、普查时间、普查技术方法等关键环节技术规定。

作为农业农村部外来入侵物种管理专家组成员单位，为农业农村部开展的外来入侵物种灭除行动提供技术支撑，为22次外来入侵物种应急防治行动制定技术方案和提供技术指导，协助农业农村部科技教育司举办了5届全国农业外来入侵物种应急管理培训班；围绕《外来生物入侵预防与控制——外来入侵物种立法管理进展》《国家重点管理外来入侵物种危害与识别》展开培训解读，为相关省市农业农村部门人员培训30余次，利用农业远程教育平台开展农业科技人员农业外来入侵生物的危害、监测预警及防治系列讲座和网络课堂。制作发放明白纸30万多份，编辑出版《外来入侵生物防治100问》《外来入侵生物防控系列丛书》，并作为科学顾问协助CCTV-10频道拍摄《走进科学》系列外来入侵物种防控宣传片等。构建了以生态调控和生物防治为主的外来入侵植物综合防控技术模式，作为农业农村部的主推技术在全国推广应用。

作为农业农村部外来入侵物种管理专家组成员单位，参与完成了《外来入侵物种管理办法》《农业重大有害生物及外来入侵生物突发事件应急预案》《湖南省外来物种管理条例》《重点管理外来入侵物种名录》等10多部行业管理法律法规起草、修订工作；参与《中国履行生物多样性公约》第三次、第四次、第五次国家报告编写，参与制定了《中国生物多样性保护战略与行动计划（2011—2030年）》《全国农业外来入侵生物防治规划（2011—2020年）》《农业生物资源保护与利用工程建设规划（2011—2020年）》等26项国家和地方行业部门生物资源保护和外来入侵物种防治行业科技发展规划、行业技术规范；为行业管理部门完成各类调研报告34份、世界贸易组织（WTO）涉农技术性贸易官方评议37份。

二、农业清洁流域

农业清洁流域是一个融农业科学、生态环境和社会经济为一体的具有学科交叉性的研究领域。在以往开展农业流域侵蚀泥沙来源同位素示踪、农业面源污染机理与防控、农业清洁流域构建等研究基础上，从"污染特征及致污机理-清洁流域构建关键技术-系统解决方案"三个层面进行系统布局，揭示特征污染物的源汇特征及动力学机理，最大限度地降低流域环境污染风险，研发促进构建清洁流域的全过程清洁种植技术、全链条生态养殖技术和农村人居环境的关键共性技术，向着农业绿色高质量发展的方向发展。

先后承担了国家科技支撑计划、国家科技重大专项、国家重点研发计划、国家公益性行业专项、国家自然科学基金、国家原子能机构项目、中日农业可持续发展技术研究项目等，获得省部级科技进步奖7项，授权发明专利20余项，牵头编制了《农业面源污染控制技术蓝皮书》；发表论文200余篇，其中SCI检索100余篇。开发的无公害养猪微生物发酵床工程化技术成果，获得2020年中国产学研创新成果奖一等奖。"以微生物发酵为核心的养殖废弃物全循环技术"入选2017年中国农业农村十大新技术。"利用多同位素技术解析农业面源污染物来源取得新进展"获2019年中国核农学十大进展，"基于种养结合生态循环的农业面源污染治理关键技术"入选中国科协生态环境产学联合体2019年度中国生态环境十大科技进展、中国农业科学院2019年度十大科技进展。

（一）环境散落核素和多同位素联合溯源新技术

针对农业面源污染源不清、关键过程复杂、影响因素多等问题，农业面源污染源的解析和污染物的示踪，地球化学元素指纹技术等主要依赖测定环境介质的化学指标进行分析，但在污染源复杂时该技术受到了较大的局限。因此，多年来致力于探索以自然散落核素和稳定性同位素为示踪剂，定量分析污染物来源及其迁移变化规律，创新流域农业面源污染溯源追因技术体系，强化农业清洁流域源汇特征及清洁机制的认识。同时，结合有机质组分、木质素和脂肪酸中的碳同位素等生物指纹技术，辨识基于植被基因或泥沙携带的污染物来源。此外，利用环境散落核素断代计年技术，可对土壤、沉积物、水等样品的核素活度进行测试，反演流域泥沙沉积与侵蚀演变历史，重建其环境污染史。

为了提高对污染源的分析精度，进一步融合双同位素或多同位素技术进行污染溯源。该技术可以将不同的污染源和性质进行区分，进一步通过同位素模型实现量化分析。通过应用硝酸盐同位素（$\delta^{15}N$、$\delta^{18}O$）、硼同位素（$\delta^{11}B$）、锶同位素比（^{87}Sr、^{86}Sr）以及贝叶斯同位素混合模型，可评估流域硝酸盐来源贡献比例空间和季节变化。同时，借助同位素与其质谱法、核磁共振谱法、气相色谱法、光谱法、中子活化分析法等其他手段联用进行联合溯源示踪。除此之外，结合GIS、RS和泥沙指纹技术可对面源污染来源进行指纹识别，通过质量平衡同位素混合模型分析污染源的时空变化以及重叠来源的贡献率，更好地分析环境中污染物的地球化学过程。拥有国际原子能机构环境放射性核素分析网络实验室（IAEA ALMERA），委派国际原子能机构农业核技术领域专家为亚太地区讲授污染物溯源环境核素示踪技术，提出的环境散落核素和多同位素联合溯源技术，被IAEA作为培训教材，培训亚、非、欧科技人员近1 000人次，技术在亚太地区17个国家推广应用。"利用多同位素技术解析农业面源污染物来源取得新进展"获2019年中国核农学十大进展。

（二）以服务产业转型升级为导向的农业面源污染控制治理技术体系

针对农业以追求粮食增产为目标，采用高投入高消耗高产出的模式带来的土壤和水环境恶化、资源低效等农业农村面源污染问题，将污染链治理同生产链紧密衔接，在清洁种植方向，揭示氮素转化关键过程和固氮机制，创制典型作物肥药减施增效靶向绿色投入品，构建"机理+产品+技术"的"全链条"农田增效减负与清洁生产技术创新模式；在生态养殖方向，创新微生物原位发酵床/异位发酵床技术，构建"源头减量-生物发酵-全程控制-农牧一体-循环利用"趋零排放生态养殖技术创新模式；在农村人居环境整治方向，突破农厕供排水循环利用等技术，集成创新"源头分类+生物预处理+生态资源化利用"农村人居环境整治技术体系。创新了农业面源污染控制技术参数标准化评价方法，提出了现代农业模式下分别适用于种植业、养殖业和农村生活污水治理关键技术的参数标准化技术及评估方法，构建了以应用为导向的农业面源污染控制治理技术多维评估体系。形成了农业面源污染控制技术拓扑图、技术长清单、案例库、模式集、文献调研报告、技术评估报告、技术规程、技术导则、技术方案、技术发展蓝皮书等成果。"以微生物异位发酵床为核心的畜禽养殖废弃物污染控制与资源转化技术创新及应用"获得2020年中国产学研合作创新与促进奖一等奖。制定了《环巢湖地区小麦氮磷减量控制栽培技术规程》《集约化养鸡、生猪和奶牛污染控制技术指南》，参与制定了《提升入湖河流干流水质的小流域污染治理与生态修复技术导则》，编制的《巢湖清洁流域农业面源污染控制技术方案》得到合肥市环巢湖生态示范区建设领导小组办公室的应用，提出的"关于打造环巢湖循环生态农业圈，推广蚯蚓处理有机废弃物技术的建议"得到安徽省农业农村厅采纳。提交的农村厕所问题及改进意见的专题报告得到农业农村部部长唐仁健批示，关于赴湘鄂两省开展农村改厕工作专题报告得到了乡村振兴局副局长夏更生批示。

（三）基于种养结合生态循环的农业面源污染治理

针对粮食集约化和养殖规模化发展、种养脱节造成的资源循环利用率低、环境污染严重问题，以农业有机废弃物资源化利用为纽带，结合产业链上下游，从理论、技术、产品进行全链条创新研发，搭建起养殖与种植间碳元素高效利用平台，突破了农田增效减负与清洁生产技术，养殖废弃物混合多级综合利用技术，通过种养循环关键技术的突破打通了种养循环的链条，推动传统集约化粮食主产区由"资源-产品-废物排放"的线性生产模式向循环化、效益化和多维度、多梯级的模式转变，为我国的农业绿色生产、生态环境保护和三产融合提供了系统解决方案。

农业清洁流域的研究方向全面涵盖了我国农业环境保护中的农田绿色种植、畜禽养殖、农村生活、乡村宜居等方面，聚焦存在的瓶颈，开展基础研究和应用研究的攻关突破，对于流域层面的整体方案制定和系统控制技术模式的提出具有重要的支撑和把握。基于种养废弃物资源化利用的新技术及抗生素耐药性等新型污染物的控制修复等相关机理研究，处于国际前沿水平。针对高风险农田的安全利用及减少面源污染方面，研发了集污染物原位固定-农艺措施调控于一体的多种技术模式。研发一批适时适地养分全程调控种植业全链条清洁技术，与企业联合攻关研发绿色功能材料投入品，编制了10余项技术规范，先后在西北、东北和华北等地开展了系列研究工作，并围绕清洁种植制定了相关标准、授权相关专利20余项，在国际先进国内领跑水平。承担国家科技重大专项课题建立的"种养一体化农田增效减负示范工程"被国家水专项办公室评为优秀示范工程。研发的以微生物发酵为核心的养殖废弃物全循环技术等入选农业农村部主推技术，针对畜禽养殖开发的无公害养猪微生物发酵床工程化技术成果，获得2010年福建省科学技术进步奖二等奖，以及2020年中国产学研创新成果一等奖。研发的"基于种养结合生态循环的农业面源污染治理技术"入选中国科协生态环境产学联合体中国生态环境十大科技进展、中国农业科学院十大科技进展。

第五节　农业材料工程

2013年，以中国农业科学院农业科技创新工程启动实施为契机，研究所积极应对国际前沿科技发展态势，专门组建多功能纳米材料及农业应用创新团队，针对国家高效、绿色与可持续农业发展的重大科学需求，以纳米功能新材料创制及其农业应用为主攻方向，重点开展农业靶向智能递送技术与绿色投入品研发，在农业纳米药物组装合成、增效减排机制、制备技术与工艺、重大产品创制与推广应用方面取得一系列研究成果。

团队成立以来，先后组织和实施了20余项国家级重大科研任务，尤其是主持了我国纳米科技部署在农业领域的第一个"973"计划项目"利用纳米材料与技术提高农药有效性与安全性的基础研究"，显著地提升了团队在国内外学术界的影响力；发表论文70余篇，授权国内外发明专利30余项，"农业纳米药物制备技术及应用"获得中华农业科技奖和北京市技术发明奖，"农业靶向药物与纳米生物制剂"获中关村国际前沿科技创新大赛农业科技领域TOP10，形成了具有重大产业化开发前景的核心产业技术体系、工艺装备与新产品集群。

一、纳米农业药物学理论与技术体系

针对传统农业药物有效利用率低、容易引发食品安全与残留污染等瓶颈问题，采用分子组装、模板合成、晶核析出、配位络合、化学修饰等纳米材料制备技术，发展了在空间、时间与剂量上精准释放药物的靶向智能递送系统，构建了纳米药物构型设计、组装合成、宏量制备与功能修饰方法；解析了小尺寸效应、界面效应、量子和隧道效应、智能响应等介观属性对药物理化性质、量效关系、靶标作用方式与剂量传输特性的影响，阐明了其提高药物有效性与安全性的作用机制；开发了纳米微乳剂、混悬剂、胶囊剂、水溶胶与固体分散体等绿色纳米药物新剂型及其制备技术与工艺装备，创制高效、安全与低残留的纳米农药、疫苗新产品集群，推动核心技术与新产品产业化，促进传统农业药物提质增效与产业转型升级。积极探索纳米药物制剂在草地贪夜蛾、非洲猪瘟等危险性重大农业灾害防治上的应用。在国内外学术刊物上发表SCI论文70余篇，完成发明专利32项（获授权国际发明专利1项，在欧洲13个国家生效），形成了具有自主知识产权的农业纳米药物创制理论与技术体系。

二、纳米农药研究实现0到1的突破

纳米农药已被国际纯粹与应用化学联合会（IUPAC）评选为"世界十大化学新兴技术"之首，逐渐成为未来绿色农药创新发展主流，在缓解农药残留污染和害虫抗药性等方面具有广阔发展前景。我国主导的纳米农药理论与应用研究目前处于领先地位。科技文献检索研究结果表明，国际纳米农药论文发表数量中国排名首位，纳米农药研究论文国内单位以中国农业科学院为主。与此同时，纳米农药产业化开发与推广工作已经受到农业农村部等上级主管部门的高度重视与支持，纳米农药等绿色投入品被列入农业农村部《农业绿色发展技术导则（2018—2030年）》《乡村振兴科技支撑行动实施方案》，相关行业标准也将陆续出台。

三、纳米药物生产中试平台建设

积极推进纳米农业科研基础平台建设，利用科技创新工程、修购计划与国家科技平台项目等多渠道支持，建设先进的纳米农业技术创新研发设施，逐步搭建了一系列农业纳米科技创新研发平台，包括纳米功能材料、农业纳米药物、纳米生物技术、纳米表征分析、纳米生物制造等专业实验室。装备了扫描电子显微镜、原子力显微镜、纳米粒度仪、高压均质机、多级乳化机、纳米微胶囊合成装置等实验室设备，建立了配套的农业纳米材料制备与性能表征工作平台、纳米载药系统合成平台，提升了科研水平与综合创新能力。

"农业纳米技术与新材料研制集成设施"列入农业部《农业科技创新能力条件建设规划（2016—2020年）》，已经在北京市昌平区南口实验基地落实了建设用地，2020年正式获得农业农村部立项批复，计划建成一个设计合理、装备先进与功能齐全的集成设施，作为现有实验研发平台面向产业技术创新领域的功能延伸与强化，实现基础研究、技术创新和产业开发的同步发展。

四、科研成果转化支撑农业绿色发展

围绕国家和区域性重大产业科技问题，积极推进政产学研协作与成果转化，支撑三产融合与绿色农业发展。先后与多家大型农化企业建立了协作关系，开展纳米药物新产品设计、中试放大、产业化推广、新产品登记等合作研究，结合相关企业的产业开发、市场推广、产品运营等行业优势，推动农业纳米药物新产品产业化与推广应用。

发明了环境友好型纳米农药制备技术，创制了多种大吨位与主导型杀虫剂、杀菌剂和除草剂纳米新制剂，在粮食、蔬菜、水果及其他经济作物上进行了多地区田间试验和推广示范，可显著改善农药的稳定性与持效期，实现农药用量减少30%～50%，提高有效利用率30%以上，防止了"三苯"等有害溶剂排放，减少了喷药次数和人工作业成本，降低了农产品残留与环境污染，具有显著的提质增效作用，被CCTV-2频道《经济半小时》节目专题报道，为农业的绿色发展提供科技支撑。

第六节　标志性成果

一、旱作农业关键技术与集成应用

围绕持续提高旱作农业区降水保蓄率、利用率、水分利用效率和效益等重大关键技术难点，在主要类型旱作农业区开展了为期15年的联合攻关和集成应用，首次探明了旱作区农田降水转化定量关系和作物耗水结构特征，创建了以降水生产潜力开发为重点的旱作农业决策支持系统；重点突破了旱作农业"集、蓄、保、提"共性关键技术，创造性地研制出春玉米秋覆膜和秸秆还田秋施肥、冬小麦培肥聚墒丰产等"秋（夏）储冬保春用"核心技术，以及春玉米机械化集雨保墒和冬小麦高留茬少耕全程覆盖等高效轻简技术，旱作农田降水利用率最高达到74.9%；系统集成了半湿润偏旱区稳粮增效循环农林牧综合、半干旱区增粮提效防蚀林粮复合、半干旱偏旱区防蚀稳产增益农牧结合、西南季节性干旱区增产增效集雨补灌等技术体系与模式，平均降水利用率提高了11%，作物水分利用效率每亩提高了0.68 kg/mm，水土流失降低了40%以上。2009—2011年，关键技术和技术体系在旱作区的8个主要省（区、市）累计应用2.13亿亩，新增粮食99.5亿kg，新增产值200.3亿元，经济、社会和生态效益巨大。总体达到国际先进水平，部分达到国际领先水平。该成果获得2013年度国家科技进步奖二等奖。

二、高光效低能耗LED智能植物工厂关键技术及系统集成

植物工厂发展潜力大，但产业化应用面临成本控制与效益提升等问题，亟待突破光源光效低、系统能耗大、蔬菜品质调控与多因子协同管控难等关键技术难题。历经12年系统研究，率先提出植物光配方概念，创制出基于光配方的LED节能光源及其控制技术装备，显著提高光效；首次提出了植物工厂光-温耦合节能调温方法，研发出室外冷源与空调协同降温控制技术装备，与传统降温相比，节能24.6%～63.0%；率先提出光与营养协同调控蔬菜品质方法，研发出采前短期连续光照与营养液耦合调控技术，降低叶菜硝酸盐30%以上，分别提升维生素C和可溶性糖38%和46%；研发出光效、能效与营养品质提升的多因子协同调控技术，集成创制出规模量产型、可移动型、家庭微型3个系列植物工厂成套技术产品。整体水平达国际先进，光配方构建以及光-温耦合节能技术居国际领先。研究成果入选国家"十二五"科技创新成就展，并荣膺13项重大科技成果之一。成果和相关产品已实现在北京、广东、浙江等22个省（区、市）、南海岛礁部队与航天系统以及美国、英国、新加坡等国内外应用。近3年直接效益6.3亿元，间接效益35.8亿元，社会、经济与生态效益显著，应用前景广阔。该成果获得2017年国家科学技术进步奖二等奖。

三、畜禽粪便污染监测核算方法和减排增效关键技术研发与应用

结合畜禽养殖环境污染防治和粪水资源高效安全利用的重大需求，以创新环境污染核算方法、研发源头减排工艺和技术、提高粪便资源利用技术水平、实现污染减排和资源利用双赢为目标，首创了我国畜禽粪便污染核算方法，揭示了排放规律和成因，探明了减排路径；首创了污水源头减量工艺，发明了污水沼液再生利用、堆肥臭气减排与氨氮回收利用关键技术与装备；首次提出以土地承载力测算和综合养分管理为基础的种养结合模式，创建了以"三改两分"工艺和处理水场区再利用为核心的清洁回用模式，创新了基于含固率和运输半径为定价依据的收储运合作机制的集中处理模式，集成暂存处理一体化装备、能源化和肥料化技术。成果在14个省5 226个养殖场或处理中心、8 035个家庭农场中应用，年减排COD 267.9万t、总氮8.7万t、总磷3.9万t，经济效益20.09亿元，社会和环境效益显著。成果被《国务院办公厅关于加快推进畜禽养殖废弃物资源化利用的意见》《农业环境突出问题治理规划（2014—2018年）》《畜禽粪污资源化利用行动方案（2017—2020年）》等国家政策和重大行动采用，为国家畜禽粪便污染减排和资源增效提供科学和技术支撑。该成果获得2018年国家科学技术进步奖二等奖。

四、北方旱地农田抗旱适水种植技术及应用

针对北方旱地频旱多变环境、水土过度利用、生产稳定性下降等问题，以提高农田系统干旱应变能力和水分适应弹性为目标，组织优势力量开展了16年的协同创新，揭示了北

方旱地作物水分供需变化规律，首次确定了抗旱适水种植的技术适宜性和作物优先序，创建综合多目标的随机水文年型适水种植诊断模型；探明了土壤增碳扩容、地表覆盖抑蒸、冠层塑型提效的作用机理，建立了北方旱地土壤-地表-冠层协同调控的抗旱适水种植理论和方法；创新了集雨覆盖抗旱、秸秆适水还田、适水间作等关键技术，配套研制了专用肥、保水剂、作业机具等技术产品，建立了东北风沙半干旱区立体调控种植、西北半湿润偏旱区覆盖集雨抗旱、华北丘陵半湿润偏旱区秸秆适水还田等主导技术，农田降水利用率最高达75%，旱地春玉米水分利用效率每亩最高达到3.64 kg/mm。2017—2019年，抗旱适水种植技术在北方旱地3个类型区应用1.15亿亩，增产粮食45.9亿kg，增加产值86.5亿元，节约灌溉水12亿m³，经济、社会和生态效益显著。该成果为实施国家旱地农业规划和旱作节水示范提供了重要科学依据与关键技术支撑。该成果获得2020年国家科学技术进步奖二等奖。

五、西藏高寒草地合理放牧与保护关键技术及应用

针对西藏高寒草地退化严重、生态保护与有效利用矛盾突出等实际问题，以藏北高原为核心研究区开展了为期10年的联合攻关和集成应用，确定了适合高寒草地的合理载畜量，研发了高寒草地适宜放牧技术，明确了高寒草地合理禁牧保护时限，集成和推广高寒牧区人工草地建植技术，综合评价了高寒草地生态保护现状和问题，重点突破了西藏高寒草地生态保护的同时如何合理利用的技术难题，在同类研究中达到国际先进水平。该项目取得国家发明专利1项和实用新型专利1项，申报国家发明专利2项，发表学术论文88篇（其中SCI检索论文48篇），出版专著2部，主要学术论文被他引了1 389次（其中SCI他引311次）。得到西藏自治区农牧厅及那曲、昌都、日喀则、山南等地区主管部门的采纳应用，取得了良好的社会、经济和生态效益。该成果获得2016年度西藏自治区科学技术奖一等奖。

六、粮食主产区农田土壤障碍消减与挖潜增效关键技术及应用

我国粮食主产区因长期重种轻养、化肥不合理使用等，中低产田比例达67%以上，严重制约了粮食增产、农民增收。本研究成果探明了粮食主产区农田土壤主要障碍因子的演变规律，明晰了障碍因子与作物产量的相互关联，计算了改良中低产田的粮食增产潜力；创建了以"厚沃-扩容-阻盐-调酸-降渍"为重点的农田土壤障碍因子消减关键技术，研制出相应的物化产品；集成创新了东北薄层黑土、华北养分亏缺与失衡农田、北方次生盐渍化农田、南方酸瘠旱地、南方潜育淹育稻田的挖潜增效技术模式。研发成果近3年在黑龙江、河北等7省累计推广2.14亿亩，新增粮食生产能力218.24亿kg、新增产值150.67亿元；物化产品在8家合作企业转化，企业增收4.73亿元。对指导农田土壤障碍因子消减与

地力提升、农业大面积均衡增产具有重要意义。该成果获得2018—2019年度神农中华农业科技奖二等奖。

七、农业纳米药物制备新技术及应用

成果以提高农药、兽药与疫苗等有效成分的利用率、延长持效期和降低残留污染为目标，攻克了利用纳米材料改善农业药物靶向传输效率和控制释放功能的核心技术，构建了纳米微囊、纳米微球、固体脂质纳米粒、纳米混悬剂、纳米微乳等通用纳米载药系统；针对脂溶性农药，研发了水基化与可控缓释功能的纳米农药新剂型，改善了农药分散性、持效期和有效利用率；以提高难溶性抗寄生虫与抗菌药物有效利用率为目标，研发了兽用抗生素纳米乳注射液等新剂型；基于动物天然免疫信号途径研发了纳米疫苗佐剂与免疫增强剂，改善了兽用疫苗的免疫效力与持续期。累计新增产值40亿元，获间接经济效益390亿元。其中，纳米农药及助剂产品在粮食、蔬菜、果树和经济作物病虫草害防治上累计推广面积3.5亿亩，纳米兽药与疫苗产品在牛、羊、猪等家畜寄生虫与传染病防治上累计推广470万头。该成果获得2014年北京市科学技术发明奖二等奖。

八、全生物降解地膜产品研发与应用

长期大规模地膜覆盖导致了地膜残留、土壤环境恶化、产品质量下降等问题。首次制定了全生物降解地膜评价技术规范，建立了覆盖全国19个省（区、市）12种作物的试验评价网，阐明了典型覆膜农区代表性作物对全生物降解地膜功能需求，建立了"五性一配套"的全生物降解地膜产品和应用的评价技术规范；优化完善了PBAT的结构设计与合成工艺，突破了全生物降解地膜专用料改性关键性技术环节，形成了2万t全生物降解地膜专用料改性生产能力，研制出6种全生物降解地膜产品配方，并实现规模化生产；首次提出和定义了作物地膜覆盖安全期的概念，制定了不同区域作物全生物降解地膜应用技术规程。2006年以来，在全国19个省（区、市）76个县（市）进行了试验示范和规模化应用，累积应用面积达50多万亩，推动了全生物降解地膜的研究与推广应用。该成果获得2020年度北京市科技进步奖二等奖。

九、宁蒙灌区农田退水污染全过程控制技术及应用

针对当前我国农业面源污染防治技术零散、管理薄弱及流域防控模式缺乏等问题，首次在宁蒙灌区构建起源头减量、过程阻断和末端生态修复及循环利用相结合的全过程防控思路与技术体系，集成典型技术模式与总量控制方案，并在政策机制和管理模式的配套下，形成了流域防控模式。充实和发展了我国特别是大型灌区农业面源污染防治的理论与方法，稻田水肥机秧一体化技术首次在北方稻区实现了一次性施肥，节水控盐一体化技术

较好地解决了缺水盐渍化灌区排水控盐需求与氮磷养分流失控制之间的矛盾，畜禽粪污沼气连续发酵技术根本性突破了低温冷凉地区沼气低温季发酵与周年生产的难题，集成创新了稻田减氮控磷与清洁生产一体化、冷凉地区养殖废弃物沼气持续处理与农田循环利用、灌区退水污染湿地生态修复与农田回灌利用等三大技术模式，实现了农田退水污染的全过程控制和区域水质改善。该成果获得2017年度环境保护科学技术奖二等奖。

十、北方地区秸秆捆烧清洁供暖技术

我国北方农村地区清洁取暖率约31%，颗粒物、二氧化硫、氮氧化物等污染物排放严重，在碳达峰、碳中和背景下，需构建农村清洁供暖体系。研发了悬浮振动式仿生秸秆捡拾除土技术及装置，集成压捆、打结技术，研制出秸秆捡拾除土打捆一体化装备，使秸秆捆中含土量降低了76.6%；创新研发秸秆高效低氮捆烧关键技术，显著提升了供暖锅炉的燃烧效率，烟气中氮氧化物排放量减少19.5%，热效率达82.51%；揭示了秸秆捆烧特性与颗粒物生成规律及路径，发明烟气中颗粒物减控脱除关键技术，颗粒物脱除率提高41.2%。技术成果在黑龙江、辽宁、内蒙古、河北、河南、山西等地推广应用，近3年推广秸秆打捆设备、秸秆捆烧锅炉4 500余台套，利用秸秆约207万t，替代标准煤约103万t。实现了高效低碳清洁供暖，是推进秸秆综合利用、保障北方地区农村居民温暖过冬的有效技术路径。入选2021年中国农业农村重大新技术和农业农村部2021年农业主推技术。

第三章 成果转化与产业支撑

第一节 所地所企合作

2016年，研究所与黑龙江省逊克县政府签署《关于共同推进智慧农业发展战略合作框架协议》，在逊克县开展了智慧农业大数据平台及云服务系统建设，推进了当地智慧农业的发展及农业现代化的管理水平。与河北省迁安市农牧局新签署6项技术服务协议，在无土栽培、工厂化育苗、温室环境节能控制、食用菌工厂化生产、省级农业科技园区建设等方面开展技术服务指导。

2017年7月，研究所与雪川农业发展股份有限公司联合共建河北省马铃薯产业技术研究院，共同建立农业气象服务等科研及转化平台。

2017年10月，研究所与中国财产再保险有限责任公司签订战略合作备忘录，双方共建农业风险与保险实验室，以实验室为平台开展项目合作、课题研究。

2018年4月，研究所与浙江省丽水市政府签订战略合作框架协议，双方合作开展气候变化与低碳发展、资源高效利用、生态农业和设施农业等方面的合作，研究所围绕国家气候适应型城市建设试点、丽水绿色发展综合改革创新区建设等方面提供技术指导和智力支持。

2018年12月，研究所与金禾佳农（北京）生物技术有限公司共建农业绿色功能材料实验室，双方围绕农业绿色功能材料研发开展合作研发，创制了基于秸秆基纤维素改性的绿色成膜剂、氮磷钾缓释肥和保水剂等系列投入品，部分产品完成了中试和示范应用。

2019年12月，研究所、北京马坊工业园管理委员会、中关村科技园区平谷园管理委员会、全国农业科技成果转移服务中心四方共建平谷区政府纳米成果转化基地，重点开发农业靶向药物、农用无人机与精准农业等综合技术集成、中试开发与推广应用。

2020年3月，研究所与山东宝力生物质能源股份有限公司签订协议，合作共建东营胜利盐碱农业产业技术研究院。研究所依据研究院的需求对该研究院的产业发展和布局提出建议性意见。

2021年4月，北京市海淀区农业农村局就海淀区现代农业发展规划编制工作与研究所签订委托协议。研究所组织专家团队提出海淀现代农业升级的路径和措施，在工作思路、项目布局、工作重点及政策建议等方面出谋划策，为海淀区未来农业的发展提供科技支撑。

2021年6月，研究所与浙江省平湖市农业农村局签署《平湖市农业绿色高效生产战略合作框架协议》。按照"搭台引智聚慧、整合创新资源、共促融合发展"的理念，以问题和需求为导向，合作创建长三角地区农业绿色高质量发展示范模式，开展相关科研项目在长三角地区的试验示范推广，定期进行技术交流和人才培养，探索长三角地区农业绿色高质量发展可复制可推广的整体解决方案。2022年7月23日，研究所与平湖市政府签署《农业农村绿色低碳高质量发展战略合作框架协议》，揭牌成立农业农村绿色低碳高质量发展示范点。

2021年7月，北京市顺义区农业农村局就顺义区国家农业绿色发展观测试验站工作与研究所签订委托协议。研究所组织专家团队通过长期监测获取和完善了顺义区水分、土壤、大气、生物等原始观测数据，建立长期观测监测点位20余处，建立了粮田和蔬菜有机肥替代、农业废弃物综合利用、农业高效节水、"三优一统"农药减量控害技术试验示范区，构建了顺义区农业绿色发展技术支撑体系，支撑了顺义作为国家农业绿色发展先行先试区的建设。

2021年9月，研究所与安徽省黟县人民政府共建黟县生态农业试验站，是依托研究所退化及污染农田修复团队建立服务"五黑"产业发展的现代生态农业试验站，为推动和引领黟县生态农业产业健康、快速、持续发展和"五黑"优质农产品生产提供人才和技术支撑。

2021年10月，研究所与江西省抚州市人民政府签署战略合作协议，将围绕抚州市农业农村碳达峰碳中和、生态环境保护、农业绿色发展等开展联合科技攻关，共建科技合作长效机制，共同谋划抚州市乡村振兴政策措施和工作重点，推动抚州市乡村振兴战略实施，实现抚州市生态资源向生态资产转化。

2021年10月，研究所与山东土地乡村振兴集团有限公司签订"双碳"研究与应用领域的战略合作框架协议，研究所以顺义试验基地低碳种养循环项目为切入点，探索产学研用融合发展新路径，为山东土地发展集团"1+4+2"现代产业体系落地提供有力的科技支撑。通过典型项目试点，不断总结经验形成可复制、可借鉴、可推广的乡村振兴模式，共同服务山东省乡村振兴和农业农村"双碳"目标实现。

2022年1月，国家农业农村碳达峰碳中和科技创新联盟成立，该联盟作为国家农业科技创新联盟框架下的专业联盟，在农业农村部和中国农业科学院领导下，研究所作为理事长及秘书长单位，联合近百家成员单位，按照"国家需求导向、项目任务引领、机制创新推动"的原则，开展重大问题调研、提出发展咨询报告和政策创设建议；开发农业农村领域固碳减排交易方法学、研发农产品碳标识、开发农业碳交易项目，开展碳排放第三方监测、审定与核证；推进农业农村低碳生产生活技术示范和应用，在重点区域开展减排固碳和可再生能源替代综合技术集成利用与示范，创新低碳农业成果转化与商业化模式。

2022年3月，为进一步落实中国农业科学院与大北农集团战略合作协议内容，研究所与大北农集团就"新型纳米疫苗及佐剂技术开发"签署千万元级项目合作协议。双方表示将充分发挥好各自在科技创新、人才队伍以及市场推广、资本运作的优势，共同推进农业纳米药物技术在兽用疫苗行业的集成创新与系统应用，以及传统兽用疫苗制品的提质增效与节量减排。

2022年7月，为进一步促进农业低碳发展，研究所与首粤环境科技（深圳）有限公司就共建微藻生物固碳减排智慧监测联合实验室签署合作协议。将围绕微藻生物产品固碳减排效益，精准调控微藻生长二氧化碳、光、温和水环境，开展微藻生物产品应用效果评价实验及推广应用等工作，推动微藻生物产品在全国试验示范和大面积应用。

2022年9月，研究所与天津市宁河区人民政府签订绿色低碳战略合作协议，将以宁河区自然资源和特色产业为载体，以农业碳汇生态价值实现为引领，开展种植、养殖、种业、清洁流域、人居环境等项目合作，助推宁河区全域农业绿色低碳转型发展，共同打造"双碳"先行示范区，为宁河区农业绿色低碳高质量发展提供科技支撑。

2022年11月，研究所与北京共谱农业发展有限公司、共谱（香河）农业发展有限公司就共建"低碳农场管理与碳交易"联合实验室签署合作协议，共同围绕低碳农场管理与碳交易示范，开展大规模农业企业的碳排放监测、核算、减排以及碳交易技术、系统和设备联合研究工作，推动大规模农业企业运用碳交易方法实现生态系统服务的市场价值。

第二节　科技兴农

2013年，为应对东北低温春涝、长江中下游地区高温热害、东北洪涝灾害3大重大农业灾害，研究所农业气象减灾研究团队作为农业部防灾减灾专家指导组专家，编制了不同作物的《高产栽培与防灾减灾技术明白图》，发放35万份，获得2013年度江苏省政府图书奖。

2014年，在中日中心及日本国际协力机构（JICA）的积极协调下，由日本农机企业无偿提供侧条施肥插秧机3台，分别在黑龙江省鸡西市兴凯湖农场、方正县、嫩江县进行水稻侧条施肥技术的验证与示范。宁夏回族自治区吴忠市、青铜峡市、灵武市农发办新增预算购买水稻侧条施肥插秧机4台、日方企业免费提供1台，该项技术2014年的示范面积扩大到1 600亩。通过在示范点召开水稻侧条施肥技术培训会、现场展示会等，培训技术示范户及周边农户、当地农业局及农业技术推广中心、当地龙头企业职工、各县派出的技术人员以及课题组成员共150余人。在北京顺义基地举办蔬菜起垄施肥一体技术总结大会，培训顺义农科所、田间学校的技术员及当地农户，节本增效效果显著，受到广泛欢迎。

2014年，作为农业部外来入侵生物风险评估与应急预警专家组组长单位，受农业部科教司委派，研究所张国良、付卫东两位专家担任了CCTV-10频道《走近科学》栏目"入侵者"系列节目专业指导，并参与拍摄。该系列节目由农业部科教司和中央电视台科教频道合作拍摄制作，历时8个多月，真实反映外来入侵物种造成的危害，再现了研究所在外来入侵物种综合防控方面所做的工作和取得的成果，节目播出后获得了较高的收视率，对全面普及外来入侵物种防控意识、提升外来入侵物种综合防控能力起到了推动作用。

2014年，与山东省东营市国家现代农业示范区开展了合作对接，在2012年合作协议基础上，与东营农业科学技术研究院合作建设黄河三角洲农业环境科学观测试验站，获得实验用地284.7亩农田用地和20.6亩科研设施建设用地。2013年完成农田道路、围栏、水桥、水渠等基础建设，2014年建成实验室超500 m^2，开展了生物质能源植物种植试验研究，并参与了玉米秸秆沼气制备的成果鉴定等工作。

2015年，针对影响我国种植业生产的主要农业灾害，研究所组织各地专家将可能发生的、正在发生的和已经发生的灾害及时地进行灾害监测、预警和调查，开展灾害损失评估和减灾技术指导，撰写了44期简报提交农业部种植业司，提出了具体措施和政策建议报告。特别针对厄尔尼诺事件及其相关灾害开展了专题研究与多次会商，形成了农业应对厄尔尼诺技术预案。组织专家起草了第二届农业防灾减灾专辑指导组工作方案、专家组工作绩效考核办法等；针对农业干旱以及农业抗旱技术在云南、河南、东北、内蒙古等地开展调查、技术观摩与指导；由中央农业广播电视学校制作了"天气指数农业保险"的视频培训课程，在"农技人员知识更新大讲堂"系列培训中播出。研究所组织在我国东北、黄淮海、西北西南、长江中下游4个小麦生态类型区陆续建设小麦苗情、灾情、墒情等的远程监控与诊断管理关键技术代表性监测站点，在河南、山东、黑龙江和甘肃等地转化应用。2015年，农业部在重庆荣昌召开的全国农业物联网试验示范工作会上，该模式被入选并向社会推荐应用。

2015年，中日可持续农业技术研究发展计划（以下简称"中日项目"）推广实施的水稻侧条施肥插秧技术在宁夏回族自治区青铜峡市、吴忠市利通区、灵武市、银川市永宁县、银川市贺兰县5个县市13个点推广4 200亩，涉及7个农业合作社、4个家庭农场和2个良种繁育基地等。

2015年，研究所组织参加了由农业部组织的"美丽乡村"博览会，展示了植物工厂、主动蓄能型日光温室、农业物联网和旱作农业、纳米农药、面源污染防治等科技成果，获到全国政协副主席罗富、农业部副部长张桃林、农业部副部长余欣荣的高度评价。中央电视台《新闻联播》栏目报道了"美丽乡村"展览，并专门介绍了植物工厂成果，《农民日报》在头版以《"光控"蔬菜长得快》为题介绍了研究所LED光控植物工厂的相关成果。

2016年，研究所"作物生长环境监控物联网系统应用"案例成功入选"互联网+"现代农业百佳实践案例。该系统极大方便大范围开展农业大数据研究、农业科研协作，对农业生产管理和防灾减灾等工作具有重要的示范意义。

2016年，由研究所自主研发的"智能LED植物工厂"成果亮相国家"十二五"科技创新成就展，受到党和国家领导人的高度关注并对该成果给予了高度赞赏。研究所借助于科技部国际合作与培训交流平台，举办了2016年资源高效利用型植物工厂技术国际培训班，围绕植物工厂环境调控、高效无土栽培、资源高效利用、物联网、病虫害防治、蔬菜储藏保鲜与品质调控以及太空生命保障等相关理论与技术展开培训，培训了来自巴基斯坦、伊朗、埃及、摩洛哥、泰国、朝鲜6个国家的学员，提升了研究所在植物工厂领域的国际影响力。

2016年，研究所组织在宁夏回族自治区吴忠市、银川市（兴庆区、贺兰县、永宁县）、青铜峡市及黑龙江省方正县举办侧条施肥插秧技术的现场展示会，培训技术示范户及周边农户、当地农业局及农业技术推广中心、当地龙头企业代表等690余人。

2017年，研究所针对外来入侵生物暴发、突发带来的生物灾害，组织联合各地环保站技术人员，进行定点调查监测、预警和调查以及风险评估和技术指导。开展防控技术成果展示、外来生物入侵危害宣传以进一步提高各级干部群众的外来入侵生物防控意识讲座10余次，培训农业基础技术人员3 000人次，入侵防控技术资料和明白纸发放2万余份。协助拍摄完成了《生物黑客——入侵植物》系列科教电影。为宣传外来物种危害和防控方法、提高广大民众生物安全意识、保障我国生态安全提供重要媒介支持。

2017年，研究所智能LED植物工厂技术在浙江、广东、山东等地推广应用，技术指导推广应用12座人工光植物工厂，其中浙江衢州江山市星菜植物工厂公司在研究所技术指导下建设了国内最高（栽培层数20层）的人工光植物工厂。日光温室主动蓄放热技术在山东、北京、甘肃等地进行了示范推广，2017年累计推广50栋日光温室。工厂化水培叶菜（连栋温室）技术在北京顺义、昌平建设了2个基地，累计温室面积7 500 m²。

2018年，研究所"智能植物工厂"技术成果被科技部遴选推荐参加"创科博览2018"，重点展示了植物工厂LED节能光源、立体无土栽培、智能环境管控等技术，受到香港同胞广泛关注和赞誉。

2018年，按照农业农村部科技教育司统一部署，研究所组织生物节水与旱作农业团队对全国可降解地膜试验示范技术方案进行设计、撰写并把关技术报告，在13个省（区、市）进行了10多种生物降解地膜新产品的示范工作，示范面积达到1万多亩，同时还参与了新疆维吾尔自治区、云南省万亩生物降解地膜示范的相关技术工作。承担了国务院第二次污染源普查项目中地膜残留课题，编制了全国地膜残留调查、校核和资料汇总的工作，培训全国相关技术人员2 000多人次。

2018年，研究所在辽宁省阜蒙县开展畜禽养殖废弃物资源化利用整县推进工作。以阜蒙县政府作为监督主体，企业作为实施主体，研究所作为技术依托单位，在开展实地调研基础上，帮助地方政府制定了整体推进工作方案和技术实施方案，制定了"零散户密集区三级粪污收集站、大规模养殖场二级处理中心、核心的一级资源化中心"三级中心整县推进治理模式，建立了政府协调、企业运营、社会参与、金融扶持、整县推进的工作运行机制。

2019年，研究所中日项目在宁夏回族自治区中卫市、吴忠市、灵武市示范点，黑龙江省方正县和兴凯湖农场，江苏省宜兴市杨巷镇、高塍镇，举办了侧条施肥插秧技术的现场展示会，技术示范户及周边农户、当地农业局及农业技术推广中心、当地龙头企业的代表1 000余人参加，共举办培训班5次，发放宣传资料700余份，推广面积480亩；在山东省平原、莱芜、文登、安丘召开堆肥技术培训现场会4次，堆肥技术培训5次，有机肥应用现场观摩会1次，参加培训人员2 000人次。在全国13个省（区、市）开展了生物降解地膜应用的宣传培训工作，投放各类宣传册1 000多份，培训各类人员2 000人次。

2019年，研究所"LED人工光植物工厂"成果亮相北京世界园艺博览会，受到公众的广泛关注。

2019年，由农业农村部社会事业司牵头，研究所成立农村厕所革命及农村生活污水处理技术服务团，以东部、中部地区为重点，在北京市房山区、密云区、通州区，江苏省泰州市兴化市、连云港市赣榆区和东海县，河北省邯郸市邱县、沧州市吴桥县，四川省德阳市罗江区、甘孜州道孚县，宁夏回族自治区吴忠市盐池县，安徽省巢湖市、芜湖市，福建省漳州市凌霄县、南平市延平区，吉林省长春市九台区、长春空港经济开发区、长春净月高新技术产业开发区、梅河口市，开展农村厕所革命、农村生活污水处理等技术服务工作。组织开展山东省乡村振兴"齐鲁样板"科技支撑工作，先后组织清洁流域团队等科研专家5次赴山东省平原县、夏津县开展乡村振兴调研与科技支撑服务。

2020年，研究所组织编制《农业绿色发展先行区联系指导工作方案》，指导上海、黑龙江、四川、青海4个省（市）9个国家农业绿色发展先行区，因地制宜推进农业绿色发展支撑体系建设，开展农业绿色发展技术成果与农业绿色发展模式总结。赴黑龙江省兰西县、肇源县及上海市崇明区等地开展实地调研，为先行区长期观测站建设、绿色发展项目支撑、有机协同推进等提供现场指导。

2020年，组织专家参与全国畜禽粪污资源化利用现场会筹备与技术指导，解读第二次污染源普查——畜禽养殖业污染普查结果，参与了《全国农业绿色发展规划》以及科技教育司和畜牧兽医局"十四五"规划编制工作。撰写《关于进一步明确畜禽粪污还田利用要求强化养殖污染监管的通知》，由农业农村部办公厅和生态环境部办公厅联合发布，科普文章《科学认识畜禽粪污中重金属残留》在《农民日报》上发布。组织团队和专家对河北省和河南省粪污资源化利用第三方现场评估工作，参加农业农村部组织的粪污资源化利用现场检查等工作。参加农业农村部畜牧兽医局组织的养殖大县粪污资源化利用培训，解读《畜禽粪污还田利用主要概念和标准规范》，介绍国外畜禽粪污资源化利用监督管理经验。组织专家协助农业农村部开展地膜质量调查及2020年塑料污染治理部委联合专项行动，提交农业农村部科教司调研报告，其中《可降解地膜研发应用及环境风险评估报告》获得了农业农村部副部长肯定性批示；参与并圆满完成了第二次全国污染普查的地膜残留污染源调查工作，被评为第二次全国污染源普查先进集体、先进个人和优秀专题报告。

2020年，为落实《农村人居环境整治工作方案》，研究所组织成立了农村人居环境研究中心，支撑农村人居环境治理和乡村生态振兴。组织团队牵头编写《农村厕所粪污无害化处理与资源化利用指南》《农村厕所粪污处理及资源化利用典型模式》，由农业农村部办公厅、国家卫生健康办公厅、生态环境部办公厅联合发布；《关于以新冠肺炎疫情防控为切入点加强农村人居环境整治的思考和建议》获农业农村部党组成员吴宏耀批示（2020-3-4）。开展海南、山东、湖北、湖南4省改厕技术服务，服务18县36个镇80多个村，技术培训2 000人；梳理农村厕所粪污处理与资源化利用典型模式，考察了山东、福建、河北、河南、山西、四川和浙江等省共14个典型案例县；先后考察了浙江、安徽、青海、北京和辽宁等省（市）农村生活污水处理相关现场和政策落实情况的基础上，编写了生活污水治理政策研究报告；参加了5个省的《农村人居环境三年行动方案》落实情况的大督查，走访了20个县40多个镇；受科技部农社司委派，派出专家，参与山东省农村社会事业工作培训班、合肥市乡村振兴人才培训人居环境整治班，为地方提供人居环境整治方面的培训服务。研制一批环保型无排放循环式水冲厕所、卫生旱厕、厕所粪污一体化处理成套装备等，部分装备在研究所顺义科研基地投入使用，取得了良好的治理成效。

向宁夏回族自治区玉米侧条施肥技术示范区发放技术宣传资料1 200余份，向吴忠市利通区郭家桥乡和金银滩镇黄沙窝、渠口村的技术示范户及周边农户、当地农业技术推广中心、当地龙头企业介绍玉米侧条施肥技术操作规程；在山东省潍坊、平原、文登、诸城、博兴召开堆肥技术培训现场会议5次，有机肥使用技术培训7次，堆肥应用现场观摩会1次，参加培训人员2 600人次；在江苏省宜兴市高塍镇召开机插秧侧深施肥技术现场会，培训人员140余人。

组织科研团队通过央视《开讲啦》节目，为广大观众介绍智能植物工厂技术与发展历程，让更多人了解未来代表农业发展方向的高效农业系统和生产方式，取得了很好的科普展示效果，并在第二届研究所科普开放日通过央视频进行植物工厂慢直播与移动直播，有效地向公众进行了植物工厂技术的科普与推广。

组织团队在陕西省汉中南郑区柳沟村，开展了小农户全生命周期茶叶生产温室气体排放核算，探索小农户茶叶碳中和生产及品牌价值提升途径，梳理典型农村社区适应案例行动，践行习近平总书记提出的"绿水青山就是金山银山"及"生态价值实现"理念，为增加秦巴山区贫困农户经济收入提供科技支撑。项目已开展现场技术培训2次，培训茶农60余人次，组织线上茶叶展销活动1次，带动20余户合作社茶农实施生态有机茶叶种植模式。

受安平县人民政府委托，研究所组织团队协助安平县成功申报国家现代农业产业园，完成《河北省安平县国家生猪产业园总体规划》《河北省安平县国家生猪产业园申报书及佐证材料》等相关报告，对国家现代农业产业园功能定位、思路目标及创建内容、支持政策、运行管理机制、保障措施等方面形成产业园建设规划方案。

2021年，研究所加强对青海、四川、黑龙江、河北等省农业绿色发展先行区的技术指导工作，重点指导青海省刚察县开展农业绿色长期固定观测试验站建设，为青海省湟源县开展农业绿色长期固定观测站建设前期指导；为河北省出台农业绿色支撑体系建设指南、管理办法等提供技术咨询与指导。

2021年，研究所组建秸秆综合利用专家指导组，为秸秆综合利用提供决策咨询、技术指导、培训交流等支撑服务，制定《秸秆综合利用专家指导组2021年工作实施方案》。赴山西、河南、四川、重庆等地开展沼气安全生产调研指导，推动各地进一步重视沼气安全生产工作，发掘生物质能开发利用的好做法，总结生物质能源减排固碳典型模式。赴辽宁铁岭、朝阳等地开展秸秆打捆直燃技术实地调研与指导，为秸秆清洁供暖提供技术支撑。开展全国玉米秸秆资源评估监测研究，不断补充和完善秸秆特性数据库，开展秸秆大数据平台运行维护，为各地秸秆的综合利用提供技术指导与数据支撑。

2021年，研究所围绕人居环境整治和农村厕所革命技术服务组织专家团队开展技术培训、现场指导和展览展示等工作，受邀在中国环境科学研究院组织的振兴新农村建设培训会上进行科技培训（线上）、在山东省滨州市开展了全市人居环境整治培训、支撑海南省编制了《农村人居环境整治提升5年行动方案》；围绕农村厕所革命技术服务开展了技术培训、现场指导和展览展示等工作，实地走访、指导、调研20多个省（区、市）200多个县（市、区），提交相关研究报告20余份，在湖南衡阳协办了全国农村厕所革命现场会，展示了研企合作研发的"厕重点"无下水道（免水冲）资源循环原位生态发酵床厕所产品和技术模式。围绕面源污染治理工作，为农业绿色发展专项"黄河流域滨州市滨城区黄河流域农业面源污染治理"项目实施提供了技术咨询。开展了禹城市灌溉设施基本情况调研，掌握了相关的基本现状，对禹城市农业农村局、自然资源局、统计局及当地基层领导进行了走访调研，针对禹城市农业生产灌溉及配套设施、管理养护等方面存在的问题，提出了实行整县、整镇推进基础灌溉设施建设、在省级层面统筹国家资金、高压设计施工同步跟着国家资金及项目走等具体对策与建议。

2021年，在陕西省汉中市南郑区柳沟村通过线上授课、现场培训、实地指导等多种方式，向柳沟村茶农合作社成员宣传了生态茶园技术、低碳生产技术、"四位一体"技术，为当地茶农提供了推动茶叶生产绿色低碳的新思路、新理念，为后续开展柳沟茶叶生产碳中和奠定基础。

2021年，研究所组织专家参与农业农村部农情调度、核实农业灾情、报表信息汇总；参与发布台风、寒潮等灾害预警通知；撰写国家减灾委、应急管理部等灾害形势会商会议材料。专家代表农业农村部参加2021年度自然灾害风险形势会商会议并做发言。参与撰写农业农村部《种植业快报》《春耕生产专刊》《"三夏"专刊》《秋收秋种专刊》《每日要情》《农业农村部信息》《农业农村部简报》和农报、农专报等材料73期。其中《关于当前农业旱情及防灾减灾情况的报告》《春节期间全国大部地区天气利好麦区局部旱情缓解蔬菜生产正常》《今年粮食产量初步预测分析》得到中央常委级领导肯定性批示；《全国"三夏"生产情况》得到省部级领导肯定性批示。开展常态化农业防灾减灾指导工作。依托农业农村部防灾减灾专家指导组，根据农作物的物候历，结合气候节律及农业气象灾害发生规律，预判大田作物、水果、设施农业、油料作物等可能发生的灾害以及应灾准备，上报各类技术报告、政策建议等20余份。组织应对重大突发灾害的农业防灾减灾。根据各地农业气象灾情，不定期组织专家进行调研考察，形成、技术报告，供管理部门制定防灾减灾抗灾救灾政策参考；针对重大突发灾害，组织专家进行专项调研，遵照农业农村部的部署，减灾团队与农业技术推广总站的科技人员一起，前往河南省鹤壁市、安阳市进行实地考察及抗灾救灾技术指导，形成调研报告。参与洪涝灾后生产恢复指导。根据中国农业科学院《关于河南省22县农业恢复生产指导工作的紧急通知》总体部署，组织专家赴河南省安阳市内黄县、殷都区开展农作物灾情调研、农业减灾和恢复生产技术指导。工作组赴内黄县小滩坡滞洪区调研灾情，滞洪区涉及内黄县和浚县11万亩农田，了解了当地对于白菜、萝卜种子等农资需求，并联系中国农业科学院蔬菜花卉研究所（简称蔬菜所）开展相关技术支持。专家组在殷都区实地调研了受灾农田实际情况。最终调研结果形成工作报告上报主管部门。参与"三秋"抢收抢种技术指导。根据农业农村部、中国农业科学院统一部署及部领导、院领导指示，由蔬菜所牵头，环发所、油料作物研究所、作物科学研究所、农业农村部食物与营养发展研究所组成的"三秋"抢收抢种技术专家工作组与陕西省农业农村厅商定调研方案。组织专家赴渭南市富平县、蒲城县和华阴市开展调研。专家实地调研农田积水、作物受灾等情况，协助制定防灾减灾和秋收秋种技术意见；开展玉米收获烘干、小麦整地播种现场指导和技术培训等活动，加快秋收秋种进度；跟踪了解秋收秋种进度，以及农机、农资保障情况，及时反映生产存在的问题并提出建议。

2022年2月，中国农业科学院组织11个专家组、30个科技小分队，赴河北、河南、山东、山西、陕西、江苏、湖北、甘肃、安徽、四川、新疆11个小麦主产省（区）开展夺夏粮丰收科技帮扶工作。按照农业农村部及中国农业科学院关于救灾工作的统一部署，环发所党委第一时间派出科研骨干力量赴内蒙古、辽宁、河南、山西、山东5省（区）开展调研指导及夺夏粮丰收科技帮扶工作，取得良好成效，环发所获得2022年稳产保供先进集体。

第三节　乡村振兴与科技帮扶

2014年9月，研究所委派何文清同志作为第八批援疆干部赴疆，在新疆农垦科学院农田水利与土壤肥料所开展为期3年的对口支援工作。

2014年，研究所与西藏自治区农牧科学院签署合作共建备忘录，合作共建了西藏农牧科学院农业资源与环境研究所，由高清竹研究员挂职西藏自治区农牧科学院农业资源与环境研究所副所长，为西藏自治区农牧科学院无偿提供一套波比文-能量平衡系统，监测农田水汽交换过程，协助西藏自治区农牧科学院资源环境研究所在农业气象、环境工程等领域开展重点学科的建设及人才培养工作；以项目合作加强科技交流，协助编制《西藏自治区农牧科学院农业资源与环境研究所"十三五"发展规划》，协助申报农牧业适应气候变化重大课题，该课题通过西藏科技厅的论证，获西藏自治区科技厅鉴定成果1项，获西藏自治区科学技术进步奖三等奖1项，高清竹同志获第九届青藏高原青年科技奖。研究所张燕卿同志在西藏自治区农牧科学院挂职副院长期间，工作得到当地干部职工的高度评价和认可，被西藏自治区党委政府评为第六批优秀援藏干部，为促进西藏农牧业科技发展做出了积极贡献。

2015年，研究所在新疆南疆尉犁县和乌鲁木齐开展降解地膜应用及评价方法、新疆农膜污染防控技术体系的研究与发展培训，培训了全疆各地（玛纳斯、尉犁、博乐、伊犁等）农业基层技术人员及兵团基层农业技术人员60余人。协助新疆农垦科学院、新疆石河子农业科学研究院青年科研人员申请科研项目4项，其中国家自然科学基金和农业部重点实验室项目获资助。

2015年，研究所与西藏农牧科学院以项目合作带动人才培养、加强人才交流，研究所程瑞锋博士作为博士后进站人员，在站工作并成功申请西藏自治区科技计划项目"植物工厂雾培关键技术及其控制系统研究与示范"1项，经费40万元，该项目对西藏国家农业科技园区内蔬菜立体栽培、雾培、温室环境控制等进行了技术支持和示范应用。

2016年，研究所与新疆农垦科学院签署了科技合作战略协议，进一步推动了研究所科技援疆工作。共同承担了公益性行业（农业）科研专项"残膜污染农田综合治理技术方案"，在新疆南疆阿克苏、库尔勒以及北疆石河子、博乐等典型污染区建立实验示范点4

个，开展了典型区域残膜污染现状及成因调查，进行了残膜回收机及新型全生物降解地膜等新技术、新产品的试验和示范。

2016年，研究所组织专家与西藏那曲草原站等有关部门合作，开展国家重点研发计划课题"藏北典型高寒草甸植被恢复综合整治技术研究与示范"、国家自然科学基金项目"高寒草甸返青期对气候变化的响应及其对生产力和碳收支影响机制研究"等工作，有效推动了藏北生态安全屏障建设向国家生态文明建设思路的转变，为高寒草地生态保护和可持续利用提供了理论基础和决策支撑。

2017年，研究所与新疆农垦科学院、广东金发科技有限公司、苏州中塑再生机械有限公司共同申报的成果"地膜残留污染综合防控技术研发与推广应用"获得中国产学研创新成果奖一等奖。

2017年，研究所组织西藏自治区科技计划项目"植物工厂雾培关键技术及其控制系统研究与示范"验收，在西藏拉萨国家农业科技园区内合作研发了叶菜和果菜兼用型雾化栽培装置及其生产技术、草莓半雾培生产装置及其生产技术，并进行了示范应用，取得了良好的效果。

2018年，研究所作为江苏东海县乡村振兴科技示范县技术指导牵头单位，组织专家参加东海县乡村振兴科技示范县建设方案起草工作，在研究所科研成果基础上设计了"东海县种养加生一体化循环农业模式"，中国农业科学院成果转化局委派研究所作为乡村振兴科技行动院基本科研业务项目主持单位，项目经费拨付100万元。

2018年，为推动地膜污染防控技术的应用，研究所与新疆维吾尔自治区农业资源与环境保护站、昌吉回族自治州（以下简称昌吉州）农业局在昌吉州下巴湖农场共同建立1 000亩试验示范基地1个。其中在加工番茄种植上示范生物降解地膜新产品500亩，选择3种全生物降解地膜产品应用，试验示范结果显示几种生物降解地膜产品完全能够替代PE地膜，并且能彻底解决地膜残留污染的问题；同时在棉花上示范高强度耐老化新型PE地膜应用，面积500亩，在棉花秋收后能够在不改变回收机具的前提下，大幅度提高地膜回收率。2018年，基地培训农业技术人员和农民300余人，大力推进了昌吉州农田地膜残留污染防控技术的应用。

2018年，研究所高清竹研究员在挂职西藏自治区农牧科学院农业资源与环境研究所副所长期间，针对气候变化对高寒草地影响和畜牧业生产等影响的关键问题，开展气候变化对高寒草地影响机理、观测和分析高寒草地土壤呼吸变化规律及其影响因素，以及高寒草地气体交换和能量平衡，还开展高寒天然草地氮沉降以及人工草地施肥试验，探讨氮沉降和施肥对高寒草地生态系统的影响。提交对策建议1份，得到西藏自治区主要领导批示。

2019年，中国农业科学院启动了乡村振兴科技支撑行动，江苏省东海县成为首批4个乡村振兴示范县之一。研究所作为东海县乡村振兴科技示范县建设工作的牵头单位，以

《乡村振兴科技支撑示范县共建协议》为依据，与蔬菜花卉所、水稻所等紧密合作，围绕农业高质量绿色发展以及农业企业核心技术竞争力等乡村产业振兴和生态振兴方面存在的主要问题和科技需求进行了深入探讨，就共同谋划加快推进东海县示范县建设工作达成共识和意向措施，为进一步全面推进乡村示范县建设工作提供了组织保障。

2019年，研究所依托农业农村部公益类行业专项、兵团重大项目以及自治区财政专项等项目，与新疆石河子大学、新疆石河子农业科学研究院、昌吉农业农村局等单位开展降解地膜、高强度地膜的示范和推广工作，分别在新疆昌吉、石河子和兵团农九师建立了试验示范基地，在新疆昌吉开展生物降解地膜新产品的试验示范工作，在棉花、番茄、玉米、马铃薯、葫芦和西瓜等农作物上应用面积近2万亩。与石河子大学、江苏华盛科技集团有限公司和新疆生产建设兵团农八师合作建设了2 000亩棉花高强地膜应用试验示范基地，与普通地膜相比，高强地膜能够保持6个月不破且仍具有较高力学性能，可满足机械回收要求，当季地膜回收率在80%以上。与新疆石河子农业科学研究院在塔城地区（兵团农九师）开展了超薄降解地膜甜菜栽培试验示范，示范面积500亩，取得了良好的示范效果。

2019年，研究所组织农业温室气体与减排固碳团队依托农业农村部农业环境科学观测试验站，针对气候变化对高寒草地影响和畜牧业生产等影响的关键问题，开展了增温增水（OTC）控制实验、高寒天然草地氮沉降以及人工草地施肥等控制实验；集成研发生态补播、房前屋后（畜圈）种草、人工牧草建植、有机肥和氮磷耦合施肥以及光伏节水灌溉等关键技术以及舍饲半舍饲技术体系；初步建立了生态补播、人工牧草建植、节水灌溉等关键技术综合示范基地，形成房前屋后及棚圈种草技术示范村、舍饲半舍饲技术示范户。提交《关于那曲市建立生态产品价值实现先行区》的对策建议1份，得到西藏那曲市主要领导批示。

2019年，研究所有力推进"三区三州"脱贫攻坚工作，派出农业温室气体与减排固碳团队组成科技帮扶组，深入那曲市及巴青县、双湖县调研科技帮扶工作，深入调研草地畜牧业发展需求，重点开展人工牧草种植技术示范和退化草地生态修复示范，提供土壤调理有机肥约5 t，发放实用技术手册100多册，推广示范面积约400亩，向巴青县赠送了有机肥和绿麦草种等价值5万元产品，助力高寒牧区贫困村脱贫致富。

2020年，研究所在"江苏省东海县智慧农业产业园"园区建设和栽培管理方面开展指导工作，充分展示示范中国农业科学院设施农业技术成果。园区建成玻璃连栋温室6栋，每栋2 800 m²；日光温室20栋，每栋650 m²；大跨度温室3栋，每栋1 000 m²；异型温室1栋，6 500 m²。园区内应用技术主要包括人工光植物工厂技术、深液流水培叶菜技术、果菜基质长季节栽培技术、温室叶菜全自动工厂化栽培技术等研究所技术成果。园区2020年开始全面运营，并得到《农民日报》、江苏省委新闻网、新浪财经、凤凰新闻等多家官方和热门新闻媒体报道。2020年10月，联合园区运营企业江苏福如东海农业发展有限公司共同申报了江苏省科技计划项目，并在叶菜加工方面拟进行下一步合作。研究所通过技术指导打造农业园区亮点工程，结合工厂化、流程化的管理模式，促进一二三产业融合发展，贡献研究所以及东海县乡村振兴"新"力量。与江苏省农业科学院合作，为东海农业农村局提出了畜禽养殖散养粪污处理方案。

2020年，研究所严昌荣研究员被聘为新疆兵团特邀专家，开展地膜评价工作；选派青年专家张万钦赴西藏开展科技服务工作。

2021年7月，中国农业科学院成果转化局组织相关研究所领导和专家，赴江苏省东海县开展乡村振兴科技支撑示范县建设对接交流，实地考察了中国农业科学院东海试验站和相关企业基地，围绕农业高质量绿色发展以及农业企业核心技术竞争力等乡村产业振兴和生态振兴方面存在的主要问题和科技需求进行了深入讨论，就共同谋划加快推进东海县示范县建设工作达成多方面共识和意向措施，为进一步全面推进乡村示范县建设工作提供了组织保障。

2021年，研究所严昌荣研究员作为新疆兵团和自治区人才，参与了新疆生产建设兵团地膜残留污染防控技术方案的编制与实施，协助新疆蓝山屯河开展生物降解地膜产品的研究、评价和推广应用工作。与华南理工大学、兵团推广总站、喀什农业技术推广站、麦盖提县地膜企业一起，在新疆麦盖提、石河子和昌吉等地区实施30多万亩高强度地膜应用的示范工作，并取得良好效果。

2021年，研究所与西藏自治区农牧科学院、那曲市草原站等单位合作，开展国家重点研发计划"藏北高寒草甸植被恢复综合整治技术研究与示范"课题研究，建立了高寒草地生态修复示范基地，示范退化高寒草地生态修复及畜牧业协同提升技术与模式，为高寒草地适应气候变化和畜牧业发展提供了科技支撑；深入那曲市11个县（区），调研藏北高原草地生态保护、畜牧业发展、特色产业现状，凝练出那曲市今后的科技发展重点领域和方向，为科技支撑那曲市生态文明建设和畜牧业提质增效建言献策；承担了《那曲市"十四五"科技发展规划与2035远景纲要》编制任务，提交那曲市政府。通过建立示范基地，帮扶那曲市色尼区那曲镇嘎庆村20余户牧民，指导牧户房前屋后种草、牦牛高效养殖技术，组织开展培训1次，科技下乡1次，帮扶人数超过80人。研究所在那曲开展的科学研究和科技兴农事迹被《农民日报》报道，并被"学习强国"等主流平台多次转载。

2022年7月，研究所与西藏当雄县围绕草牧业转型升级试点工作签订科技合作协议，双方通过科学实验研究、现场技术指导、战略咨询服务、发展规划制定等方式，在饲草品种筛选、高产稳产基地建设、生态绿色草产品加工与利用、极端气候应对、防灾减灾和固碳减排效益评价等领域开展紧密合作。

2022年11月，研究所在江苏省东海县举办农业农村减排固碳政策与技术高级研修班，研修班首次以县域为单元、以"农业农村减排固碳"为主题，5位专家分别讲授"植物工厂与都市型设施园艺""秸秆综合利用""畜禽粪污资源化利用"等实用技术，以及实现"双碳"目标大背景下企业"碳管理""碳交易"的战略目标和发展思路。东海县相关管理部门、农技推广人员、企业负责人及相关领域专家等60余人参加研修，为东海县乡村振兴示范县建设提供了持续的人才支撑。

第四节　科技成果转化应用

一、北方地区秸秆捆烧清洁供暖关键技术装备

研发出高效低排放燃烧技术，开发出秸秆捆烧清洁供暖锅炉，据第三方检测，锅炉热效率可达85%左右，与燃煤锅炉相比，减排颗粒物5%、二氧化硫86%、氮氧化物50%，明显优于GB 13271—2014《锅炉大气污染物排放标准》。该技术已在辽宁、黑龙江、河北、山西、吉林等省推广，建立秸秆捆烧清洁供暖工程259处，供暖面积约725万m²，保障了农村社区、乡镇机关单位、学校、农业园区的清洁取暖，具有较好的应用效果。通过画册、挂图及视频等群众喜闻乐见的方式进行宣传，进一步推动了该技术在农村地区的普及和推广。该技术入选2021年农业农村部主推技术。

二、畜禽粪便就近低成本处理利用成套技术

该技术具有运营成本低、设备造价低、发酵产品养分含量高、臭气排放量低、机械化程度高等多重特点，包括固体粪便膜覆盖堆肥技术和固体粪肥机械化施用技术与装备。固体粪便膜覆盖堆肥技术解决了一般性发酵技术存在的臭气排放和需要搭载除臭设备的问题，实现氨减排；通过膜覆盖，堆肥期间60℃以上高温维持10天以上，彻底杀死有害虫卵、草种、病原微生物，保护土壤环境安全；该技术无须建厂，完全替代厂房或棚体等建筑，无须建发酵槽，大幅降低养殖场、粪污处理中心投资成本；节能降耗，每吨有机肥耗电2度，减少运行成本；发酵期远程智能控制，无须频繁翻堆，节约人工。该技术入选2021年农业农村部主推技术。

三、地膜残留污染综合防控技术与产品

面向大田粮食作物、经济作物和设施类作物的相应应用技术模式6套，其中高阻隔性生物降解地膜、地膜覆盖技术适宜性评价（App）显著优于国外同类型产品，填补国内同类产品的空白；研发的生物降解地膜有机种植技术具有显著优势，能够实现地膜应用"零污染"。技术成果适用于设施作物和经济价值较高的作物，包括有机种植作物、烟草、中

药材等。全生物降解地膜替代技术入选2018年农业农村部十项重大引领性农业技术。

四、种养结合增效减污关键技术

针对集约化种植和规模化养殖导致的种养脱链、粪污资源利用率低排放量大的污染治理的"痛点"，从基础理论-关键技术-场景驱动开展系统研究，揭示种养系统养分高效循环的调控机制，以粪污变粪肥循环利用为纽带，污染治理向产业链条延伸，创新了养殖废弃物前段混合发酵-中段强化产气-后段菌肥制备多级综合利用技术，从抗性基因削减-承载力估算-最适消纳施用等多维度突破关键技术，构建了种养结合减污降碳清洁生产模式，提出以"农民和农业企业为主力军"的多元主体治理及运维机制，实现了由关键技术突破到技术链式集成的迭代升级。该技术入选2020年"中国生态环境十大科技进展"。

五、温室太阳能主动截获及轻简化关键技术

创制出主动蓄放热系统装备，经过10多年改进已达到第六代产品，并实现在10多个省市和部队的100多个基地推广应用。2013年农业部专家组评价："该成果总体达到国际先进水平，其中日光温室主动蓄放热方法、基于热泵的主动蓄放热系统能效提升技术达到了国际领先水平。"该技术入选2017年农业部十大主推技术。

六、农村生活污水处理技术

应用该技术进行农村生活污水处理，既适用于人口相对集中的大型行政村（规模100～500 t/天），也适用于相对分散、不便汇入城镇排水管网的小型自然村落（规模5～100 t/天）。在北方冬季结冰地区，可通过埋地和建温室进行保温，以保证污水处理效率。该技术入选2020年农业农村部主推技术。

七、空心莲子草生物防治技术

该技术包括越冬繁育技术与田间释放技术等关键内容，操作简便、易学易懂，成本低廉。空心莲子草生物防治技术构建了可复制、可推广、可持续的生物防治技术模式，形成了一系列可广泛适用于河道、湖泊、荒滩、农田、果园等不同生境的生物防治技术方案和行业技术标准，并以点带面，为湖北、四川、重庆、安徽、湖南、河南等省（区、市）空心莲子草扩散路径和关键控制节点的典型防治方案的设计提供了科学依据，有效推动了农业绿色可持续发展。该技术入选2019年农业农村部主推技术。

八、旱地春玉米抗旱适水种植技术

通过土壤增碳扩容、地表覆盖抑蒸、冠层塑型提效的机理，建立了北方旱地春玉米生

产的土壤–地表–冠层协同调控的抗旱适水种植技术。通过土壤增碳扩容技术，提高旱地土壤蓄水保水的能力；运用地表覆盖抑蒸技术，降低土壤蒸发、提高降雨入渗能力；通过冠层塑型提效技术，提高作物抗旱适水的能力。该技术自2010年起在山西、甘肃、辽宁等地开展了应用推广示范，实现了较大面积的推广应用。该技术入选2022年农业农村部粮油生产主推技术。

九、水稻旱直播全生物降解地膜覆盖节水增效技术

针对东北地区水稻生长发育特征和气候条件，集成创新水稻旱直播全生物降解地膜覆盖节水增效技术，在水稻整个生育期不建立水层，实行旱地种植，打破水稻淹水种植模式。通过采用旱直播和膜下滴灌水肥一体化技术，在保持水稻产量稳定情况下，可节水70%，并大幅度提高肥料和农药利用效率。此外，应用全生物降解地膜不仅可以实现地膜覆盖增温、保墒和杂草防除功能，还能有效防止发生地膜残留污染问题。水稻旱直播全生物降解地膜覆盖节水增效技术适用于东北地区灌溉农田旱直播水稻，已在东北部分地区进行了规模化应用，如内蒙古扎赉特、黑龙江农垦、辽宁盘锦、吉林白山等地。2021年该技术应用面积89万亩，其中，内蒙古扎赉特规模化应用12万亩。该技术入选2022年农业农村部粮油生产主推技术。

十、作物生长环境远程监控与诊断关键技术及应用

研制新型监测设备15项，在全国率先建成了覆盖我国小麦主产区苗情、灾情、墒情监测物联网与国家小麦苗情物联网监控会商中心，为国家小麦生产管理决策提供了全局的数据支撑保障；在黄淮海、长江中下游、东北和西部小麦主产区的17个省（区、市）建成基本监控站点138个；示范推广与辐射面积13 481.8万亩，获得综合经济效益41.11亿元以上，农业生产节约成本2%～5%，取得了显著的经济、社会、生态效益。

十一、天气指数农业保险研发关键技术

建立了农产品气象灾害损失评估模型；研发了水稻、玉米、小麦、蔬菜、草莓、板栗等一系列定制化天气指数农业保险产品；提出了区域尺度、气候变化背景下的产品研发与应用的技术方案。形成了由点到面、学科交叉、行业融合支撑的天气指数农业保险产品研发–推广的解决方案和应用模式。系统性的研发成果，引领了我国农业保险产品研发技术与模式的创新与应用。该技术对大宗粮食、特色果蔬、林果、经济作物等进行了推广与应用，涵盖了持续性灾害、突发性灾害及一些新型灾害（如雾霾寡照）。据此研发的保险产品应用于110万亩农田，为农户提供风险保障近4亿元；实现了"即损即赔"，避免理赔纠纷，保障主动防灾救灾积极性，降低农业保险核灾成本50%以上。推动了2014年国务院

《关于加快发展现代保险服务业的若干意见》"探索天气指数保险等新兴产品和服务"和2016年中央一号文件"探索开展重要农产品天气指数保险试点"政策意见的出台，促成了目前全国各地争先创新天气指数保险产品的局面。

十二、区域生态循环全产业链清洁生产成套技术

以区域生态系统物质循环理论为指导，以种养系统间营养物质高效转化生态链为纽带，围绕种植业源头绿色化、过程清洁化、集成种养一体化农业增效减负技术体系，实现农田增效减负和养殖废弃物资源增效循环利用，达到污染排放最小化。通过区域能量流、成本流的核算，从种养一体化模式发展为种养加一体化模式，实现末端产品化，效益最大化。该模式从区域物质、能量生态循环的角度，打通种养加之间的关键环节，实现了种植业全过程调控，种养有机平衡，种养加协调发展，降低了能量的无效损失，提高了物质的有效利用，构建了华北平原种养加一体超级农场模式。

十三、基于微生物发酵处理的养殖废弃物资源化与全循环利用成套技术方案

以微生物发酵技术为核心的畜禽养殖废弃物处理、资源化与化肥替代一体化的农业面源污染控制集成技术方案的标志性成果，提升畜禽养殖废弃物处理的经济效益，使流域养殖废弃物得到全面循环利用，从而带动环境效益，极大削减流域养殖废弃物的排放，资源化产品的延伸应用控制了农田径流养分流失。原位发酵床养猪技术和异位发酵床污染控制技术已经推广到福建、江苏、山东、北京、四川和浙江等地，以微生物发酵床技术为主制定了《畜禽养殖污染发酵床治理工程技术指南》，已经环境保护部于2015年颁布实施，主要用于指导良好湖泊的农业面源污染治理。

十四、基于无害化微生物发酵床的养殖废弃物全循环技术

本成果创新了大通栏原位发酵床和异位发酵床畜禽养殖模式，实现养殖污染零排放。创新将农作物秸秆（油菜、水和玉米秸秆）应用于异位发酵床填料，实现养殖污染和秸秆焚烧污染同步解决，在机械翻堆条件下喷淋养殖废水可以实现连续发酵，发酵后的填料可生产有机肥。通过多种技术的"串联应用"示范，建立了以微生物发酵技术为核心的畜禽养殖污染控制与治理系统方案，实现养殖废弃物的全循环，获得了一定的社会、生态效益。

十五、微生物农药发酵新技术新工艺及重要产品规模应用

本成果获得了具有自主知识产权的中生菌素（中生）产生菌——淡紫灰链霉菌海南新变种，制定了以微生物发酵农药主控茶叶、果树和蔬菜病虫害的应用技术和无公害生产规

程，建立了5个以微生物农药为主控药剂的病虫害综合防治示范基地。5年累计在5个基地3类作物上的示范应用面积达到1亿多亩次，在其他作物和省份的辐射面积达到了7亿亩次，累计应用总面积8亿亩次，减少病虫害损失112亿元。

十六、坡耕地植物篱埂垄向区田技术

针对东北坡耕地水土及氮磷流失面源污染控制需求，基于玉米垄作种植方式，采用"垄间筑埂+埂上种草"耕作模式，按照一定间距从坡底至坡上连续修筑土埂，并以草（三叶草、苜蓿、大豆）护埂，大大提升土埂稳定性，通过切断垄沟长距离汇流，降低坡面水蚀冲刷，显著提高土壤水分入渗，有效实现了坡耕地水土及氮磷流失控制，有助于玉米高产和提高化肥利用效率。2014年开始技术研发，于2016—2018年在黑龙江省方正县德善乡开展示范，示范面积累积达到1 100亩。

十七、农业农村清洁流域关键技术

针对我国农业农村污染入河（湖）负荷不清、单项单点技术防控效率不高、治理模式针对性不强等问题，提出了农业农村清洁流域理念，提出了以汇水区为单元、以循环利用为核心、出口断面水质符合水体功能要求的农业农村清洁流域构建理论，优化集成了基于"控-减-用"的种植业氮磷全程防控，以微生物发酵为核心的养殖污染防控以及农村生活污水生物生态组合处理等成套技术，形成了农业农村清洁流域构建技术体系，集成创建了适合全国不同区域的农业农村清洁流域模式。其中，3项技术分别入选农业农村部"十大引领性技术"和农业农村部主推技术，1项技术入选"中国生态环境十大科技进展"。

十八、固体分散体纳米农药制备技术

制备了阿维菌素、甲维盐、高效氯氟氰菊酯、氯虫苯甲酰胺、呋虫胺、茚虫威、嘧菌酯、烟嘧磺隆等纳米农药固体制剂，具有高效、环保、性能稳定和便于贮运等优越性，显著地改善了药物水溶性、分散性，以及作物叶面与有害生物靶标的黏附性与渗透性，减少了药剂脱落与流失，提高了生物利用度。在南北方水稻主产区病虫害和玉米草地贪夜蛾的田间多点防控试验证明，固体分散体纳米农药制剂，在同等防效条件下可以比传统剂型节约农药使用量20%以上，稻谷籽粒残留量降低至检出限以下，明显降低了农药残留污染，改善了食品质量与生态环境。

十九、缓控释农药纳米微囊制备技术

采用环境友好型中空介孔材料、高分子材料和有机-无机复合材料负载阿维菌素、甲维盐、高效氯氟氰菊酯、吡唑醚菌酯、嘧菌酯、噻呋酰胺/井冈霉素、氰烯菌酯等农药活

性成分，建立了具有缓控释特性的微米和纳米制剂的制备技术，实现了对农药活性成分的保护及有效可控释放，可延长农药的持效期，减少分解挥发，提高利用率。该技术通过载体组装、结构设计、核壳协同调控和功能修饰等多元因素进行控释性能的调控，可实现叶面喷施与土壤施药条件下响应有害生物靶标的农药精准释放。

二十、高效安全纳米农兽药制备技术及应用

创制了一批载体新材料，构建了新型纳米载药系统，发明了环境友好型纳米农药制备技术，创制了水基化纳米微乳剂与纳米微囊缓释剂等新剂型，提高有效利用率30%以上。建立了熔融乳化法制备纳米微乳剂和界面聚合法制备纳米微囊剂等核心技术，创制了30种大吨位与主导型的杀虫剂、杀菌剂和除草剂纳米农药新产品，可作为乳油、可湿性粉剂等传统剂型替代产品，发明了高效低残毒纳米兽药制备技术，创制了纳米乳注射剂、纳米脂质体缓释剂等纳米兽药新剂型，提高生物利用度40%以上。建立了自乳化法制备水包油型纳米乳液和固体脂质体等核心技术，创制了阿维菌素类、青蒿琥酯和替米考星等广谱抗生素纳米兽药新剂型。该成果核心技术与产品在20余家相关企业已进行产业化应用。近3年纳米农药累计推广面积3.34亿亩，纳米佐剂疫苗产品累计推广9 270万头，累计新增销售收入12.86亿元，获间接经济效益390亿元。

二十一、玉米季有机无机施肥精播一体化关键技术

该技术已经分别在河北宁晋、清苑、肃宁、衡水等地示范推广，玉米推广面积51万亩。该技术使玉米生物量有效增加，穗位叶夹角张大，秸秆穿刺强度增加，产量提高，土壤容重、孔隙度和深层含水量等物理性质得到改善。技术应用区用有机肥替代部分无机配方肥，与农民习惯施氮肥技术相比，玉米季平均增产9.53%，减排温室气体16.6万kg，减少土壤氮素损失1.1万t，节约成本26.96元/亩，推广示范区合计节约成本1 377万元。以该技术为核心的成果于2018年获得河北省科技进步奖二等奖。

二十二、碳排放核算方法与技术模式

该技术构建了茶叶生产全生命周期（包括种植、加工、包装、存储、运输、销售等环节）碳排放核算方法，提出了茶叶生产碳排放核算指导技术方针。该方法针对广东省梅州市（大埔）、浙江省丽水市（龙泉、松阳）等不同特色茶园，提出茶叶生产碳中和途径。随着FAO前瞻性探索"中国碳中和茶"松阳试验基地项目的深入开展，持续助力松阳县乡村振兴与茶产业绿色可持续发展，促进中国农产品品质品牌价值的整体提升，为全球茶产业甚至其他同类产业的持续健康发展提供有益经验。

二十三、藏北高寒草地适应气候变化关键技术及应用

在连续十三年长期系统研究藏北高原气候变化与高寒草地生态的基础上，构建了高寒草地气候变化风险综合评估技术体系，集成创新了气候变化影响评估方法，首次筛选和集成示范了高寒草地适应气候变化关键技术，重点解决了"气候变化及其影响评估不确定性较大、适应技术针对性不强、关键技术集成与示范难度大"等气候变化影响与适应研究领域三大技术难题，有效推动了藏北生态安全屏障向生态文明建设转变的重要概念，提高藏北草原生态保护意识并引起决策层重视。

二十四、西藏高寒牧区人工草地建植技术

针对气候变化和草地退化导致的高寒草地饲草料供应不足、不稳定和不平衡现象，因地制宜开展退化草地人工牧草种植、家庭牧场庭院种草、牲畜棚圈种草等人工牧草种植，加强草地管护，采用科学的建植技术，提高人工种草成效，提高畜牧业经济效益和增强越冬牲畜春季饲草储备能力，维持草原生态功能和生产力稳定，促进高寒草地畜牧业发展。该技术已在西藏自治区那曲市色尼区、巴青县、比如县、尼玛县、双湖县、申扎县、班戈县、安多县、聂荣县、索县和嘉黎县进行了大范围推广，推广面积达到了60.8万亩。通过该技术的推广与应用，新增收益达到3.97亿元。以该技术为核心的科技成果"西藏高寒草地合理放牧与保护关键技术及应用"获2016年西藏自治区科学技术奖一等奖。

二十五、高寒牧区退化草地生态修复技术

针对退化高寒草地采取生态补播和节能灌溉为核心的生态修复技术，在西藏自治区那曲市色尼区、巴青县、比如县、尼玛县、双湖县、申扎县、班戈县、安多县、聂荣县、索县和嘉黎县进行了大范围推广，推广面积达到了1 200万亩，显著提高草地生产力，有效遏制草地退化态势。通过技术推广和实施，以该技术为核心的科技成果"藏北高寒草地适应气候变化关键技术及应用"获2015年西藏自治区科学技术奖二等奖。

二十六、畜禽养殖场除臭控氨技术

畜禽养殖场除臭控氨技术包括畜舍外排空气固铵回收技术、好氧堆肥生物基除臭固铵技术和液体粪污漂浮覆盖除臭技术，可以为畜牧业臭气减排行动提供技术支撑。该技术已经在河北裕丰京安养殖有限公司、北京德青源农业科技股份有限公司、河南省诸美种猪育种集团有限公司进行推广应用；部分核心技术在中央电视台科教频道的《创新进行时》中进行了科普报道。以该技术为核心的科技创新成果"畜禽粪便污染监测核算方法和减排增效关键技术研发与应用"于2018年获得国家科技进步奖二等奖。

二十七、畜禽粪便沼气处理清洁发展机制方法学和技术开发与应用

该技术针对我国畜禽粪便污染严重、温室气体排放量大、沼气处理减排潜力大及适合我国特点的沼气处理清洁发展机制（CDM）方法和技术几乎空白等问题，通过多学科产学研协同攻关，建立了全球第一个户用沼气CDM方法学；创建了"大型养殖场畜禽粪便沼气处理CDM工艺"，突破了解决高浓度原料高含砂、难搅拌、冬季产气低和沼液二次污染等疑难问题的技术瓶颈；在国内首次研究集成了适用于不同规模化养殖场的畜禽粪便沼气处理CDM技术模式，建立了CDM项目开发可行性指标和基线监测等技术规程，率先开展了不同规模CDM项目的示范，成果已在河南等16个省的203.3万个农村户用沼气、116个养殖场CDM项目、300个养殖场废弃物处理工程中应用。

二十八、农林废弃物热解炭气联产技术与产品

该技术主要面向农林废弃物（秸秆、林业剩余物等）资源丰富、天然气资源短缺的农村地区、农业产业园或企业等，以实现农林废弃物资源化利用为目标，实现化石能源替代，助力碳达峰碳中和。经过多年研究，在热解机理、工艺技术、成套化装备和工程示范等方面，形成了完善的技术体系，形成了生物质连续炭气联产技术、热解气组合净化提质技术、热解油高效清洁回燃技术、生物炭品质定向调控技术以及智能化联动调控技术等关键核心技术和工艺参数，突破了秸秆热解联产机理不明、资源利用效率低、燃气品质差、焦油处理难、污染物排放浓度高等瓶颈，根据不同区域的资源禀赋，提出科学的废弃物热解炭化技术解决方案以及产品附加值提升方式。

二十九、农膜专用散光剂、转光剂制备技术

完成了高折射率、高透光率散光剂和高转换效率、长使用寿命转光剂等产品的开发，新制备助剂实现了棚膜的光质调控效率和光质调控周期的有效延长，提升了设施农业中太阳能利用效率，多数作物品质提升明显，增产15%以上，成熟期提前10天以上。

研发的散光剂、转光剂等关键技术产品实现了在光稳定性、与主体材料匹配性等方面的品质提升，在性价比上超越国内外同类产品，且具有完全自主知识产权和批量生产能力，整体技术成果与产品在我国生态优先、绿色发展农业市场将具有广泛的应用市场和前景。

三十、植物工厂精准通风调温技术

该技术能够很好地解决前述环境调控面临的关键性、共性的技术难题，并且在不影响蔬菜产量的情况下，限制根系生长，节水节肥，降低生产成本；使气流分布均匀，改善冠层和根际微环境参数；在不影响蔬菜产量的情况下，限制根系生长，节水节肥；减少病害发生率，提高成品率，节能效果显著。该技术能够通过冷空气的精准释放，实现栽培区域

微环境精准调控，大幅减少了非栽培空间的温度调节压力，显著提高能量利用效率，降低生产成本。

三十一、一种水冷灯管系统

该系统能够实现光源间水路循环组合，将光源散发的热量输送至植物工厂外部，大幅降低植物工厂内部热负荷，减少空调机组投入和运行成本，有效降低生产成本。该系统采用的水冷光源，单位功率价格与现有主流光源基本持平，但其水冷功能比预期降低30%~70%的空调能耗，可为用户节省大量电费，具备非常强的市场竞争力。

三十二、草莓集装箱植物工厂

研发出适合草莓集装箱种植模式的可移动高密度植物工厂栽培系统、营养液循环系统，提高草莓的栽植面积，从而提高产量；研发的可移动式光照系统，为草莓生长的不同时期提供适宜的光照；研发的草莓集装箱植物工厂可周年进行草莓种植，克服草莓连作障碍、提高草莓单位面积产量；生产内环境精确可控，提高草莓营养品质的新技术，创建新的栽培模式，改进生产措施。

三十三、集装箱植物工厂

集装箱植物工厂采用模块化设计，可针对不同需求场景对植物工厂空间进行定制。集装箱植物工厂配置包括：栽培系统、营养液循环系统、补光系统、空调系统、加湿系统、CO_2补气系统、风扇、给排水系统、环境自动控制系统、配电及照明系统等。栽培品种以叶菜类为主，包括多品种生菜、小白菜、油菜、芹菜、多种香料作物以及草莓等。以生菜为例，经过播种、催芽、绿化、定植等工艺步骤，单个20尺（内尺寸5.69 m×2.13 m×2.18 m）集装箱可日产成品菜约5 kg。

三十四、食用菌集装箱植物工厂

食用菌集装箱植物工厂是专门用于菌类立体栽培的小型生产装置，其主体由标准的40尺（内尺寸11.8 m×2.13 m×2.18 m）高柜集装箱改造而成的壳体，该装置由移动式栽培架系统、通风系统、空调系统、加湿系统、照明补光系统和自动控制系统构成。在集装箱的内部安装角钢暗轨，使用可移动式食用菌栽培架，充分利用了横向空间，利于箱内的采摘、运输等操作运行管理。内部的配套设施齐全，能够自动控制集装箱内的温度与湿度等环境参数，同时内部的温度、湿度、光照、二氧化碳浓度等参数都能够满足食用菌生长所需的环境条件。食用菌集装箱植物工厂克服了自然环境条件对食用菌生长的约束，使食用菌能够在多种极端环境条件下生存，提高了现代农业的发展水平，促进了农业装备的机械化。

三十五、中度镉污染耕地玉米配施黄腐酸绿色修复技术

我国中轻度重金属污染农田占总超标农田比例高达90%以上，如何实现该类污染农田的安全利用是亟须突破的关键问题之一。该技术主要是应用植物源黄腐酸活化土壤中的镉，促进植物吸收利用；基施黄腐酸，强化作物生长，延缓地上部纤维化进程，增强植物吸镉量。实施3年以后，预期从土壤中年均移除镉2.5 g/亩，强酸性水稻土pH提升0.5个单位以上，连续3年实施后耕地质量提高0.5个等级以上。

三十六、刺萼龙葵替代防控技术

该技术具有高的经济价值和生态效益，采用生物替代的方法，可产生持续有效的防控效果，大大降低了刺萼龙葵的防控成本。相比传统的人工机械收割等方法，采用该技术后，平均每亩可节约防控成本上百元。并且，该技术在有效控制刺萼龙葵蔓延危害的同时，还可较好地恢复草原优质牧草的植被种群。据调查，技术推广示范区的平均牧草产量干重达到307 kg，与刺萼龙葵入侵地相比，平均每亩挽回牧草产量损失285.6 kg，直接经济效益约427.5元/亩。另外，该技术可有效提高草原土壤中水解性氮、有效磷、速效钾等植物所能利用的营养物质含量，对草原恢复起到积极的促进作用。

三十七、南方红壤区旱地的肥力演变、调控技术

根据红壤旱地特性研制的8种旱地作物专用复合肥、4种多功能调理型复合肥和4种红壤旱地调理剂，在湖南、江西、广西及广东新建（改/扩建）生产线10条，年产32万多吨，相关企业近3年新增利润8 179.7万元。技术模式及配套产品在湖南、江西、广西、广东推广应用4 666万余亩，新增产值52.7亿元。

三十八、新外来入侵植物黄顶菊防控技术

构建了黄顶菊应急控制技术9套，节省农药用量40%以上，筛选了12种替代植物和组合，黄顶菊抑制率达到80%以上；形成了一系列轻简便的实用技术，集成了一套完整的综合防控技术体系，综合防治效果达到90%以上。经过全国11家科研教学推广单位开展大联合、大协作，该技术已经达到了成熟应用阶段，并在全国337个县（市）进行示范推广，监测面积1 544.87万亩次，综合防治面积33.43万亩次，新增总产值57 546.4万元，总节本增效94 698万元，累计增收节支总额152 244.6万元；该成果的推广应用有效地控制了黄顶菊的危害，保护了农业生态环境，保障了粮食安全，促进我国农业实现可持续发展。

第四章　人才队伍

第一节　人才工作概况

2013年以来，研究所在习近平新时代中国特色社会主义思想和习近平总书记致中国农业科学院建院60周年贺信重要指示精神指引下，深入贯彻落实院历次人才工作会议精神，把人才工作和人才队伍建设作为一项重要任务来抓，以体制机制改革创新为先导，以领军人才引育为重点，不断完善人才梯队建设，优化人才工作机制和发展环境，为建设"特色鲜明、国际一流"现代院所夯实了人才基础。

一、不断优化人才发展体制机制

加强人才工作顶层设计，研究所先后制定《"跨越2035"人才发展规划》《"十四五"人才发展规划（2021—2025年）》等规划，明确"扩大总量、调优结构"的工作主线、"以用为本、高端引领、机制统筹、整体推进"的工作思路、"推年轻、强领军、补短板、优环境"的工作目标，为创新型科技人才提供了政策支持和成长土壤。制修订《收入分配管理办法》《关于实施人才强所战略、促进人才优先发展的实施办法》《高级专家延迟退休管理办法》《编制外聘用人员管理办法》《博士后工作管理办法》以及绩效评价、科研奖励、成果转化、知识产权管理等与人才发展密切相关的规章制度，持续优化人才引进、培养、考评、激励等机制，建立起研究所人才工作制度框架；建立起院所两级协调联动、引育并举的农科英才支持体系；推动建立以岗位职责和绩效考核为基础，体现创新价值、知识价值和劳动价值，能高能低的分配机制，人才优先发展理念深入人心。

二、推动构建"四横四纵"人才队伍体系

深入实施人才强所战略，贯彻院历次人才工作会议精神，启动实施农科英才工程，横向构建科研、管理、支撑、转化四支队伍建设的"四横"布局，纵向构建战略科学家、领军人才、青年英才、后备人才为梯次的"四纵"体系。

三、人才队伍规模与质量同步提升

截至2022年年底，研究所拥有在职职工196人，在站博士后34人，在读研究生244人（其中博士研究生99人，硕士研究生145人），外聘人员65人，为科技创新提供了重要补充力量。人才质量和年龄结构进一步优化，在职人员中，128人具有高级职称（其中，正高级63人，副高级65人），占总人数的65%。研究生学历176人（其中，150人具有博士学位，26人具有硕士学位），占总人数的88%。45岁以下人员150人，占全所总人数的75%。认真落实团队首席接续机制，1970年以后出生的首席占首席总数的81.8%，首席年龄55岁以上的团队全部完成了执行首席的配备，58岁以上的团队首席全部转为资深首席。

第二节　人才引育

一、人才引进

研究所坚持从研究所科技事业长远发展需求出发，围绕农业环境学科发展前沿和环境信息学、环境生物学、环境材料学等新兴学科增长点，加大人才引育力度，调优队伍结构。不断拓宽引人渠道，探索实行"一人一策"，精准引才育才用才，发挥人才的辐射效应，实现以点带面的突破。通过实施"科技创新团队建设工程""青年英才计划""科研英才培育工程"等重大人才建设工程，引进一批国内外著名科学家和优秀科技人才。2013—2022年，通过青年英才计划引进高层次人才20人，其中从海外引进10人，从国内高校和科研院所引进10人。

二、人才培养

2013—2022年，推荐获批国家高层次人才8人，农业农村部"神农英才"计划入选者3人，人社部"百千万人才工程"入选者5人，农业农村部杰出青年农业科学家1人，专业技术二级岗位专家8人，院级农科英才领军人才A类2人，院级农科英才领军人才B类9人，院级农科英才领军人才C类4人，院级青年英才10人。通过院"青年英才计划引进工程"引进的青年英才计划所级入选者10人。

2019年，研究所设立"所级农科英才计划"，旨在重点支持和培养青年科技人才。截至2022年年底，共计选拔出所级农科英才22人，其中，A类1人，B类4人，C类8人，所级青年英才9人。

加强选派优秀年轻干部到一线实践锻炼。2014年5月，选派程瑞锋挂职江西省靖安县县长助理；选派李峰作为江苏省第十一批科技镇长团成员，赴阜宁县益林镇挂职；2021年

9月，选派魏灵玲挂职中国农业科学院华东农业科技中心（苏州）主任；2022年6月，选派何文清挂职中国农业科学院西部研究中心（中国农业科学院科技援疆指挥部）副主任；2022年8月，选派武建双挂职西藏农牧厅科技教育处副处长。通过挂职锻炼，增进青年科研人员对基层和农业生产一线的了解，提高运用科技手段解决农业生产实际问题的能力，拓宽青年人才发展新空间。

第三节　研究生教育

研究所现有生态学博士学位授权一级学科，大气科学硕士学位授权一级学科，招生专业涵盖农学、理学、工学3个学科门类，有生态学、农业生物环境与能源工程、农业水资源与环境、土壤学、生物物理学5个学术型博士招生专业；有大气科学、环境工程、生态学、农业生物环境与能源工程、农业水资源与环境、土壤学、生物物理学7个学术型硕士招生专业和资源利用与植物保护、农业工程与信息技术2个农业硕士专业学位招生领域。2013年以来，共招收博士研究生194人，硕士研究生382人，其中留学生40人，中外合作项目博士研究生18人，共有105人获得博士学位，268人获得硕士学位。截至2022年年底，共有研究生导师101人，其中博士研究生导师52人。

研究所认真贯彻落实习近平总书记关于研究生教育工作的重要指示精神和党的教育方针，以"四个面向""两个一流"为引领，以推进"四为"人才培养为目标，以全面落实立德树人为根本任务，与中国农业科学院研究生院共同创建"院所结合、两段式培养"为特色的博士、硕士、中外合作办学、来华留学生等多层次、多类型、国际化、开放式的人才培养体系。"十三五"以来，通过加强学科内涵发展、建立健全管理机制、深化教学改革、强化师德师风师能、加强研究生党团建设和思想政治教育等方面，全面提升研究生培养质量，扎实推进研究生教育高质量发展。

研究所围绕研究生教育重点开展了以下工作。一是积极强化学科建设，推动学科内涵式发展。2017年气象学科成功申报大气科学一级学科硕士学位授权点。牵头"生态学"学科参与教育部第四、第五轮学科评估，在第四轮学科评估中获评B$^+$学科，在第五轮学科评估中晋升为全国一流学科行列。二是建立所内研究生管理制度，推进研究生教育管理制度化、规范化、专业化。通过强化培养过程管理与质量监控，实施博士、硕士论文100%盲评制度等方式，保障学位论文质量。制定研究所研究生奖励制度，激发研究生科技创新活力。2019年以来，共有126人次研究生获得所内各类研究生奖励，共计奖励金额47.9万元。研究生高水平学术成果不断涌现，培养质量持续提升。2013年以来，研究生以第一作者发表论文600余篇，其中，SCI检索论文260余篇。研究生学位论文获评中国农业科学院优秀博士学位论文1篇、优秀硕士学位论文3篇。三是加强研究生回所阶段专业课程建设，以专项经费资助的形式，鼓励导师积极开展课程教学与教研教改。四是加强导师队伍建设，强化立德树人职责，打造出一支高水平、高素质的研究生导师队伍。2013年以来，共有3名导师获评中国农业科学院首届优秀研究生导师奖；2名导师获评首批中国农业科学院教学突出贡献奖；3个团队获评中国农业科学院优秀教师团队奖；7人次获评中国农业科学院教学名师，51人次获评中国农业科学院优秀教师。五是加强国际交流，培养具有全球视野的国际化人才。自2013年以来，累计选派41名研究生赴日本鸟取大学交流访问。六是加强研究生党团建设，推进思想政治教育。自2020年以来，分别成立博士、硕士两个独立研究生支部，一个党员一面旗帜，一个支部一座堡垒，充分发挥研究生党员、学生干部的先锋模范作用，坚守研究生意识形态工作前沿阵地。通过开展迎新晚会、师生篮球赛、就业座谈、安全培训等各类文体活动，丰富学生课余文化生活，促进研究生身心健康、全面发展。

2013年以来，研究所共有13名研究生获得"北京市优秀毕业生"荣誉称号；30名研究生获得国家奖学金；120余人次研究生获院级优秀党员、优秀学生干部以及社会活动优秀奖等各类荣誉称号。

第四节　博士后

研究所是博士后流动站的依托单位。随着研究所科研实力的增强，博士后招生专业领域进一步拓展，主要涉及农业资源与环境、生态学、农业工程、畜牧学、作物学等11个博士后流动站。

中国农业科学院第五次人才工作会议提出了构建完善"四横四纵"人才体系，为提高博士后工作的管理水平，研究所出台了《博士后管理办法》，优化了博士后平台建设、加强了博士后人员招收管理、提升了博士后服务水平等。

2013—2022年，研究所累计招收博士后79人，其中出站45人，截至2022年年底在站34人。先后有19人获得中国博士后科学基金面上资助，9人获得中国农业科学院院级优秀博士后荣誉，1人获得中国博士后创新计划项目，1人获得博士后国际交流派出计划，2人获得中国农业科学院博士后"优农计划"。

第五章　条件平台

一、作物高效用水与抗灾减损国家工程实验室

（一）历史沿革

作物高效用水与抗灾减损国家工程实验室是环发所根据国家新增千亿斤粮食创新能力建设规划而申报建立的，重点解决粮食生产"一增一提一减"（增加作物生产可用水量、提高作物水分利用效率和减轻灾害造成的粮食损失）的关键核心技术及其新增千亿斤粮食工程应用。2011年批复立项建设，2015年通过竣工验收。

（二）研究方向

针对我国粮食主产区水稻、小麦、玉米三大作物增产的节水和抗灾减损关键技术瓶颈问题，从"增"（增加作物生产可用水量）、"提"（提高作物水分利用效率）和"减"（减轻灾害造成的粮食损失）3个方面系统研究农田集雨、节水灌溉、抗旱抗寒抗热等共性关键技术、产品与配套机具，为国家新增千亿斤粮食的目标提供工程化技术支撑。

（三）条件平台

实验室面积11 869 m^2，仪器设备626台（套），仪器设备原值1.64亿元。实验室拥有山西寿阳旱地农田生态系统国家野外科学研究站1个，农业农村部农业环境重点实验室、农业农村部旱作节水农业重点实验室和农业农村部农膜污染防控重点实验室3个省部级平台；建立了IAEA环境放射性核素分析网络实验室、环发所分析测试中心、节水灌溉设备质量检测中心3个国内外认证的平台，CAAS-ICARDA-ICRISAT旱地农业、CAAS-IMMI农业水管理联合研究中心4个国际合作平台。

（四）科研与产出

实验室实行理事会领导和技术委员会指导下的主任负责制，通过创新联盟协同攻关模式、科企融合模式、合作共建基地等模式的实施，实验室承担了各类科研项目211项，总经费达到1.51亿元，其中，国家级项目149项，支出经费1.21亿元。技术性服务收入5 498万元，其中，专利等知识产权转让或许可收入149.9万元。研究与试验发展经费支出2.82亿

元。主持和参加制定国家、行业标准5项，申请国家发明专利311项（国际专利1项）。获得科技成果奖励22项，其中，国家科技进步奖2项。

二、湖泊国家工程实验室/农业面源污染控制技术研发中心

（一）历史沿革

2016年10月，根据《国家发展改革委办公厅关于建设湖泊水污染治理与生态修复技术国家工程实验室的复函》（发改办高技〔2016〕2215号），由环境保护部组织推荐，中国环境科学研究院联合环发所等6家单位申报的湖泊水污染治理与生态修复技术国家工程实验室获批建立。其中农业面源污染控制技术研发中心依托环发所顺义农业环境综合试验基地建设。

（二）研究方向

中心围绕国家农业面源污染控制和农业绿色发展的重大需求，紧跟国际农业面源污染控制科技发展趋势与前沿，在畜禽养殖、农田面源和农村生活污染控制方面开展应用基础与技术集成研究，构建养殖污染饲料源头控制技术、微生物异位发酵床养殖粪污处理技术，养殖固体和液体废弃物一体化发酵技术，实现养殖污染趋零排放。构建养殖废弃物资源化产品控制农田养分流失技术，实现对种植业养分流失的有效控制。构建农村生活污水生物生态处理回用技术，实现废水资源化利用。同时，中心还开展农业面源污染控制技术的验证和评估，以及技术标准化研究及面源污染解析等方面的工作，为我国农业面源污染防治和清洁小流域建设提供科技支撑。

（三）科研条件

1. 基础设施

建立了占地约500 m²的畜禽养殖原位发酵床和异位发酵床研究设施、占地1 200 m²的养殖废弃物污染控制与资源化利用技术研究实验室，建立了养殖废弃物资源化产品控制农田养分流失研究区域约100亩，在基地生活区建立了50人农村生活污水处理技术研发与验证区，实现区域生活污水有效处理和循环回用，建有200 m²综合实验室。

2. 仪器设备配置

有效容积35 m³的养殖场液体废弃物一体化发酵设备1套。日处理粪污3～5 t立式发酵设备及有效容积20 m³的液体废弃物一体化发酵设备各1套。中心拥有各类观测仪器、设备和大型农机具150台（套），具备农业面源污染防治技术研发和评估条件。

（四）科研与产出

研发针对畜禽养殖业、农村生活及种植业污染控制的实用集成技术3项，制定相关技术

规范4项，编制巢湖、辽河和茗溪等重点流域农业农村污染整体控制方案，支撑地方污染治理和水环境改善。中心研发的基于微生物发酵的畜禽养殖污染控制与废弃物全循环利用技术为2017年农业农村部十大先进技术、2018年农业农村部十大引领性技术和国家水专项标志性成果3的6大成套技术之一，研发相关专利设备和产品10余件，获得省部级奖励4次。

三、国家生猪技术创新中心资源化利用与控污降碳协同创新研究院

（一）历史沿革

国家生猪技术创新中心是围绕生猪种业和肉食品安全国家战略需求，以攻克生猪科技关键核心技术和天花板技术为核心使命，以产学研协同提升生猪产业核心竞争力为路径，以确立世界猪业强国地位为愿景的国家科技平台。该中心是全国农业领域首个国家技术创新中心，科技部于2021年3月批准在重庆设立，由重庆市畜牧科学院牵头建设。该中心构建"总部+分中心+协同创新联合体+海外研发机构+示范站+功能中心"的创新空间体系。根据科技部2021年3月批复的《国家生猪技术创新中心建设方案》和重庆市政府2021年10月批准的《国家生猪技术创新中心建设实施方案》，国家生猪技术创新中心依托环发所建设国家生猪技术创新中心资源化利用与控污降碳协同创新研究院。

（二）研究方向

主要承担生猪规模化养殖粪污养分资源评估管理、粪污资源化利用技术及模式、生猪粪污管理温室气体减排等研发任务；联合建设粪污资源化利用创新团队。

（三）条件平台

国家生猪技术创新中心资源化利用与控污降碳协同创新研究院依托畜牧环境工程创新团队组建，重点依托农业农村部设施农业节能及废弃物处理重点实验室、农业农村部畜牧环境设施设备质量监督检验测试中心（北京）、国家农业废弃物循环利用创新联盟、中荷畜禽废弃物资源化利用中心等平台，拥有满足开展相关实验的仪器设备，并在河北、山东等地建有实验示范基地。

（四）科研与产出

2022年，环发所联合重庆市畜牧科学院、西南大学、牧原食品股份有限公司和重庆农神等多家生猪创新中心成员单位共同申报的"畜禽粪污处理利用技术模式集成与推广应用"成果获得2019—2021年全国农牧渔业丰收奖合作奖。该成果创建了"三位一体"合作机制，构建了关键技术研发-模式集成-示范熟化-培训观摩-大县应用-区域推进的"金字塔"推广模式；研发9项减排增效关键技术为核心的全链条体系，集成创建7种粪污处理利用典型模式，写入国务院文件并在全国推广；依托国家生猪技术创新中心等平台，通过多

级培训、示范观摩、监测指导、辐射带动，成果在全国500余个畜牧大县推广应用，支撑了国家畜禽粪污资源化利用重大行动。

四、农业农村部农业农村生态环境重点实验室

（一）历史沿革

2002年11月7日，在第四轮农业部重点开放实验室评估命名时批准成立（农科教发〔2002〕10号），首次命名为农业部农业环境与气候变化重点开放实验室，2005年通过农业部评审。

2011年7月，实验室纳入农业部学科群重点实验室建设体系，名称改为农业部农业环境重点实验室，是农业部"十二五"时期重点建设的30个综合性实验室之一，牵头农业环境学科群建设。实验室负责指导本学科群下2个专业（产地环境质量、面源污染控制）重点实验室、6个区域（黄淮海、长江中游、长江下游、华南热带、东北、西北）重点实验室、30个科学观测实验站的建设与运行。2016年在农业部组织的实验室建设运行评估中获得优秀等级。

2022年1月，根据《农业农村部办公厅关于加强农业农村学科群重点实验室建设的通知》，实验室名称调整为农业农村部农业农村生态环境重点实验室，作为农业农村生态环境学科群的综合实验室，继续指导群内其他16家区域/专业重点实验室建设，科学观测实验站按照农业农村部统一部署整体调出学科群重点实验室体系。

（二）研究方向

瞄准农业高质量发展和乡村生态振兴等国之大者和关键科学问题，以推动农业资源利用高效化、生产过程清洁化、农业产出绿色化为目标，围绕农业应对气候变化与气象防灾减灾、农业面源污染综合防控与农村人居环境整治、农业绿色投入品与产地环境保护等关键科学和技术问题，探索农业温室气体排放、污染物迁移转化规律；攻关农业气象防灾减灾及稳产固碳核心技术；创新面源污染防控及人居环境整治关键技术；创制农业纳米药物与生物基材料等绿色产品；提出典型区域农业农村生态环境保护综合方案并应用示范。

（三）条件平台

1. 基础设施

实验室主要依托气候变化与减排固碳、智慧气象与农业气候资源利用、农业气象灾害防控、退化及污染农田修复、农业清洁流域、多功能纳米材料及农业应用等团队建设，截至2022年年底，拥有办公和实验用房面积4 270 m²，实验地面积823亩。

2. 仪器设备配置

实验室作为农业部学科群重点实验室基本条件建设首批试点单位，于2012年9月获得

1 200万元实验室基本建设项目的支持。通过项目实施，购置气体通量/同位素分析系统、植物逆境生理观测系统、环境扫描电子显微镜、稳态同位素质谱仪各一台（套），建立物联网数据中心，购置服务器及中央数据显示平台各2台（套）、物理隔离网闸1套，定制开发数据上报系统、数据/图像接收存储服务器软件系统、管理应用系统各1套等共计12台（套）。

截至2022年年底，实验室拥有仪器设备总价值1.55亿元，其中10万元以上设备253台（套），价值9 817万元。

（四）科研与产出

"十二五"期间，实验室围绕重点研究方向先后主持国家科技重大专项"松干流域粮食主产区农田面源污染全过程控制技术集成与综合示范"、国家科技支撑计划"循环农业系统污染物减控关键技术研究"、公益性行业（农业）科研专项"小麦苗情数字远程监控与诊断管理关键技术"等国家级科技项目100余项。获得科技成果奖励22项，其中国家科学技术进步奖二等奖2项，省部级奖一等奖2项、二等奖5项、三等奖5项，其他类别奖项8项。发表论文385篇，其中SCI收录论文108篇，EI 13篇，中文核心期刊238篇，其他26篇；主编和参编的专著23部；授权国家发明专利达到30项，实用新型专利21项，软件著作权39项；制定行业标准9项，地方标准8项。累计向各类企业提供技术开发、技术服务、技术转让29项，其中技术转让收益达280万元，转让收益年均高于50万元。

"十三五"以来，主持承担重点研发计划项目12项（其中国际合作类5项），水体污染重大专项课题7项，国家自然基金121项。以第一完成单位获得国家科技进步奖二等奖3项，省部级一等奖7项，二等奖6项，完成科技成果评价15项，在高光效低能耗LED智能植物工厂关键技术及系统集成、畜禽粪便污染监测核算方法和减排增效关键技术研发与应用、北方旱地农田抗旱适水种植技术及应用等方面取得重大突破。以第一作者或通信作者发表学术论文1 459篇，其中SCI/EI收录论文1 177篇，在影响因子大于10的期刊上发表高水平论文40篇；获授权专利288项，其中国际专利11项；制定国家标准5项，行业标准21项，地方标准29项；出版著作131部，其中以第一作者出版著作92部；获软件著作权125项。各类研究成果在支撑国家气候谈判、农业气象防灾减灾、旱地农田高质量发展、中低产田改良、设施种养业环境调控与节能降耗，以及推动畜禽养殖业污染物排放总量和排放强度双降、解决农田地膜"白色污染"问题等方面发挥了重要的科技支撑作用。

五、农业农村部旱作节水农业重点实验室

（一）历史沿革

农业农村部旱作节水农业重点实验室是作物高效用水学科群的专业性重点实验室，重点开展旱作农业学科领域的应用基础研究，着力解决旱作农业研究的基础性和关键性的重

要科技问题；瞄准旱作农业研究的国际前沿和发展趋势，通过协作开放、人才引进、科学考评，培养和造就旱作领域知名专家和科研骨干，形成中国农业科学院生物节水与旱作农业创新优势团队，保持持续创新能力，为我国旱作节水农业学科建设和产业发展提供有力的科学支撑。

（二）研究方向

实验室重点围绕降水转化机理与调控途径、集雨补灌施肥机理与技术产品以及旱作适水种植制度优化与技术模式等三大方向展开科技攻关。

1. 降水转化机理与调控技术

研究旱作农田降水入渗与土壤水分再分布机理、土-气界面及土-植界面水量转化过程；确立旱作农业区降水转化及其与作物耗水的定量关系；明确影响旱作农田降水利用的关键因素；提出土、肥、水、气等多因素协同提高农田降水利用效率的技术途径。

2. 旱作节水农业关键技术与产品

研究旱作农田"集、蓄、保、提"关键技术；研发种衣包衣剂、土壤改良与保水剂、作物蒸腾抑制剂和可降解生物质覆盖材料等抗旱节水制剂产品；研究与评价不同制剂田间作用效果，形成技术应用模式。

3. 旱作节水农作制度和技术模式

旱作农田不同作物和品种抗旱节水评价技术研究，提出旱作区适宜性的作物品种及其配套栽培技术体系；作物需水与区域水资源匹配关系研究，以及与区域水资源相匹配的品种布局和种植模式研究；开展与典型种植模式相配套的旱作节水工程化、轻简化、标准化集成技术研究与适应性评价，建立旱作节水农业配套技术体系。

（三）条件平台

实验室拥有土壤水动力学、土壤微生物、环境稳定同位素、作物水分生理、智慧灌溉工程等研究平台，建有北京顺义、山西寿阳、河南新乡等野外科学观测实验站。现有实验室面积2 204 m²，配套用房1 000 m²。实验室仪器设备464台套，总价值3 329.78万元，其中，单台10万元以上仪器设备62台套，价值2 852.30万元。

（四）科研与产出

实验室围绕旱作节水农业学科研究方向主持国家科技支撑计划项目"旱作农业关键技术研究与示范"、国家科技重大专项课题"区域水环境保护及湿地水质保障技术与示范"、国家自然科学基金委国际（地区）合作与交流项目NSFC-CGIAR项目"旱地不同覆盖条件下作物根系吸水机制与数值模拟"以及国家重点研发计划课题"化肥减施增效共性技术与评价研究"等国家级、部级科技项目课题21项。主持和参加制定地方标准5件，申请发明专利25项。获得科技成果奖励12项，其中，获国家科技进步奖1项。

六、农业农村部设施农业节能与废弃物处理重点实验室

（一）历史沿革

农业农村部设施农业节能与废弃物处理重点实验室于2011年获农业部批准建立，属于设施农业工程学科群下的专业性重点实验室。2016年农业部重点实验室"十二五"建设运行评估优秀；2020年农业部重点实验室"十三五"建设运行评估优秀。

（二）研究方向

1. 生物-环境互作机制与资源高效利用途径

研究作物生长发育过程与园艺设施微气候环境要素传质传热动力学机理，温室、植物工厂微气候环境节能调控机制。研究畜禽养殖过程有害物质的产生和排放规律，探讨畜禽养殖环境调控机制。

2. 设施园艺光热资源高效利用与节能工程

开展温室太阳能主动截获技术研发；植物工厂LED光环境调控机理和节能方法；基于光温耦合的植物工厂节能环境控制方法与途径；基于网络的园艺设施智能综合管控一体化技术。

3. 设施养殖废弃物处理与高效利用工程

研究畜禽养殖废弃物源头减排工艺，探讨高值低碳资源转化新技术；研究畜禽养殖废弃物处理与安全回用创新工艺与技术，构建畜禽养殖节能减排核算与评价方法。

（三）条件平台

1. 基础设施

重点实验室大部分实验场地位于所内，建筑面积890 m²；在北京昌平南口、顺义大孙各庄野外实验基地35亩，具备开展设施园艺环境测试、畜禽废弃物处理的设施与条件，可以满足科研人员以及社会化服务要求。

2. 仪器设备配置

重点实验室一期设备固定资产总额5 083万余元，50万元以上设施、仪器设备26台（套），如温室环境监测设备、光合仪、原子吸收分光光度计、液相色谱三重四极杆串联质谱仪、电感耦合等离子体质谱仪等，具备从事设施农业环境工程、废弃物再利用研究与检测分析的硬件条件。

（四）科研与产出

重点实验室围绕设施农业节能与废弃物处理科研方向亟待解决的难题，进行设施栽培

高效储能技术与装备、低成本绿色能源利用关键技术、设施养殖有害气体和温室气体减排技术、设施养殖废弃物无害化处理和资源化利用等相关研究。先后承担"863"计划、国家科技支撑计划、国家重点科技专项、国家自然科学基金42项,以第一完成单位获得国家级奖励成果2项、省部级奖励成果6项,发表学术论文336篇,出版著作5部,获授权专利及软件著作权132项,制定标准12项。向各类企业提供技术开发、技术服务、技术转让90多项,累计培训各类人员超过2.3万人次。

七、农业农村部农膜污染防控重点实验室

(一)历史沿革

农业农村部农膜污染防控重点实验室是围绕农膜污染防控重大科技需求,以整体提升学科创新能力和服务产业发展能力为目标,整合已有科技资源,强化集成创新,着力解决我国农膜残留污染严重、农膜污染区域性特点不清、农膜污染次生危害机理不明、新型可降解地膜研发推广难度大等问题。

(二)研究方向

围绕我国农业对农膜依赖性不断加大、农膜残留污染形势日趋严峻的问题,实验室重点开展农膜残留监测预警体系构建、农膜残留污染防控政策法规和标准规范制定、农膜残留污染危害和次生危害以及地膜覆盖适宜性评价技术和污染防控方案研究,开展农膜残留污染防控关键技术产品研发与试验示范,加强农膜合理利用和残留污染防控国际交流合作,为合理利用农膜、支撑农业持续健康发展和提升农业环境及相关学科创新能力提供科技支撑。

(三)条件平台

实验室面积2 000 m²,地膜研发中试车间500 m²,仪器设备100多台(套),仪器设备原值5 000万元。与山东华鑫塑业有限公司、安徽丰原集团有限公司建立全生物降解地膜生产基地2个,与上海弘睿生物科技、常州百利基、宁夏易兴新材料等建立生物降解地膜研发与应用评价联合实验室3个。

(四)科研与产出

实验室实行理事会领导和技术委员会指导下的主任负责制,通过创新联盟协同攻关模式、科企融合模式、合作共建基地等模式的实施,与相关国际组织、科研院校、企事业单位申报获得国家有关课题12项,经费2 836万元。技术性服务收入1 098万元,其中,专利等知识产权转让或许可收入20万元。主持和参加制定国家、行业标准5项,申请国家发明专利16项。获得科技成果奖励6项,其中,北京市科技进步奖二等奖1项,中国农业科学院

杰出创新成果奖1项。

八、农业农村部休闲农业重点实验室

（一）历史沿革

农业农村部休闲农业重点实验室为农业农村部专业性重点实验室，依托于环发所，坐落于中国农业科学院国家农业科技创新园，于2016年12月申报，并于2018年7月通过试运行期考评。

（二）研究方向

实验室重点开展现代休闲农业基础理论研究、关键技术攻关、创新产品开发以及运营模式探索等方面的研究工作，构建以基于休闲农业产业发展需求集科技创新研发、理论与模式探索、成果转化推广于一体的创新科研平台。

1. 休闲农业理论研究

开展休闲农业元素选择、规划设计、产业结构优化升级、产业营销与管理等研究；开展现代休闲农业展示园、智能楼宇农业、空中农场、地下农场、阳台农业等休闲农业新业态研究。

2. 特色休闲农业功能技术与发展模式研究

开展融生产性、生活性于一体，高质高效和可持续发展相结合的现代休闲农业体系；开展创新休闲农业的研究，研发配套的关键技术和设备，建立推广特色休闲农业完整的理论与实践体系。

3. 休闲农业产品的开发研究

利用物联网、大数据等现代信息技术，开发与不同休闲农业形式配套的监测、运营管理等软件，实现休闲农业高效智能化运营管理，提升休闲农业软实力；围绕休闲农业配套基础设施，开展机械化、自动化产品创新技术和示范应用研究；开发针对不同人群、功能定位的休闲农业创意产品，如多层立体轨道栽培装置、家庭园艺产品、阳台农业产品等。

（三）科研条件平台

1. 基础设施

实验室拥有科研实验场地面积49 025.2 m²，其中新型智能连栋温室3栋，总占地面积21 046 m²、试验用食用菌工厂1 120 m²。

2. 仪器配置

实验室拥有实验仪器设备1 200余台（套）。在国家农业科技创新园升级改造的同时，实验室新增购置安装都市农业研究仪器设备25台（套），能够胜任现代休闲农业基础理论研究、关键技术攻关、创新产品开发以及运营模式探索等方面的研究工作。

（四）科研与产出

自试运行以来，实验室荣获国家科技进步奖二等奖1项，省部级奖项1项；实验室共发表论文34篇，取得著作权9项、国家发明专利与实用新型专利5项；实验室探索了基于"绿色家庭、绿色学校、绿色社区"的城市农业发展模式，成功研发并应用了都市型自动化叶菜水耕栽培系统1套，集装箱植物工厂1套，社区农场、立柱栽培等园艺产品10余套，农业物联网系统1套，创意栽培家具50余套。

九、农业农村部华北平原农业绿色低碳重点实验室

（一）历史沿革

2021年申请，2022年批复立项。实验室由环发所联合农业农村部环境保护科研监测所共同建设。实验室以华北平原地区绿色低碳发展为目标，以资源节约、固碳降碳、循环经济为方向，创新理论方法，研发一批聚焦基础性、前沿性以及重大关键、共性农业绿色低碳新技术和新产品，培养一流人才。

（二）研究方向

实验室准确把握我国华北地区农业绿色低碳发展需求，聚焦农业绿色低碳发展前瞻性和基础性科技问题，以绿色低碳发展为目标，以固碳、减碳、降碳为方向，针对华北平原一年两熟区存在的用养结合不紧密、减排固碳技术水平不高、农业温室气体排放强度不断增加、低碳产品供给不足等问题，研发华北平原水肥高效利用与土壤培肥增碳、农业废弃物清洁循环利用降碳、农业绿色低碳技术与数字化应用等技术，显著提高华北地区农业降碳增汇能力，为全国农业绿色低碳发展提供强有力的科技支撑。

（三）条件平台

实验室依托顺义农业农村部长期试验观测站，顺义基地建有2 639 m²实验楼和1 202 m²科研车间，拥有1 000亩的试验地，开展农田土壤固碳、水肥高效利用、种养循环及废弃物利用等长期实验。

（四）科研与产出

实验室建立水肥双控减施高效利用机理与作物生长模型；探明土壤固碳减排潜力及演变机制，初步掌握粮食主产区碳来源及结构；提出水肥高效减碳技术方案；研究农业废弃物高效能量转化与高值产物形成机制，提出农业废弃物低碳循环利用技术方案；建立农业农村减排固碳监测体系，分析农业减排固碳贡献及潜力。

十、农业农村部动物产品质量安全环境因子风险评估实验室（北京）

（一）历史沿革

2014年3月，根据《农业部关于增补农产品质量安全风险评估实验室的通知》（农质发〔2014〕10号），依托研究所和农业农村部畜牧环境设施设备质量监督检验测试中心（北京）建设的农业农村部动物产品质量安全环境因子风险评估实验室（北京）获批成立。

（二）研究方向

实验室围绕动物产品质量安全的环境科技和监管重大需求，重点开展动物产品生态环境因子风险评估、动物产品生产过程环境因子风险评估、养殖废弃物对环境影响的风险评估、国际环境公约对动物产品影响的风险评估和动物产品环境风险交流与标准研制，为动物产品环境因子科学管理、依法监督、生产指导提供理论指导和技术支持，保障动物产品环境安全，促进畜牧业的健康和可持续发展。

（三）条件平台

实验室位于中国农业科学院院内，以农业农村部畜牧环境设施设备质量监督检验测试中心（北京）为研究平台，拥有超1 000 m²的实验场地。截至2021年年底，拥有60余台（套）分析测试仪器设备，包括电感耦合等离子质谱仪、高分辨液相色谱质谱联用仪、气相色谱仪、原子荧光分光光度计等大型分析仪器设备，满足开展畜禽养殖环境、粪污处理和资源化利用评价等各种研究任务的条件。

（四）科研与产出

实验室自成立以来，围绕国家对动物产品质量安全和畜牧业绿色发展的重大需求，承担了国家重点研发计划项目、国家自然科学基金、国家农产品质量安全风险评估项目等国家和省部级科研项目30余项，获国家/省部级科技成果奖励5项，发表国内外期刊论文100余篇，授权发明专利10余项，制修订国家/行业标准10余项。

十一、农业农村部畜牧环境设施设备质量监督检验测试中心（北京）

（一）历史沿革

2007年7月，根据中华人民共和国农业部第891号公告，批准农业部畜牧环境设施设备质量监督检验测试中心（北京）（简称畜牧质检中心）为农业部部级质检中心，颁发授权认可证书。

（二）研究方向

畜牧质检中心围绕畜牧环境标准体系建设重大需求，重点开展畜禽粪便监测技术规范、畜禽舍通风系统技术规程、反刍动物甲烷排放量的测定方法、畜禽粪便无害化处理技术规范等一批填补行业空白的系列标准的研究和编制，为实现畜禽废弃物资源利用、污染有效防治和保障畜产品安全奠定了基础。

（三）条件平台

畜牧质检中心检验检测实验室面积9 000 m²，拥有54台（套）检验检测仪器设备，包括气相色谱仪、原子吸收分光光度计、原子荧光分光光度计等大型分析仪器设备，具备开展畜牧环境设施设备领域检验检测工作及畜牧环境标准制修订相关分析测试工作的条件。

（四）科研与产出

畜牧质检中心自成立以来，围绕国家对畜禽养殖污染防治和畜牧业绿色发展的重大需求，支撑了国务院组织的第一次和第二次全国污染源普查畜牧业产排污系数测算工作的检验检测工作，承担了畜牧环境国家标准、农业行业标准制修订任务10余项，获国家/省部级科技成果奖励5项，发表国内外期刊论文100余篇。

十二、中国农业科学院农业农村碳达峰碳中和研究中心

（一）历史沿革

2021年，环发所积极响应习近平总书记关于碳达峰碳中和的重要指示精神，联合中国农业科学院10个院系统研究所，牵头组建中国农业科学院农业农村碳达峰碳中和研究中心，6月21日经中国农业科学院常务会审议获得正式批复（农科院科〔2021〕64号），9月正式揭牌成立，着力打造一流的碳达峰碳中和战略宏观决策咨询平台和技术研究体系，构建科学权威的服务体系。

（二）研究方向

围绕农业农村碳达峰碳中和的战略需求，聚焦种养业减排、土壤固碳、可再生能源替代等关键核心技术，汇集国内外同领域专家，加强顶层设计，强化农业农村碳达峰碳中和理论层面的战略性、前瞻性、系统性和创新性研究，并从目标推进、政策建言、理论突破、核心技术研发等方面探索相应的研究命题，破解我国农业农村碳达峰碳中和的瓶颈制约。

1. 农业农村碳中和战略

开展农业农村碳中和理论、方法体系和战略研究，提出和探索适合我国国情的农业农村碳中和理论和政策创设；摸清和预测农业农村领域历史和未来碳排放活动水平和关键排放因子，构建评估指标和方法体系，研究碳排放时空格局演变及碳中和发展机制。

2. 种植业减排技术研究

开展种植业碳中和技术与实现路径专项研究，实施种植业非二氧化碳排放长期试验观

测、行业监测、报告与核查定向研究，研发种植业减排关键技术、品种、产品和设备，构建种植业温室气体监测网和技术体系，评估种植业碳减排途径的成本效益，开发种植业减排碳交易方法学，打造种植业碳达峰碳中和示范基地。确定种植业碳达峰时间节点，制定碳达峰碳中和路线图。支撑国家气候变化农业相关议题谈判，服务国家绿色低碳循环发展。

3. 养殖业减排技术研究

开展养殖业碳中和技术与实现路径专项研究，实施养殖业非二氧化碳排放行业监测、报告与核查定向研究，研发养殖业减排关键技术、品种、产品和设备，评估养殖业碳减排途径的成本效益，开发养殖业减排碳交易方法学，打造养殖业碳减排示范基地。确定养殖业碳达峰时间节点，制定养殖业碳达峰碳中和路线图。

4. 农田土壤固碳技术研究

开展农田土壤固碳技术专项研究，揭示农田土壤碳汇特征、影响机理和区域分异规律，阐明农田土壤碳汇调控原理、潜力和途径；研发栽培管理、固碳作物品种筛选等关键技术，增加农田土壤碳封存量；研发高精度、低成本、高时效农田土壤碳汇监测与核算技术，构建农田土壤碳监测体系，开展基于全国碳市场的土壤增汇与碳交易示范。

5. 草地土壤固碳技术研究

开展草地土壤固碳技术专项研究，厘清草地生态系统自然过程驱动和人为干扰下土壤碳汇特征及其影响机理，阐明草地土壤碳汇调控原理和潜力；研发草地生态恢复、放牧管理等关键技术，增强草地土壤固碳能力；研发草地碳汇监测与核算技术，构建草地土壤碳监测体系，参与土壤增汇与碳交易示范。

6. 可再生能源替代技术研究

开展农业可再生能源替代技术专项研究，重点进行农机、渔机、炊事、取暖等可再生能源替代、秸秆成型燃料和高值利用、热解炭气联产、农业废弃物厌氧发酵能源化利用等研究，评估农业可再生能源替代对碳中和的贡献及减排潜力。

7. 气候韧性农业技术研究

以我国碳中和目标下确保粮食安全为前提，综合农业减缓与适应的理论、技术、模式和政策等研究。主要研发基于智慧农业气象的固碳减排与适应耦合技术，发展面向2060碳中和目标的气候情景和作物模式深度耦合技术，评估碳中和目标下气候变化对我国粮食生产和安全的影响，提出种养结合的气候韧性农业整体解决方案。

（三）条件平台

中心设立在环发所，整合中国农业科学院的科技资源平台，将基础资料、资源台账、仪器设备、试验台站等各类资源，建立共用机制，共享使用，最大限度发挥使用效率。

（四）科研与产出

中心自成立以来在种养业减排、土壤固碳、可再生能源替代等领域取得阶段性进展。在基础研究方面，探索了农业增产、温室气体减排和气候变化影响适应的大气−作物−土壤协同机制，阐明了温度、降水、田间管理和放牧强度对农田、草原长期碳储量变化的驱动机理。在减排固碳技术方面，识别和筛选了农田水肥优化管理、优良作物品种选育、适应性栽培措施、草地增汇、畜禽粪便和秸秆资源化利用等技术，评估其减排固碳潜力，入选农业农村部2021年减排固碳十大技术模式。在监测与排放核算方面，研发了农业温室气体监测技术，编制了中国种植养殖业温室气体排放清单，核算主要农产品碳足迹，初步摸清了农业温室气体底数。在碳中和示范方面，与联合国粮农组织合作首次开展茶产业碳中和案例研究，研发的农产品碳中和技术方法在浙江、广东进行示范。

十三、中国农业科学院农业环境工程技术研究中心

（一）历史沿革

中国农业科学院农业环境工程技术研究中心成立于2015年1月。其前身是成立于2007年的中国农业科学院设施农业环境工程研究中心。

（二）研究方向

作为农业环境工程技术研发平台，重点解决农业环境工程领域应用基础、共性技术等关键技术难题，为国家农业环境工程领域科研与产业发展提供重要的科技支撑。研究方向主要涉及：设施环境模拟与结构优化工程；设施低碳节能工程与新能源利用技术；植物工厂资源节约利用关键技术；设施栽培系统与工程；设施环境数据采集与智能控制技术等。

（三）条件平台

中心现有植物工厂实验室、设施节能工程实验室、设施环境信息与控制工程实验室等3个专业实验室；拥有实验型植物工厂120 m²，示范型植物工厂1 600 m²；拥有实验连栋温室3 000 m²，节能日光温室9 600 m²。

中心拥有仪器设备200多台（件），包括：自动气象站、红外测温仪、数采仪、热通量板、总辐射表、光谱仪、便携式光合仪、高效液相色谱仪等分析测试仪器等，以及承担设施光温环境因子、植物生理生化等研究的分析测试仪器等，具备从事农业环境工程试验研究的仪器与设备。

（四）科研与产出

中心先后承担了国家重点研发计划、"863"计划、国家自然科学基金以及国际合作等项目20余项，并与荷兰瓦赫宁根大学、日本千叶大学等建立了良好的合作关系。中心自

成立以来获得国家和省部级科技成果3项，其中国家科技进步奖二等奖1项，获国家授权专利24项，发表论文120余篇，取得了良好的社会经济效益。

十四、山西寿阳旱地农业生态系统国家野外科学观测研究站

（一）历史沿革

寿阳站的前身是晋东豫西旱农试验区。1986年，中国农业科学院在山西省屯留县建立了晋东南地区旱地农业综合发展研究试验区。1991年，根据国家旱地农业攻关试验区布局，在山西省政府、晋中地区行署和寿阳县人民政府对试验区建设给予大力支持下正式启动试验区基地建设。1996年，试验区继续纳入"九五"科技攻关计划，并作为A类试验区得到国家的重点支持。从2000年起，试验区继续获得国家科技攻关计划、"863"计划、"973"计划等项目的支持。2005年10月，寿阳旱作农业试验区经农业部评估命名为农业部寿阳旱地农业重点野外科学观测试验站（农科教发〔2005〕14号）。2011年7月，经遴选寿阳站进入农业部学科群框架，命名为农业部寿阳农业环境与作物高效用水科学观测实验站（农科教发〔2011〕8号）。2016年实验站被纳入"十三五"农业部重点实验室（站）建设任务。2018年实验站入选农业农村部第一批国家农业环境科学观测实验站。2020年入选农业农村部第一批国家农业绿色发展长期固定观测试验站。2021年纳入科技部国家野外科学观测站建设名单。

（二）研究方向

实验站主要研究旱地农田生态系统资源环境要素特征与演变规律、旱地农田生态系统作物种植结构优化与功能提升、旱地农田生态系统资源高效利用途径与技术、旱地生态系统生产力优化布局与区域可持续发展。

（三）条件平台

寿阳站占地总规模246亩，包括基础设施和核心试验观测场。寿阳站建设用地面积19.2亩，现建有2栋综合科研楼，面积2 120 m²（其中，实验室1 000 m²，生活住房40间共计500 m²），中试车间2 000 m²；水泥晒场1 800 m²，样品处理与保存室500 m²等，能够保障实验站各项观测、研究等任务顺利开展。寿阳站厨房、餐厅等生活设施齐全，能够保障来站人员的日常生活。

寿阳站核心试验观测场占地200余亩，设有气象观测场、波文比-能量平衡与涡度相关系统观测场、土壤水分平衡观测场、作物抗旱性鉴定池、土壤质量演替与培肥区、土壤养分动态观测场、覆盖种植观测场、地膜污染监测与控制区、水土流失观测场等。寿阳站试验条件及其基础设施完善，可以满足旱地农田生态系统国家野外观测研究站各项观测指标测定的要求。

寿阳站现有仪器设备250余台套，价值2 000多万元，主要用于气象、农田小气候、旱地农田水碳通量、土壤水分、养分转化过程、土壤微生物等相关指标测定。

（四）科研与产出

寿阳站建立了系统的旱地农田生态系统观测与试验数据库，创新了旱地农业基础理论，研发了旱地农田"集""蓄""保""提"的降水高效技术体系及其产品，形成了旱作区农业稳粮-增效-循环综合发展模式；发表论文309篇，其中SCI/EI检索论文114篇；出版著作38部；获得专利40项，其中发明专利8项；获得软件著作权22项；依托寿阳站形成的旱地农田基础理论、关键技术与模式等研究成果为主要贡献，获得省部级及以上成果奖34项，其中获国家科技进步奖二等奖3项，省部级成果奖31项。

十五、国家农业环境数据中心

（一）历史沿革

2017年3月，根据《农业部关于启动农业基础性长期性科技工作的通知》（农科教发〔2017〕5号），依托研究所建设的国家农业环境数据中心获批成立。

（二）研究方向

农业环境数据中心通过构建我国农业环境监测网络，制定数据监测标准规范，组织体系内实验站针对粮食主产区耕作制度和种植结构变动、产地环境健康及危害因子、气候变化对主要农作物的影响、农田水分与灌溉水质、有机化学投入品对农业环境的影响等5个重点任务开展基础性长期性数据监测，积累农业环境长期监测数据、建立综合数据库，为我国农业环境建设与保护以及粮食和食物安全保障提供基础数据，为农业环境领域科技进步与农业可持续发展提供科技支撑。农业环境数据中心主要关注以下科学问题、产业问题和方法问题。

科学问题：阐明农业环境演变趋势，监测农业污染分布和动态规律，探讨污染物在水体、土壤和作物之间的传播和富集机制。

产业问题：农业环境变化对农业生产的影响规律，气候变化适应与减缓技术应用的减排效果和贡献。

方法问题：农业环境跨尺度数据融合方法，农业环境观测数据的标准化问题，农业环境观测自动化问题。

（三）条件平台

农业环境数据中心结合我国农业环境现状，依托现有农业科学试验站，与全国216家单位签订任务书，搭建起由全国216个观测实验站组成的农业环境科学观测网络。体系内共有22个实验站进入国家农业科学观测实验站体系。农业环境数据中心在总中心建设的数据汇交系统中，分配账号267个，建立字典189条，建立主表11张和31张子表，完成了农业环境数据汇交系统的搭建，实现了数据上报、审核以及入库等流程。

（四）科研与产出

农业环境数据中心已累计汇交数据75万余条，撰写并提交研究报告和对策建议报告各1份。依托数据中心搭建起的长江中下游稻田甲烷减排监测网，已获批立项江西省"中央引导地方科技发展资金项目""江西水稻产业'碳中和'技术研究与示范"项目。体系内各实验站结合观测工作共发表中英文论文200余篇，授权国家发明专利26项，授权实用新型专利50项，获软件著作权21项。

十六、国家农业科学农业环境顺义观测实验站

（一）历史沿革

2010年研究所决定在北京市顺义区大孙各庄镇建立农业环境综合试验示范基地（以下简称顺义基地）。通过出让购买国有建设用地18 513.48 m²，于2011年10月取得国有土地使用权证，拥有面积2 837.05 m²的房屋产权证。与顺义区大孙各庄镇户耳山村、宗家店村分别签订土地租赁合同，租赁试验地1 109.07亩，用于农业科研试验、示范与技术推广。

2016年农业部批复同意中国农业科学院农业环境与可持续发展研究所顺义试验基地建设项目。2019年3月，入选农产品质量安全与营养健康科普试验站。同年7月，顺义基地入选农业农村部第二批国家农业科学观测实验站（农办科〔2019〕28号），纳入国家农业科学农业环境顺义观测实验站。

2022年11月，顺义基地被认定为第一批全国科普教育基地。

（二）研究方向

充分利用京津冀地区乡村振兴与高质量发展的区位优势，聚焦种植废弃物清洁转化与高值利用、设施植物环境工程、农业清洁流域、退化及污染农田修复、生物节水与旱作农业、节水新材料与农膜污染防控、农业应对气候变化与减排固碳、智慧气象与农业气候资源利用等方向的基础研究、关键技术研发与成果转化，为国家农业绿色可持续发展提供科技支撑。

（三）条件平台

顺义基地总面积为1 099.29亩，其中国有建设用地27.79亩，租赁试验用地1 071.50亩。主要设施包括试验日光温室8栋（共计4 224 m²）、连栋温室1栋（3 705 m²）、FACE实验装置（我国北方最大的全球气候变化响应试验平台）1套、蒸渗仪4套、盆栽试验场

1 052.3 m²、温室水肥设施10套、农田尾水收集与净化利用系统1套、科研试验场区围栏改造1 490 m以及部分场区电气工程等。

2017年，顺义基地获批建设项目（实验楼等2项），项目总金额2 667.63万元。建设内容包括综合实验楼（建筑面积2 872.26 m²）、科研车间（建筑面积1 201.84 m²）、农机具库以及场区道路1 938 m²、场区绿化1 353 m²、场区排水工程、场区供暖工程等配套设施，购置农机具7台。

（四）科研与产出

2013年以来，顺义基地支撑科研团队实施完成国家自然科学基金项目、国家科技支撑计划项目、公益性行业科研专项、国家重点研发计划项目等科研项目（课题）50余项，获批研究经费数千万元，实现成果转化上千万元。

科研项目包括开展冬小麦低温冷害田间观测试验、葡萄精准控水观测试验、作物种植过程中养殖粪污农用导致的污染物排放特征及面源污染防控技术研究、清洁种植技术研发、农业废弃物资源化产品对水土环境的影响研究、智能植物工厂化生产节能技术创新、温室太阳能主动截获与储能调温技术研发等。

成果转化项目包括开展全生物降解地膜研发和应用评价、转光母粒开发及专用功能性农膜生产技术、全生物降解地膜制备工艺开发与性能评价、秸秆清洁低氮捆烧技术、生物质热解炭化技术、生物质厌氧发酵技术等。

作为国家农业绿色发展顺义先行区长期定位观测站，建立以顺义基地为核心，辐射9镇20个监测点的长期定位观测体系，重点监测农业生产过程中的水、土、气、生变化及对环境的影响，示范农业高效节水、三优一统、有机肥替代和农业有机废弃物资源化利用等技术，促进农业绿色发展。

作为国家农业科学农业环境顺义观测实验站，为推进农业科技创新提供重要支撑，承担粮食主产区耕作制度和种植结构变动、气候变化对主要农作物影响、农田水分与灌溉水质、产地环境健康及危害因子、有机化学投入品对农业环境影响等重点任务，是国家农业科技创新体系的重要组成。

十七、国家农业科学农业环境那曲观测实验站

（一）历史沿革

国家农业科学农业环境那曲观测实验站（简称那曲站）始建于2006年，其前身是藏北高寒草原生态试验站。2009年入选了中国农业科学院首批重点野外台站，并被命名为中国农业科学院那曲高寒草地生态与气候变化野外科学观测试验站。2011年入选了农业部农业环境学科群，被命名为农业部那曲农业环境科学观测试验站。2019年，那曲站入选了农业

农村部第二批国家农业科学观测实验站，被命名为国家农业环境那曲观测实验站，成为高寒草原生态保护、生态长期监测、草牧业绿色发展技术模式研发与示范的重要平台。

（二）研究方向

那曲站通过开展科技创新研究，保障国家生态安全、促进高寒牧区生态保护与农牧业协同发展。主要研究方向：高寒草地生态多样性与功能多样性监测，气候变化对高寒草地影响监测，放牧活动对高寒草地影响监测，退化草地综合治理。

（三）条件平台

那曲站办公区位于那曲市色尼区那曲镇，占地面积6亩（有土地证）；实验区位于那曲市色尼区那曲镇那曲国家农业科技园区内，占地面积115亩（签有30年租用协议），拥有日光温室、生态修复实验平台、气候变化实验平台、人工草地建植实验平台等设施。拥有仪器设备51台（套），包括便携式土壤呼吸测量仪、自动气象站、能量平衡系统、涡度相关系统、手持光谱仪、便携式光合作用测定仪、土壤团粒分析仪、土壤蒸渗仪、土壤剖面CO_2梯度监测系统、手持激光叶面积仪、根系分析系统、土壤水势测量系统等。

（四）科研与产出

那曲站围绕气候变化对高寒草地生态系统的影响，高寒草地生态与生产功能协同提升开展了集中攻关，取得了以下重要突破：揭示了在季节性干旱和过度放牧叠加条件下，高寒草地土壤碳氮循环减缓、养分有效性降低、土壤-植物养分供需不平衡是导致草地退化和碳汇功能下降的机理；构建了以"退化指数"为核心的高寒草地监测评估系统，研发了生态补播草地水肥稳定供给技术和"冬圈夏草"等饲草种植技术体系；提出了退化高寒草地修复后"长周期、低频率"轮牧方案，创建了高寒草地生态修复的"低草高牧"模式，在青藏高原累计推广应用4 000余万亩，惠及14余万农牧民。研究成果获全国农牧渔业丰收奖一等奖1项，西藏自治区科学技术奖一等奖1项、二等奖2项、三等奖1项，大北农奖二等奖1项，授权发明专利6项、国际专利2项，制定地方标准6项、团体标准10项，发表论文150余篇，1人入选"百千万人才工程"国家级人选、农科领军人才C类，1人入选中国科协青年人才托举工程。

十八、国家农业科学农业环境岳阳观测实验站

（一）历史沿革

2008年，经充分协商，环发所与岳阳市农业科学研究所、湖南省土壤肥料研究所在湖南省岳阳县麻塘镇共同建设环洞庭湖农业环境科学实验站；经过前期建设与发展，实验站于2010年入选中国农业科学院农业环境野外科学观测实验站，2011年申报并获批建设农业

农村部岳阳农业环境科学观测实验站。2019年7月，成功入选农业农村部第二批国家农业科学观测实验站，被命名为国家农业科学观测实验站（简称岳阳站）。

（二）研究方向

岳阳站基于"山水林田湖"生态一体化理念，针对长江中游及洞庭湖区高质量发展中农业环境领域的关键问题，开展长江中游粮食主产区耕作制度和种植结构变动、气候变化对主要农作物影响、农田水分与灌溉水质、农用化学投入品对农业环境影响、产地环境健康及危害因子等重点观测监测任务。实验站主要关注洞庭湖区水田和旱地环境要素、耕地质量演变规律，获取和积累农业环境相关数据和信息；开展农业面源污染发生与控制机理研究、洞庭湖水体监控及污染防控；农业面源污染防控、典型农作物环境友好型施肥施药、农田污染物阻控与中轻度污染农田安全利用、农业废弃物资源化利用等技术创新与集成，以及相关技术实施效果的长期定位观测。通过相关研究和长期定位监测，构建长江中游洞庭湖区现代农业技术应用和咨询服务平台，为区域现代农业可持续、高质量发展提供基础数据和技术支撑。

（三）条件平台

通过多年建设与发展，岳阳站目前已具备了较完善的试验、田间观测、基础理化性质分析等能力。

1. 基础设施

岳阳站建有实验楼1栋（300.20 m^2），包括前处理室、药品室、天平室、精密仪器室、管理室等，还有办公楼（1 183.36 m^2）、仓储房（328.95 m^2）、晒坪（2 000 m^2）、气象观测场（600 m^2）、渗滤池（1 100 m^3）、重金属修复模拟池以及废弃物利用实验区（1 260 m^2）等。同时还有宿舍、餐厅、会议室等设施，为科研人员在此工作和生活提供便利条件。

此外，岳阳站还建有野外气象观测站、径流观测场、养分平衡场等，并设有双季稻施肥长期定位试验、稻田耕作制度长期定位试验、稻田水-肥-药高效利用试验、重金属超标耕地安全利用与修复微区试验等，并建设渗漏池开展稻田养分循环定位实验、红壤区旱地不同种植制度长期定位试验等包括农业面源污染防治、产地环境保护和气候变化与农业研究相关的12个长期定位实验，以及配套的田间水泥道、配套灌排水渠道等基础设施。

2. 仪器设备

岳阳站现有仪器设备41台（套），总价值281万元，其中5万元以上的仪器设备有16台（套）。如在线水质分析系统、全自动化学分析仪、自动气象站、便携式土壤呼吸系统、土壤团粒分析仪、土壤三相测定仪、互联网获取处理系统、生物显微镜、台式冷冻离心机等化验仪器及履带式联合收割机、农田转送机、农用皮卡车、收割机、自动播种机、乘坐式6行移栽机等田间作业工具，满足开展农业环境的科学观测及实验分析等相关任务的条件。

（四）科研与产出

2008年建站以来，围绕实验站中心工作和科研任务，共承担国家和省部级科研项目20余项；获得国家科技进步奖二等奖1项、省部级科技进步奖励6项；发表学术论文200多篇、含SCI检索论文110余篇，出版专著6部；获得发明专利10余项、软件著作权登记5项。

十九、中国农业科学院东营农业环境野外科学观测试验站

（一）历史沿革

根据2011年8月11日中国农业科学院和东营市人民政府签订的《关于合作推进黄河三角洲高效生态农业技术创新的协议》内容，环发所设立黄河三角洲湿地农业环境科学观测试验站，并进行农业生态环境基础与应用研究等科研工作。

（二）研究方向

东营农业环境野外科学观测试验站围绕盐碱地减排固碳长期定位监测、盐碱地改良技术应用与示范平台两个核心功能，在盐碱地低碳农业发展技术与模式、盐碱地高效能绿色投入品开发与应用、盐生植物与功能植物种植筛选等方向开展基础研究和应用研究。

（三）条件平台

试验站内有建设用地20.5亩，试验用地约279.5亩，其中水面面积150亩左右。实验室100 m²，暂无住宿条件。

（四）科研与产出

自2011年东营农业环境野外科学观测试验站成立以来，与东营地方企业合作开展耐盐能源作物种植、农产品深加工技术开发等工作，储备了一系列盐碱地开发利用核心技术，申请和授权专利10余项。

二十、中国农业科学院农业环境与可持续发展研究所分析测试中心

中国农业科学院农业环境与可持续发展研究所分析测试中心（简称中心）是研究所的公共实验室，拥有国家计量认证（CMA）和中国合格评定国家认可委员会组织的实验室认可（CNAS）资质，作为研究所的检测支撑部门，为所内各科研团队提供支撑检测服务。

中心位于环发所科研大楼四层，总面积约600 m²。拥有同位素质谱仪、元素分析仪、液质联用仪、气质联用仪、高效液相色谱仪、气相色谱仪、离子色谱仪、串联质谱仪、ICP-MS、ICP-OES、热脱附仪、近红外分光光度计、原子吸收分光光度计、荧光分光光度

计、紫外/可见光分光光度计、全自动凯氏定氮仪、激光粒度分析仪、微波消解系统、高速冷冻离心机及超低温冰箱等仪器设备78台（套）。

中心围绕农业环境及相关领域开展检测方法研究和参数拓展，建立了农业投入品–农田环境–作物系统分析技术体系，形成了实验室的检测特色。如建立了HPLC-ICP-MS联用测定硒、砷形态，单细胞/单颗粒中金属元素分析和土壤中烷烃类、角质素类和木质素类标志物的提取鉴定方法等先进的分析测试方法。同时，对土壤、植物、水、肥料等领域中大量元素、中量元素、微量元素、重金属、无机阴离子和有机酸、抗生素、农药残留等相关参数进行了方法确认/验证，完成了全领域参数拓展。

中心追踪CNAS/CMA准则变化，及时完成中心体系文件换版转化。定期组织年度内审和管理评审。通过日常质量监控、不符合控制等质量管理工作，切实保证中心内部逐步建立起有效的质量反馈机制，持续提高中心管理和检验水平，确保检验质量。连续多年参加环保部、认监委等机构组织的能力验证，均取得满意结果。2013—2021年顺利通过中国合格评定国家认可委员会和国家认监委组织的实验室"双认证"评审5次。2020—2021年中心连续2次以"无问题"通过五部委联合组织的检验检测机构"双随机、一公开"监督抽查。

中心通过创新检测方法、实施检测服务和检测咨询等，有力支撑了研究所国家重点研发计划、水体污染重大专项、国家自然科学基金、创新工程等研究项目的实施；通过为研究所检测规范管理、危化品管理、废弃物处理等提供技术支撑，有力提升了全所实验室的管理水平。同时，随着服务对象从研究所内部逐步拓展到中国农业科学院、中国科学院、北京市农林科学院等多个中央级和地方研究院所，以及北京大学、清华大学、浙江大学、中国农业大学、香港大学等多所大学，中心专业地位逐步提高，社会影响力不断扩大，检测收入持续提高。2021年中心顺利完成中国农业科学院全成本核算试点改革工作。

第六章　合作交流

第一节　国际合作

　　2013年以来，研究所国际合作工作紧密围绕建设世界一流农业科研院所的总体目标，创造有利于开展国际合作的氛围，加强与世界一流科研机构的合作，共同研发先进的理论、技术和方法，同时积极支持国家科技外交，参与国际科技事务，为自主创新和农业"走出去"提供有力支撑。

　　研究所制定了《国际合作管理办法》，鼓励和规范对外合作与交流；与美国康奈尔大学（2016）、日本北海道大学（2019）等12家一流科研机构签署合作协议；新增或延续中澳可持续农业生态联合实验室（2013）、中荷畜禽废弃物资源化中心（2016）等7个国际联合实验室（中心），其中中国–罗马尼亚农业合作"一带一路"联合实验室入选科技部首批"一带一路"联合实验室，"科创中国'一带一路'国际旱地农业科技创新院"入选农业农村部人力资源中心农业科技创新院清单；10余位专家担任国际农业塑料协会主席、*Agriculture，Ecosystems & Environment*主编、国际设施园艺大会主席、政府间气候变化专门委员会评估报告组长等重要职务；新增主持国内7项重大国际合作项目，30余项国外资助国际合作项目；作为国家气候变化农业领域技术支持单位，30多人次参加国家气候变化代表团，承担重要气候变化谈判议题任务；牵头南南合作碳中和茶叶生产项目，与联合国粮农组织共同出版《中国碳中和茶叶生产报告》；牵头中罗农业科技示范园建设，在罗马尼亚集中展示先进设施农业技术，示范园入选科技部认证首批14个"一带一路"联合实验室之一。

一、国际合作项目

　　根据学科发展优势，围绕国内外农业环境领域热点问题，在现有合作基础上，组织长期稳定国际合作伙伴，申报国内外科技和人才项目，促进与国际一流科研机构的务实深入合作，加强国际化人才培养，提升研究所在国际上的地位和影响力。

新增主持国内重大国际合作项目7项，与英国、日本、国际农业研究磋商组织等一流科研机构和企业围绕设施农业、农业水分生产力提升、环保型材料等领域开展联合攻关，提升了研究所科技创新能力。国家重点研发计划"政府间国际科技创新合作"重点专项项目3项：环境友好型地膜覆盖技术研究与集成示范（2019—2022），寡糖类复合新材料的作用机理及其农业应用（2020—2023），旱地农业绿色高效节水关键技术研究与示范（2021—2024）。国家自然科学基金国际（地区）合作研究项目2项：旱地不同覆盖条件下作物根系吸水机制与数值模拟项目（2017—2021），旱地覆膜农田氮素迁移转化机制研究（2020—2024）。国家重点研发计划"战略性科技创新合作"项目1项：中国-罗马尼亚设施农业技术联合研究（2020—2023）。中国农业科学院首批大科学计划1项：畜禽废弃物安全增值利用与气载污染物协同控制（2021—2023）。

作为国内牵头单位承担"中国畜牧业温室气体清单编制"（联合国计划开发署/全球环境基金）、"农业土壤固碳国际合作项目"（欧盟"地平线2020"计划）、"茶叶碳中和项目"（联合国粮农组织）、"农业低碳发展"（CGIAR重大研究计划）、中德农业塑料管理升级项目（德国国际合作机构）等国际（外）机构发起的合作项目30余项，为国际社会提供技术支持和中国经验，提升在农业环境领域的国际影响力。

多渠道申请人才交流项目。利用国家外专局项目、国家留学基金委项目和国外机构的资助，20余位骨干专家赴耶鲁大学、普林斯顿大学、奥地利国际应用系统分析研究所等一流科研机构开展合作研究；通过科技部"高端外国专家引进计划"和"一带一路"创新人才交流外国专家项目资助，与荷兰瓦赫宁根大学Leo Marcelis教授等国际一流专家开展合作交流。

二、组织国际会议

组织国际学术会议，为研究所专家打造国际合作与交流平台；组织国际培训班，向发展中国家推广成熟技术。共举办17次国际会议和7次培训会，涉及设施农业、核农技术、旱地农业、畜禽养殖环境等多个领域，促进了学术交流，增强研究所的国际影响力。

1.第三届国际设施园艺高层学术论坛

2013年4月19—22日，在第十四届中国（寿光）国际蔬菜科技博览会开幕之际，由中国农业科学院和山东省寿光市人民政府共同举办的第三届"2013中国·寿光国际设施园艺高层学术论坛"在山东寿光隆重召开。国际设施园艺学会主席、西班牙格拉纳达大学教授尼可拉斯·卡斯提勒（Nicolas Castilla）应邀出席，来自荷兰、日本、加拿大、西班牙、以色列和希腊等国家，以及包括我国台湾在内的20多个省（区、市）的180多位专家学者出席了本届论坛。论坛期间，40余位国内外知名专家报告了当前最新设施园艺科技进展，并围绕设施结构工程、环境调控、高效栽培、节能与新能源利用、新型材料与装备、绿色安全生产、物联网技术以及植物工厂等热点领域进行了深入的交流与研讨，共同探讨实现设施园艺"节能、绿色、安全、高效"的技术途径。论坛还出版了由国内外专家汇集的论文专集《设施园艺技术进展》，收集了近50篇中外学者的研究论文，论坛取得了圆满成功。

2. NSFC-ICARDA-ICRISAT提升旱地农业生产力国际研讨会

2013年6月2—5日，由国际自然科学基金委（NSFC）-国际干旱地区农业研究中心（ICARDA）-国际半干旱地区热带作物研究所（ICRISAT）联合主办，由研究所具体承办的"NSFC-ICARDA-ICRISAT提升旱地农业生产力国际研讨会"在环发所召开。来自国家自然科学基金委等政府部门、ICARDA、ICRISAT、中国农业科学院、中国农业大学等国内外科研机构的60余名代表出席本次研讨会。中国农业科学院副院长吴孔明研究员、国家自然科学基金委员会张永涛副处长、国际旱地农业研究中心所长Mahmoud Solh博士、国际半干旱地区热带作物研究所所长William Dar博士和环发所所长梅旭荣研究员分别做主题演讲。与会专家围绕旱地农业和旱地作物进行了深入的交流，确定了中国与ICRISAT和ICARDAD在旱地农业和旱地作物改良方面的优先领域，为下一步的合作奠定了坚实基础。

3. 全球粮食安全研究联盟2013年度会议

2013年6月7日，全球粮食安全研究联盟2013年度会议在环发所举行。中国农业科学院、荷兰瓦赫宁根大学、巴西农牧研究院、法国农业科学院、新西兰梅西大学和美国加州大学戴维斯分校等6家科研机构的30余位代表参加会议，共同回顾世界农业科技最新进展，分析粮食安全现状，讨论联盟章程，并制定下一步工作计划。中国农业科学院唐华俊副院长出席会议并致辞。荷兰瓦赫宁根大学教授、中国农业科学院顾问委员会主席Rudy Rabbinge博士和环发所梅旭荣所长应邀在会上做主题报告。

4. 中国可持续农业技术研究发展计划二期项目评估会

2013年9月5日在环发所召开"中国可持续农业技术研究发展计划二期项目评估会"。来自农业部国际合作司、科技部国际合作司、中国农业科学院、中日中心、JICA中国事务所、日本驻华大使馆等多个单位的代表参与会议。外部评估组从相关性、有效性、效率性、影响及可持续性5个方面评估项目，高度肯定了项目执行的成效。

5. 中国经济转型期农业生态补偿机制与政策国际研讨会

2014年3月20日，中国经济转型期农业生态补偿机制与政策国际研讨会在京召开。会议由环发所和日本国际协力机构共同举办，来自英国剑桥大学、德国基尔大学、日本学习院女子大学、日本国际协力机构中国事务所、联合国开发计划署（UNDP）、联合国粮农组织（FAO）、中国农业大学、国家林业局、中国环境科学研究院、中国社会科学院等近20家国内外科研机构共70余位代表参加会议。与会代表就环境友好型农业技术推广的直补政策、体制和方法进行了深入的交流,针对中国当前急需的家庭农场、专业大户和专业合作社如何进行环保直补政策设计等问题进行了充分的讨论,并就今后合作达成初步意向。

6. 第四届国际设施园艺高层学术论坛

2015年4月19—22日,由中国农业科学院和山东省寿光市人民政府共同举办,由环发所承办的第四届"2015中国·寿光国际设施园艺高层学术论坛"在山东寿光召开。论坛以"节能、高效、智能、安全"为主题。国内外40余位知名专家报告了当前最新设施园艺科技进展,与会专家围绕论坛主题对设施结构轻简化、节能与新能源利用、智能环境调控、高效立体栽培、新型材料与装备、植物工厂以及物联网等热点领域进行了深入交流与研讨。专家们一致认为,设施作物高产突破的关键在于对环境与营养的精致化管理,数字化模拟与优化调控策略研究正在成为国际热点,温室昼夜热能转移与蓄放控制是节能降耗的有效途径,LED光源与物联网等高新技术的应用必将使植物工厂更加普及。论坛还出版了论文集《设施园艺创新技术进展》,并评选出6篇优秀论文。

7. 纳米科技与农业可持续发展国际会议

2016年11月17—18日,"纳米科技与农业可持续发展国际会议"在北京成功召开。会议由中国农业科学院主办,美国农业部国家食品与农业研究所及美国化学学会《农业与食品化学》杂志社协办。来自美国、欧盟、印度、澳洲和中国等全球10个国家和地区的300余位参会代表出席会议。会议以"纳米科技与农业可持续技术发展"为主题,邀请26位国际著名专家和43位国内学者做了专题学术报告,针对当前纳米科技在农业、食品科学及相关领域的热点和前沿问题进行了深入研讨,交流了这些领域的新进展、新理念、新技术、新材料和新成果,促进了纳米农业科技国际合作与交流,增强了我国农业纳米科技研究综合实力与国际影响力。

8. 国际设施园艺大会

2017年8月21—23日,国际设施园艺大会(GreenSys2017)在北京召开。大会由中国农业科学院、中国农学会、国际园艺科学学会共同主办,环发所、中国园艺学会承办,来自30多个国家和地区的500多位学者与会。农业部副部长张桃林,农业部党组成员、中国农业科学院院长、中国工程院院士唐华俊,中国农业科学院副院长、中国工程院院士吴孔明,环发所所长张燕卿、副所长董红敏,沈阳农业大学副校长、中国工程院院士李天来,国际园艺科学学会主席代表、国际设施园艺分会主席穆拉特·卡西拉(Murat Kacira)等领导与专家出席大会。大会以"温室生态系统可持续技术进展"为主题,共设置了9个议题,安排了282个学术报告、155个墙报报告和7个产业报告。国内外同行紧紧围绕设施园艺领域的新进展、新理念、新技术、新材料和新成果,广泛探讨实现设施园艺低碳节能、高效安全的生产模式,交流进一步提升设施园艺技术与装备水平、提高园艺作物产量和品质的技术途径。

9. 分子环境土壤科学前沿国际研讨会

2019年5月10日，由中国农业科学院农业环境与可持续发展研究所主办的"分子环境土壤科学前沿"国际研讨会在北京召开。会议围绕"先进技术支撑农业未来"主题，汇聚国内外同行专家针对当前分子环境土壤科学领域中土壤重金属污染控制与修复、农田养分循环与管理、农业固碳及温室气体减排等前沿问题进行深入研讨，探究了同步辐射、纳米粒子探针等现代技术在本领域研究中的新进展，明确"分子环境土壤科学"在农业环境"一流"学科建设中的重要地位，有望促进农业环境保护与农业生产的可持续发展。前国际土壤学会主席、美国特拉华大学环境研究所所长Donald Sparks教授，法国国家科学研究中心、"千分之四农业固碳计划"首席科学家Cornelia Rumpel教授，加拿大光源束线科学家Yongfeng Hu和Jian Wang教授，美国怀俄明大学的朱孟强副教授，中国科学院植物研究所冯晓娟研究员、中国科学院沈阳应用生态研究所林金如副研究员和环发所杨建军研究员等分别作大会报告。

10. 旱地农业发展国际研讨会

2019年7月31日至8月2日，"旱地农业发展国际研讨会"在辽宁省沈阳市召开。会议由中国农业科学院农业环境与可持续发展研究所主办、辽宁省农业科学院承办。会议以"绿色旱地农业"为主题，围绕全球旱地农业可持续发展、研究热点与关键问题、气候变化与干旱防控、旱地农田水分管理、旱地智慧农业系统模拟、农田残膜污染治理等方面深入研讨。来自国际半干旱热带作物研究所（ICRISAT）、国际干旱地区农业研究中心（ICARDA）、国际水资源管理研究所（IWMI）、西北农林科技大学、兰州大学、甘肃省农业科学院等单位的100余名中外专家学者与会。

11. 旱地农业国际研讨会

2021年11月18—20日，旱地农业国际研讨会在北京召开。会议采取线下和视频会议相结合的方式，围绕旱地农业可持续发展、生物多样性与生态系统恢复、耐旱作物品种选育、气候智慧型旱地农业等议题进行学术交流和研讨。来自FAO、IAEA、ICRISAT、ICARDA、ICBA、巴基斯坦白沙瓦农业大学等国内外科研机构约80名代表出席会议。

12. 2021中国·寿光国际设施园艺学术研讨会

2021年4月20—22日，由中国农业科学院和山东省寿光市人民政府共同举办，中国农业科学院农业环境与可持续发展研究所承办的第六届"2021中国·寿光国际设施园艺学术研讨会"在山东寿光召开。来自美国、荷兰、日本、英国、加拿大、希腊等国家以及国内20多个省（区、市）的280余位专家学者参加了本届研讨会。研讨会以"节能、高效、绿色、智能"为主题，采用现场与视频相结合的方式展开，40余位国内外知名专家报告了当前最新设施园艺科技进展，与会专家围绕研讨会主题对垂直农业、植物工厂、智能装备与数字化管控、节能与新能源利用、LED光环境调控、新型材料与装备、高效绿色安全生产等热点领域进行了深入交流与研讨。

三、中日中心工作

（一）背景

为解决21世纪中国和亚太地区粮食安全及农业可持续发展问题，1997年时任中国国务院总理李鹏访问日本期间，与日本政府时任首相乔本龙太郎达成在中国农业科学院建立"中日农业技术研究发展中心"（简称中日中心），开展"可持续农业技术研究发展计划"项目的协议。2001年7月，中日中心大楼竣工，日方投入1.2亿元人民币无偿援助资金用于中日中心仪器购置；2002年6月中日中心正式投入运行。

中国农业科学院院长担任中日中心主任，农业环境与可持续发展研究所所长担任中日中心常务副主任。

第一期目标（2002—2007年），实现小麦、大豆、水稻等主要作物的可持续生产，开发一批增加农民收入的实用技术。

第二期目标（2009—2014年），通过综合集成技术，解决中国农田面源污染和农业废弃物污染等问题。

第三期目标（2015—2018年），通过示范推广环保型农业技术，防止或改善农业污染严重地区的水体、土壤、大气污染。

（二）主要工作

（1）"中国可持续农业技术研究发展计划"项目共分三期，从2002年至2018年，期间合作历时13年，得到中日双方政府的大力支持。自中日项目第二期开始，中日中心前瞻性地从日本引进水稻侧条施肥、蔬菜起垄局部施肥一体栽培、生物可降解地膜等成熟环保型农业技术，在减少农业污染的同时，增加了农民收入，项目引荐的3项技术被农业农村部列入重大引领性农业技术。

（2）通过能力建设，培养了大批农业环境领域科研骨干，带动学科发展，先后有日方长期专家18人、短期专家84人来中心开展合作研究，选派中方人员159人次赴日本研修。

（3）日方项目长期专家山下市二博士于2014年获得中国政府友谊奖，2017年获得中国农业科学院国际友人奖。

（4）从日本引进水稻侧条施肥插秧技术，农机设备实现国产化，通过自主研发，已经在小麦、玉米等旱地作物得到应用。

（5）强化中日中心平台功能，先后与日本的大学及机构签署合作协议：鸟取大学（2006.12—2026.12），双方互设海外事务所、京都大学（2019.2—2024.2）、北海道大学（2019.7—2024.7）、农研机构农业环境技术研究所（2017.9—2022.9）、千叶大学（2020.2—2025.2）、日本国际协力机构中国事务所（2022.1—2025.1）。

（6）2013—2020年，挖掘日本科技振兴厅和日本大使馆的项目经费，实现中国农业科学院青年科技人员以及研究生81人赴日本交流学习，开阔视野，成为中日中心的一项亮点工作，得到科技部国际合作司中日交流中心的赞许。

（7）2019—2022年，受新冠疫情影响，中日交流活动多以线上形式开展。2021年与日本鸟取大学线上完成合作协议续签，协同日本鸟取大学开展线上樱花科技交流项目，40多位青年学生进行了线上交流。2021年中日项目三期被日本外务省评为"优秀"，日本协力机构对此进行了报道。为进一步发挥中日中心平台的作用，围绕人员交流、学术研讨等方面加强合作，双方于2022年签署了合作备忘录。多次与日本企业及机构间在线召开项目协调会。协同日本北海道大学，协助团队申请国际合作项目。

合作成果一览表

时间	投入	主要成果	目标
第一期（2002—2007年）	1. 日本援助仪器设备132台，价值1 165万元 2. 日本安排项目业务经费1 200万元 3. 日本派驻10名长期专家，35名短期专家 4. 中国43名专家赴日本研修 5. 中国投资建设1万m²办公大楼 6. 中国投入配套科研经费及人员费	1. 培育国家奖1项 2. 培育11个新品系，研制5个育种新材料，建立5套评价技术体系与2个方法 3. 研发种子包衣抗病技术 4. 引进农田远程监控信息处理技术 5. 建立小流域面源污染调查方法技术体系 6. 开发面条面包面粉评价技术 7. 举办现场培训20次 8. 制定标准2个	在保证粮食增产，农民增收的前提下，实现农业可持续发展
第二期（2009—2014年）	1. 日本援助仪器设备42台，价值332万元 2. 日本安排项目业务经费350万元 3. 日本派驻8名长期专家，28名短期专家 4. 中国75名专家赴日本研修 5. 中国安排设备运行维护费和运转费 6. 中国投入配套科研经费及人员费	1. 引进侧条施肥插秧机 2. 引进蔬菜起垄施肥一体机 3. 编制环保型技术清单 4. 获得发明专利5项 5. 制定地方标准4项 6. 举办现场培训62次 7. 日本专家山下市二荣获中国政府友谊奖	引进研发环境友好型农业技术，在项目示范区实现节肥30%和减药30%
第三期（2015—2018年）	1. 中日双方投入比例改为9∶1 2. 日本投入经费用于双方专家互派 3. 日本派21人次短期专家 4. 中国41名专家赴日本研修 5. 中国增加科研经费及人员费 6. 中国增加示范区	1. 研发本土化实用产品和技术5项 2. 重点推广水稻侧条施肥等技术 3. 完善环保型农业技术清单 4. 提出环保型农业技术直接补贴农户的政策建议 5. 获得发明专利5项 6. 制定行业标准2项，地方标准1项 7. 举办现场培训78次 8. 日本专家山下市二荣获中国农业科学院国际友人奖	引进研发示范推广环境友好型技术，传播农业绿色发展理念

（续表）

时间	投入	主要成果	目标
平台持续运行（2018—2022年）	1. 对接日本企业、协调日本企业合作，项目经费合计90.8万元 2. 申请获批中日国际合作重点专项，项目经费267万元 3. 协调日方大学、机构等与环发所签订合作协议6份 4. 先后组织研究所科研人员31人次赴日本交流访问，邀请日方专家9人次来华交流，为双方后续开展合作、联合申报项目、增进了解打下基础 5. 组织申请日本政府预算项目，分5批次组织中国农业科学院及研究所青年学者及研究生81名赴日本交流学习，是中日中心的亮点工作	1. 中日项目三期后评估被日本外务省评为"优秀" 2. 签署合作协议： 京都大学2019.2—2024.2 北海道大学2019.7—2024.7 农研机构农业环境技术研究所2017.9—2022.9 千叶大学2020.2—2025.2 鸟取大学2016.12—2026.12 日本国际协力机构2022.1—2025.1 3. 开阔学生视野、为青年学者打开国际合作渠道奠定基础	强化中日中心平台功能

第二节　国内合作与交流

一、国家科技创新联盟

研究所充分发挥农业科研国家队的引领带动作用，牵头组织全国各级农业科研机构、农业企业、涉农高校共同发起成立3个农业科技创新联盟，集聚优势科研力量和科技资源，构建高效的农业科技协同创新组织体系，促进原始创新、协同创新、管理创新和成果转化创新，实现创新驱动现代农业发展的战略目标。

（一）国家农业废弃物循环利用创新联盟

为探索农业科技体制改革和农业科研治理机制，提高我国农业废弃物处理与资源化利用创新能力和共享利用的效率，支撑农业绿色发展，在农业农村部科技教育司的指导下，于2016年12月11日由研究所牵头，联合全国农业废弃物处理利用优势科研院所、高校、技术推广单位、企业等102家单位，共同成立了农业废弃物循环利用创新联盟。

该联盟面向农作物秸秆、养殖废弃物、农膜等投入品废弃物无害化处理与资源化利用的重大需求，致力于搭建布局合理的"一盘棋"工作格局，打造一批农业废弃物循环利用基地样板，构建产业全链条的"一条龙"组织模式，形成"一体化"综合解决方案，解决畜禽粪污资源利用率低、污染风险高、种养结合不畅，秸秆清洁供暖中效率低、污染物排放高，以及地膜难降解、回收利用难等问题，推动农业废弃物循环利用，助力农业绿色发展，服务国家"三农"事业。

近年来，农业废弃物联盟支撑第二次全国污染源普查，牵头组织开展畜禽、秸秆、地膜原位监测，测算农业废弃物产排污系数和产排污量；开展农业废弃物处理与资源化利用事业发展重大问题调研，提出发展咨询报告；承担国家及农业部重大科技任务，协同开展农业废弃物资源化利用科技创新与长期基础性科技工作，制定《畜禽粪污土地承载力测算技术指南》等技术规范，由农业农村部发布，在585个养殖大县应用；实施"京津冀畜禽废弃物利用科技联合创新行动"，总结提炼3种不同规模/主体的7种技术模式并示范，为全国畜禽养殖废弃物资源化利用提供可复制可推广的模式；创新研发秸秆炭气联产清洁供暖技术成套装备，提出分散型村落单户供暖、中心村集中供暖、城郊型村镇社区集中供气等三种模式，在北方12个省市推广应用；研发出KF16-1等新型生物降解地膜、农田机械化地膜回收技术与装备等，显著提高了农膜回收率达85%以上，在新疆生产建设兵团示范应用。

（二）国家旱地农业科技创新联盟（原华北农业节水增效协同创新联盟）

2017年6月1日，由研究所牵头，联合华北6省（市）农业节水领域的优势科研院所、高等院校和农业企业等35家单位，组建了华北农业节水增效协同创新联盟（简称华北节水联盟）。

华北节水联盟致力于解决华北地下水压采的农业可持续发展问题。从战略上，研究地下水压采是否危及国家粮食安全，是否经济可行，是否被社会不同利益方认可。从技术上，研究是减少冬小麦、蔬菜和果树等种植面积还是减少其灌溉用水，是保持冬小麦-夏玉米一年两熟制还是实施一年一熟制或两年三熟制或退耕还林等，是实施限水灌溉还是完全旱作或充分灌溉等。该联盟主要研究形成华北地下水超采区综合治理的农业科技整体解决方案和技术体系，并进行大规模实施，以保障国家粮食安全、水安全和生态安全，促进华北农业可持续发展。

近年来该联盟取得了一定的工作成效：一是研发两年三熟适雨种植制度，研究确立了冬小麦和玉米两年三熟的适雨种植制度，即秋季多雨则种植小麦，夏季免耕复种玉米，秋季少雨则冬闲，春季起垄覆膜种植玉米；二是研发冬小麦限水灌溉高产种植模式，为减少冬小麦灌溉用水，通过系统地梳理分析华北冬小麦的灌溉制度，改冬小麦3水灌溉（足墒播种+拔节水+扬花水）为冬小麦2水灌溉（足墒播种+拔节水）和1水灌溉（足墒播种），冬小麦减产仅10%和30%，但可减少灌水量1/3和2/3，既节水又保粮；三是创新华北地下水压采的农业整体解决方案，综合考虑粮食安全、节水、经济和实施的可行性，华北地下水压采还应保持一年两熟为主的种植制度，而非大规模地实施季节性休耕、造林和旱作。

2022年，该联盟更名为国家旱地农业科技创新联盟。新联盟将面向国家粮食安全、水安全和生态安全，以解决旱地农业绿色高质量发展的重大科技需求为导向，集聚优势研发力量和行业资源，构建政府支持、任务牵引、资源共享、市场主导的新型产学研创新机制，推动旱地农业技术推广落地，实现创新驱动现代旱地农业绿色低碳转型和高质量发展的战略目标。

（三）国家农业农村碳达峰碳中和科技创新联盟

该联盟于2022年1月15日正式成立，是国家农业科技创新联盟框架下的专业联盟，面向农业农村碳排放核算方法学、低碳农业标准和技术装备、农产品碳标识研发、认证及农业碳交易项目开发等重大需求，集聚优势研发力量和行业资源，构建政府支持、任务牵引、资源共享、市场主导的新型产学研创新机制，促进原始创新、协同创新和成果转化创新，推动减排、固碳及可再生能源替代技术推广落地，实现创新驱动现代农业发展和绿色低碳转型的战略目标。

联盟与山东土地乡村振兴集团合作"低碳种养循环农业技术集成示范与碳核算"项目，计划通过建立绿色低碳生产模式，提出适宜的农业减排策略建议等，推动山东省农业绿色低碳高质量发展；与安徽丰原生物技术股份有限公司围绕解决农田地膜残留污染问题、共同推动秸秆高值利用技术研究与应用，共建了"全生物降解地膜研发推广""秸秆高值利用"2个联合实验室；与首粤环境科技（深圳）有限公司共同建立"微藻生物固碳减排智慧监测"联合实验室，共同推动微藻生物产品固碳减排效果研究及推广应用，促进农业低碳发展；为先正达（中国）投资有限公司在实现绿色低碳转型和高质量发展方面提供技术咨询。

下一步联盟将持续聚焦产业问题、科学命题和创新团队这"三个目标"，搭建协同创新、科企合作、产业上中下游衔接的"三大平台"，引导学科团队交叉融合、行业单位跨界融合，形成创新创造创业合力，推动优势科技资源向企业、产业集聚，发挥好联盟的制度优势、集聚优势和协同优势，促进联盟发挥更大作用。

二、中国农学会农业气象分会

中国农学会农业气象分会是中国农学会的分支机构，成立于1978年，是农业气象科技工作者、相关单位自愿组成的全国性、学术性社会团体，目前挂靠在环发所。农业气象分会在服务"三农"和农业现代化发展、促进学科优化建设、强化公共服务能力、增强国际合作交流、举荐青年科技人才等方面开展了大量的工作，探索了农业气象科技创新体系建设机制，充分发挥了分会的学术纽带和桥梁作用，不断提升服务国家、服务会员、服务行业的能力和水平，有力地推动了农业气象学科的发展，发挥了"农业气象科技工作者之家"、学术交流主渠道的主力军作用，取得了较好的社会效益。

（一）组织机构

2016年10月，中国农学会农业气象分会第七次会员代表大会在重庆召开。参加会议的有中国农学会农业气象分会第六届常务理事、各相关单位推荐上来的理事候选人以及分会会员等。大会选举产生第七届理事会，推举梅旭荣研究员为理事长，环发所刘布春研究员为秘书长。

（二）主要活动

1. 推动领域创新，获得多项成果

围绕国家农业重大战略需求，主持并完成了国家重点研发计划项目"粮食主产区主要气象灾变过程及其减灾保产调控关键技术""林果水旱灾害监测预警与风险防范技术研究"，在农业气象及相关领域，探究了农业环境演变与农业生产的相互作用规律，提出了重大农业灾害及其对粮食、林果生产影响的解决方案，取得了一系列重大成果与奖励，丰富了农业气象学科理论和实践，有力地推动了领域创新。

2. 服务农业生产一线，全方位提供技术指导

结合农业发展中的重大问题、关系人民切身利益的突出问题，农业气象分会发挥了智力资源优势，广大会员先后参与了国家或地方的粮食安全、农业防灾减灾、农作物品质、农技推广等实地调研和技术服务咨询，向相关部委和上级主管部门及时反映农业生产中存在的问题及措施建议，发挥了学会智库优势。参与了全球气候变化发展战略、气候变化国际谈判，引导和推动了国家关于气候变化治理的重要成果文件达成。面对农业气象灾害频发，特别是北方低温、洪涝灾害、南方高温干旱等重大自然灾害以及农业环境恶化问题，会员广泛开展实践调查，第一时间深入灾区开展实地调查、指导减灾，为农民解决实际问题，为领导决策提供第一手资料。

3. 强化政策研究和决策建议，积极建言献策

充分发挥中国农业气象专家智库团优势，围绕农业绿色发展和乡村振兴战略需求，聚焦学科使命，组织专家团为国家粮食生产布局和风险防范提供报告建议，部分建议得到了中央、省部级等领导批示，被政府和有关部门采纳或收录；先后制定或参与制定了国家或行业战略规划、中国农业绿色发展重大问题战略研究，如《适应气候变化国家总体战略》《"跨越2030"农业科技发展战略》等，并为相关行业和区域规划的制定提供了有力支持。组织相关专家再修订了2016年《农业重大自然灾害突发事件应急预案》；2021年学会秘书处牵头再修订了《农学名词　农业气象学名词》。

4. 夯实农业气象理论基础，促进学科可持续发展

参与完成《中国大百科全书》（第三版）农业资源环境卷农业气象学分支条目工作。由分会理事长梅旭荣研究员主编的《中国水稻气候资源图集》《中国小麦气候资源图集》

《中国玉米气候资源图集》《中国棉花气候资源图集》《中国大豆气候资源图集》已出版发行。分会秘书长刘布春研究员牵头承担中国科协"农业气象学科领域'三库'建设"项目顺利通过验收。

5. 开展学术活动增进信息交流

农业气象分会以学术交流、圆桌会议、高端对话、线上直播、海报墙报、论文评选等方式，坚持每年举办农业环境科学峰会（第七届至十五届）和农业气象分会学术年会（2013—2021年），成为中国农学会学术会议的品牌。2018年、2020年"第十二届环境峰会""中国农学会农业气象分会2020年学术年会"分别被中国科学技术协会征集为年度重要学术会议，入编中国科学技术协会年度重要学术会议指南。

6. 加强国际合作交流，拓展国际战略合作伙伴

农业气象分会组织会员积极申报各类国际合作项目，围绕农业环境领域共同关注的问题，与日本农业环境变动研究所签署合作协议、与联合国粮农组织启动茶减排项目（2018—2019年）、与法国农业科学院等10余家机构承担欧盟地平线"农业土壤固碳国际合作项目"（2018—2020年）等，为共同推进中国农业适应气候变化经验做出努力和贡献。

7. 强化会员服务，积极举荐人才

农业气象分会不断发展年轻和基层新会员入会，会员数量持续增加，促进交叉学科间的交流与协作。成功推荐了李涛、马浚诚、干珠扎布、王悦、张海洋、张玉琪分别入选第二届、第四届、第五届、第六届、第七届、第八届青年人才托举项目，获得项目资助。推荐朱昌雄、刘布春、高清竹入选《中国农业气象》副主编和编委候选人；霍治国、房世波被选为《中国农业气象》期刊优秀审稿人。

三、中国农学会农业资源与环境分会

中国农学会农业资源与环境分会是中国农学会的分支机构，是由农业资源与环境领域的科研机构、高校、管理部门、企业等单位人员自愿组成的全国性、学术性社会团体。一般每5年召开一次分会换届大会，通过民主选举产生新一届主任委员、副主任委员、秘书长、常务委员。自2022年7月以来，挂靠在环发所。农业资源与环境分会旨在团结广大农业资源与环境领域政、产、学、研、用工作者，促进农业资源与环境理论研究、技术研发和成果推广应用；搭建指导服务平台，积极参与乡村生态振兴有关技术指导，为国家和地方农业绿色低碳发展战略、政策和经济建设中的决策提供科学建议；搭建学术交流与合作平台，组织会员积极开展学术交流与研讨，搭建农业资源与环境政产学研用合作交流与协同创新平台，推动科技创新和技术水平提升；搭建科技传播平台，普及推广农业资源与环境科研与农业农村生产知识和先进技术，开展农业资源与环境相关的业务培训和科普教育

活动；搭建人才培养平台，加强青年人才培养，调动青年人才创新的积极性、主动性，推进农业资源与环境产业可持续发展。

（一）组织机构

2022年7月，中国农学会农业资源与环境分会新一届换届大会在浙江平湖召开。参加会议的有各单位推荐的中国农学会农业资源与环境分会新一届委员会委员候选人及分会会员，农业资源环境领域相关专家。大会选举产生新一届主任委员、副主任委员、秘书长、常务委员。推举刘旭院士、张福锁院士、周卫院士、梅旭荣研究员、骆世明教授为荣誉主任委员，环发所所长赵立欣为主任委员，环发所张晴雯等为副主任委员，刘荣志为秘书长。

（二）主要活动

按照中国农学会统一工作部署，在挂靠单位环发所的大力支持下，联合广大会员和全国农业资源与环境领域的科技工作者，立足学会改革和发展的实际情况，围绕党的十九大会议中提出的农业高质量绿色发展、农业农村现代化、乡村振兴战略，面向国家农业农村绿色发展从污染治理到产业发展的阶段性转变的国家重大需求，分会在分析领域国内外的发展动态和趋势、组织本专业的学术交流与研讨和技术培训、普及本领域科学技术、组织国内国际学术活动等方面开展了大量的工作，充分发挥了分会的学术纽带和桥梁作用，不断提升服务国家、服务会员、服务行业的能力和水平，有力地推动了农业资源与环境学科发展，发挥对农业绿色高质量发展和推动乡村生态振兴的科技支撑引领作用。

1. 举办学术论坛，促进学科交流

2022年7月23日，由中国农学会农业资源与环境分会主办"乡村生态振兴论坛"。论坛特邀刘昌明院士、朱永官院士、赵立欣研究员分别围绕农业面源污染、健康农业、农业农村减排固碳等做专题学术报告。本次论坛是中国农学会农业资源与环境分会换届后的首次重要学术活动，促进了科研与产业的科技协同创新和学术交流。

2. 推广先进技术，开展教育培训

2022年9月15日，由农业农村部科技教育司主办，中国农学会农业资源与环境分会协办，举办了农业生态环境保护培训班，聚焦农业废弃物资源化利用、农业面源污染综合治理、农业农村减排固碳、外来物种入侵防控、农膜回收利用等重点工作，解读宣讲农业生态环境保护政策，传播最新成果，分享最新研究进展和技术前沿。

3. 先进技术示范，攻关技术难题

2022年10月，为总结我国农业污染防治工作取得的成就，深入把握其中存在的技术瓶颈，汇聚科技动能加快农业污染防治，促进农业高质量发展，分会协助农业农村部人力资源开发中心、中国农学会学术交流处征集一批农业污染防治成就案例和技术难题。

第三节　学术刊物

《中国农业气象》是由环发所主办的唯一的一本学术期刊，期刊编辑部设于环发所内。

一、基本情况

《中国农业气象》创刊于1979年10月，原名《农业气象》，季刊。1988年第9卷起更名为《中国农业气象》，期刊编号不变。国际标准连续出版物号为ISSN100—6362，国内统一连续出版物号CN11—1999/S。办刊宗旨不变，即反映我国农业气象科学研究进展、刊登生产及科研中有关研究论文和报告，包括全球变化、区域农业气候、防灾减灾、干旱与节水农业，作物气象与农田小气候、农业病虫害、农业生态环境、电子计算机和卫星遥感等方面，以及国内外专题研究进展和综合评述等。

二、工作概况

1. 出版周期变更

2011年底编委会会议讨论建议将《中国农业气象》改为双月刊，2012年向北京市新闻出版局申请通过，决定2013年起该刊由季刊改为双月刊。每期逢双月20日出刊，一般版面数在120页以上，至2016年12月止。根据稿件累积情况，为进一步缩短刊出周期，2017年起由双月刊改为月刊，每月20日出刊。初期由于稿件量少，每期的版面数减半。随着定稿数量增加，每年的版面数逐步增加，至2022年，每期版面数由64页逐渐增加到100页左右。稿件见刊周期明显缩短，从1年左右加快至6~8个月。

2. 采编平台运行

期刊投稿采编平台及网刊发布系统运行逐渐平稳顺畅，世界各地的读者在采编平台上可免费获取所有过刊和当期稿件。为了加强期刊的国际传播力，2015年起增加了对每篇文章图表标题、参考文献等的英文对照，规范了对英文摘要的编写与修改，在投稿采编平台上增加了相应的英文网页，方便了世界各地读者对文献的下载和阅读。同时，为了进一步扩大期刊影响力，充分利用新媒体的宣传作用，2019年申请并建成了本刊微信公众号，使读者和审稿专家能从手机端直接访问期刊平台，了解期刊文章信息。

3. 栏目设置

继续坚持不变的办刊方针，瞄准农业气象科学发展的前沿，为农业可持续发展和乡村振兴服务，在内容上力求精益求精。刊登内容扩大为农林水产业与气象有关的学术论文、研究报告和国内外有关专题研究动态综合评述等，涉及包括全球变化、区域农业气候、干旱与节水农业、作物气象与农田小气候、农业减灾防灾、农业生态环境（包括产地环境）、信息技术在农业气象上应用等方面。为便于读者查阅，期间依据载文量大小，对栏目设置实行动态管理。设立过的栏目有农业气候资源与气候变化、农业生态环境、农业生物气象、农业气象灾害、农业气象信息技术、农业气象情报和农业气象概念方法等。

4. 影响力评价

秉承"质量为王"的办刊理念，稿件质量越来越高，期刊影响因子逐年提高。据中国科技期刊引证报告（扩展版），2014年期刊影响因子达到1.835，并入选"第三届全国精品科技期刊"，多篇刊载论文入选中国F5000顶尖论文。2015年影响因子为1.621，在农业综合类（87种）期刊中排名第二。2016年影响因子为1.679，此后一直保持在1.6以上。在中国科技期刊引证报告（核心版）中，《中国农业气象》影响因子在农业综合类（34种）期刊中名列前茅。据清华同方数据库（CNKI）的《中国期刊引证报告》显示，期刊历年复合影响因子也比较高，且处于上升趋势（2017年为1.826，2018年为2.029，2019年为2.133，2021年为2.192，2022年为2.669）。2022年该刊世界期刊影响力指数2.438，位于Q1区，在农业科学综合类中排名29（共134）。期间刊登的多篇文章入选学术精要高PCSI论文、高被引论文、高下载论文中，《LED光质对豌豆苗生长、光合色素和营养品质的影响》（2012年第4期，第一作者刘文科）被评为"第一届中国科协优秀科技论文遴选计划农林集群"优秀论文，获一等奖。

5. 数据库收录

加强对外宣传和联系，积极参与学术期刊编辑出版融合工作，提升影响力。继续加入国内各大数据库，如清华同方"中国学术期刊网络出版总库"（CNKI）、重庆维普资讯有限公司"中文科技期刊数据库"、中国科技信息研究所控股的万方数据股份有限公司"万方数据——数字化期刊群"、北京世纪超星信息技术发展有限责任公司数据库等，同时被JST日本科学技术振兴机构数据库收录，2015年入录欧洲Elsevier旗下Scopus数据库，2021年获推荐入录EBSCO学术数据库。2021年与中国农业科学技术出版社有限公司签订农业科学技术内容资源合作协议，2022年与中国农业科学院农业信息研究所签订中国农业期刊集成服务平台入网协议。

6. 核心期刊评定

2013年在第四届《中国学术期刊评价研究报告（武大版）（2015—2016）》中，被评为"RCCSE中国核心学术期刊"，入选《中文核心期刊要目总览》（2014年版、2017年版和2020年版）。继续保持全国中文核心期刊、中国科技核心期刊、中国科学引文数据库来源期刊（CSCD）核心期刊、中国学术期刊综合评价数据库来源期刊、中国农业科技论文数据库统计源期刊、中国科学技术信息研究所精品科技期刊和中国农林核心期刊。2014年获新闻出版总署首批学术期刊认定，2021年入选中宣部国家版本馆展示期刊。2017年中国科学文献计量评价研究中心通过计算全世界学术期刊的"世界学术期刊学术影响力指数

WAJCI"遴选排序结果显示，《中国农业气象》位列Q1（前25%）区内，进入"世界学术影响力Q1期刊"阵列。

7. 出版收藏

2013—2022年，《中国农业气象》共出版了10卷，96期。2021年根据国务院颁布的《出版管理条例》要求，配合中国版本图书馆完成了自创刊以来所有年度出版期刊的查漏补缴工作，共查找补缴包括创刊号在内的期刊合订本或单本17套，这些期刊将由中国版本图书馆永久保存。按要求新出期刊必须在出版后30天内常态化寄送，由中国版本图书馆永久保存和国务院出版行政主管部门（即国家新闻出版广电总局）审读。

8. 广告宣传

期刊广告发布登记号为京海市监广登字20200037，每期刊登与农业气象有关仪器的宣传介绍，为农业气象研究人员提供信息。2021—2022年，每期以广告形式刊登6篇书评文章，介绍与农业有关的书籍。

三、编委会管理

截至2022年年底，期刊一共组建了五届编委会，实行动态管理，能进能出，随时调整。第五届编委会名单如下。

编委会主任：梅旭荣

顾问委员（以拼音字母为序）：丑纪范、李文华、张新时、陶诗言

委　　员（以拼音字母为序）：包云轩、陈　惠、池再香、董红敏、黄中艳、霍治国、雷水玲、李　勇、李春强、李茂松、李玉娥、李玉中、林而达、刘绍民、刘晓英、梅旭荣、毛留喜、潘学标、普宗朝、申双和、史作民、宋吉青、孙忠富、陶福禄、王春林、王道龙、王庆锁、王石立、王毅荣、谢立勇、许吟隆、严昌荣、杨　修、杨其长、杨晓光、杨正礼、于　强、张劲松、张燕卿、郑大玮、朱昌雄

梅旭荣任主编，雷水玲任执行主编和编辑部负责人，其他成员有王连英、高志平、鲁卫泉和刘园。

第七章 党建与精神文明建设

第一节 党的建设

一、组织建设

（一）党委、纪委及构成

2009年11月27日第五届所党委换届选举，选举栗金池、梅旭荣、张燕卿、赵红梅、严昌荣、朱昌雄、杨其长7名同志为新一届党委委员；选举张燕卿、姬军红、张庆忠3名同志为新一届纪委委员，张燕卿为纪委书记。

2017年3月10日第六届所党委换届选举，选举郝志强、张燕卿、朱昌雄、严昌荣、杨其长、姬军红、张庆忠7名同志为新一届党委委员，朱昌雄、刘雨坤、龚道枝等3名同志为新一届纪委委员，朱昌雄为纪委书记。

郝先荣于2017年12月至2021年11月任党委副书记、纪委书记。

2021年12月23日所党委召开增补委员选举大会，梁富昌、高清竹增补为党委委员。

（二）党支部及支委会组成

1. 2013年—2016年7月期间党支部组织构成

研究所设立7个党支部，支部构成具体如下。

第一党支部　由气候变化研究室、农业减灾研究室、办公室（人事处）等部门党员组成。支部书记：姬军红。支部委员：马欣、武永峰。

第二党支部　由环境工程研究室、产业服务中心党员组成。支部书记：程瑞锋。支部委员：李艳丽、孙长娇。

第三党支部　由节水研究室、条财处、编辑信息室党员组成。支部书记：龚道枝。支部委员：孙东宝、董莲莲。

第四党支部　由环境修复研究室、分析测试中心党员组成。支部书记：赤杰。支部委员：刘雪、董一威。

第五党支部　由生态安全研究室、科研处、国合处党员组成。支部书记：张庆忠。支部委员：郝志鹏、刘雨坤。

第六党支部　由退休党员组成。支部书记：陈尚谟。支部委员：尹燕芳、王一鸣。

第七党支部　由退休党员组成。支部书记：陈明。支部委员：赵玉珍、张盛。

2. 2016年8月—2018年6月支部组织构成

研究所设立8个党支部，支部构成具体如下。

第一党支部　由气候变化研究室、农业减灾研究室、办公室（人事处）等部门党员组成。支部书记：姬军红。支部委员：韩雪、杜克明。

第二党支部　由环境工程研究室、后勤服务中心等部门党员组成。支部书记：程瑞锋。支部委员：段然、孙长娇。

第三党支部　由旱作节水研究室、条件建设与财务处、编辑信息室等部门党员组成。支部书记：王庆锁。支部委员：刘恩科、董莲莲。

第四党支部　由环境修复研究室、分析测试中心等部门党员组成。支部书记：耿兵。支部委员：李峰、苏世鸣。

第五党支部　由生态安全研究室、科技处、国合处等部门党员组成。支部书记：张庆忠。支部委员：郝志鹏、郭莹。

第六党支部　由离退休党员组成。支部书记：魏强。支部委员：骆春菊、李正。

第七党支部　由离退休党员组成。支部书记：李瑞林。支部委员：张淑芳、刘秀英。

第八党支部　由离退休党员组成。支部书记：王惟帅。支部委员：张轶（副书记）、张婷、张雪丽、黄成成。

3. 2018年6月—2020年5月党支部组织构成

在职党支部由5个调整为6个，离退休党支部2个，学生支部1个，支部构成如下。

第一党支部　由气候变化研究室、成果转化中心和分析测试中心等部门党员组成。支部书记：马欣。支部委员：韩雪、王靖轩。

第二党支部　由环境工程研究室和党办（人事处）党员组成。支部书记：程瑞锋。支部委员：孙长娇、郭莹。

第三党支部　由旱作节水研究室、财务处和编辑信息室（数据中心）党员组成。支部书记：王庆锁。支部委员：董莲莲、刘恩科。

第四党支部　由环境修复研究室和国际合作处党员组成。支部书记：耿兵。支部委员：李峰、苏世鸣。

第五党支部　由生态安全研究室和科技处党员组成。支部书记：张晴雯。支部委员：杜章留、夏旭。

第六党支部　由离退休党员组成。支部书记魏强。组织委员骆春菊。宣传委员李正。

第七党支部　由离退休党员组成。支部书记李瑞林。组织委员张淑芳。宣传委员刘秀英。

第八党支部　由学生党员组成。支部书记李岩。副书记曹小霞、高海河。宣传委员兼纪检委员宋姿蓉。组织委员邢换丽。

第九党支部　由农业减灾研究室和所办公室党员组成。支部书记刘园。组织委员杜克明。宣传委员郝志鹏。

4. 2020年5月—2022年12月党支部组织构成

2020年5月以来，研究所党委落实党支部建在创新团队的要求，将原6个在职党支部调整为以创新团队为单元组建10个党支部，并以职能部门和支撑部门为单元组建2个行政党支部，2个离退休党支部以及博士生党支部、硕士生党支部，2021年4月新增种植废弃物清洁转化与高值利用科研团队党支部，截至2022年年底，全所共有17个党支部。具体构成如下。

第一党支部（智慧气象与农业气候资源利用团队党支部）于2020年5月成立，支部书记马欣、副书记韩雪。2021年7月，第一党支部成立支部委员会，马欣任党支部书记、韩雪任组织委员（兼青年委员）、赵明月任宣传委员（兼纪检委员）。

第二党支部（气候变化与减排固碳团队党支部）于2020年5月成立，支部书记万运帆，组织委员刘硕、纪检委员胡国铮、宣传委员蔡岸冬。

第三党支部（农业气象减灾与防控团队党支部）于2020年5月成立，支部书记刘园、组织委员杜克明、纪检委员武永峰、青年委员兼宣传委员马浚诚。

第四党支部（生物节水与旱作农业团队党支部）于2020年5月成立，支部书记龚道枝、副书记刘恩科、组织委员王建东、宣传委员王耀生、纪检委员李昊儒、青年委员孙东宝。

第五党支部（节水新材料与农膜污染防控团队党支部）于2020年5月成立，支部书记刘勤、组织委员白文波、纪检委员刘琪、宣传委员李真。

第六党支部（设施植物环境工程团队党支部）于2020年5月成立，支部书记程瑞锋、副书记兼宣传委员张义、组织委员兼青年委员伍纲、纪检委员李涛。

第七党支部（畜牧环境科学与工程团队党支部）于2020年5月成立，支部书记朱志平、组织委员姚宗路、纪检委员尹福斌、宣传委员郑云昊、青年委员尚斌。2021年6月，由于人员调整，张万钦任组织委员。

第八党支部（退化及污染农田修复团队党支部）于2020年5月成立，支部书记曾希柏、组织委员苏世鸣、纪检委员杨建军、宣传委员兼青年委员宋振。

第九党支部（农业清洁流域团队党支部）于2020年5月成立，支部书记张晴雯、副书记耿兵、组织委员张爱平、宣传委员李红娜、纪检委员于寒青。

第十党支部（多功能纳米材料及农业应用团队党支部）于2020年5月成立，支部书记王琰、组织委员孙长娇、纪检委员赵翔、宣传委员崔博、青年委员申越。

第十一党支部（综合管理部门党支部）于2020年5月成立，支部书记董莲莲、副书记郑莹、组织委员蒋丽丹、纪检委员郭莹、宣传委员兼青年委员吴隆起。2021年5月，由于工作调整，王一丁担任支部宣传委员、青年委员，吴隆起不再担任支部宣传委员、青年委员。

第十二党支部（业务支撑部门党支部）于2020年5月成立，支部书记李峰、副书记夏旭、组织委员王一丁、纪检委员王靖轩、宣传委员及青年委员黄金丽。2021年5月，由于工作调整，吴隆起担任支部组织委员，王一丁不再担任支部组织委员。

第十三党支部（原离退休第六党支部）于2018年6月成立，支部书记魏强、组织委员骆春菊、宣传委员李正。2022年6月，支部进行换届，魏强任支部书记、组织委员骆春菊、宣传委员朱巨龙。

第十四党支部（原离退休第七党支部）于2018年6月成立，支部书记李瑞林、组织委员张淑芳、宣传委员刘秀英。2021年11月，支部进行换届，杨正礼任支部书记，张淑芳任组织委员，马世铭任宣传委员。

第十五党支部（博士研究生党支部）于2020年1月成立，支部书记邹洁、副书记岳彩德、纪检委员周成波、组织委员苗田田、宣传委员刘赟青。2021年6月，支部进行增补，高海河任支部副书记，马前磊任组织委员，石畅任宣传委员，安长成任纪律委员，王佳任青年委员。2022年1月，支部进行增补，马前磊任支部书记，石畅任支部副书记。2022年12月，支部进行增补，陈艳琦任支部书记，李路瑶任组织委员，曹起涛任宣传委员，李柠军任纪律委员。

第十六党支部（硕士研究生党支部）于2020年1月成立，支部书记彭慧珍、副书记孙嘉星、组织委员王珂依、纪检委员康晨茜、宣传委员于梦瀛。2021年7月，党支部进行增补，王宏哲任支部副书记，张玉琛任组织委员，郭仲英任宣传委员，宋惠敏任纪律委员。

第十七党支部于2021年4月成立，姚宗路为支部书记。2022年12月，成立支部委员会，姚宗路任支部书记，罗娟任组织委员，霍丽丽任宣传委员。

（三）党员队伍

截至2022年12月，共有党员294名，其中在职党员153名，离退休党员41名，学生党员100名。在职党员占全所党员总人数的52%。在职党员中，按专业划分，研究人员党员占党员总数的80%，行政管理岗位党员占18%，其他人员党员占2%。

二、党建活动

1. 党的群众路线教育实践活动

党的群众路线教育实践活动于2013年7月18日正式启动，环发所党委印发《开展党的群众路线教育实践活动实施方案》。主要做法如下：一是开展集中学习和专题研讨；二是聚焦"四风"找准问题；三是突出边学边查边改；四是建章立制，完善干部选拔培训、人才选聘培养、考核评价、因公出国（境）管理、"三公"经费预算管理等制度。

2. "三严三实"专题教育

"三严三实"专题教育于2015年6月3日正式启动，环发所党委印发《"三严三实"实施方案》，认真组织开展了4次专题教育。原汁原味学习习近平总书记系列重要讲话精神、所领导讲专题党课、围绕创新工程以及科研单位成果转化等开展专题研讨。

3. "两学一做"学习教育

"两学一做"学习教育于2016年4月28日正式启动，主要做法如下。一是强化组织领导，成立环发所"两学一做"学习教育工作领导小组。二是突出抓常抓细，党政领导干部以普通党员身份参加所在支部的组织生活会，带头讲党课；各党支部开展了形式多样的学习教育活动。三是狠抓整改落实，深入剖析环发所科技创新、改革发展等突出问题，认真整改落实。

4. "不忘初心、牢记使命"主题教育

"不忘初心、牢记使命"主题教育于2019年6月14日正式启动，环发所党委制定《主题教育实施方案》，结合实际深入查摆问题，抓好整改落实。环发所党委组织开展集中学习、"讲述所史所风，牢记初心使命"主题党日、问题专项整治等活动。

5. 党史学习教育

党史学习教育于2021年3月24日正式启动，主要做法如下。一是开展专题学习，党委书记以"从支部建在战斗连队到建在创新团队"为题讲党课；组织开展青年理论学习小组党史读书活动；举办"农业绿色发展大讲堂"系列学术报告会。二是开展主题活动，以"学党史、感党恩、强党性"为主题，召开专题民主生活会和组织生活会；拍摄研究所"忆百年史、励复兴志、铸农科魂"视频，开展"学党史·庆百年·迈万步"健步走活动；开展支部共建和田间课堂两个"1+1"活动，促进党建科研互融互促。三是组织专题培训，组织参加中国农业科学院学习培训、专题辅导报告等，党支部组织赴红色教育基地参观学习。四是开展"我为群众办实事"实践活动。

第二节　群团与统战

一、工会

2002年农业气象研究所与生物防治研究所合并成立农业环境与可持续发展研究所，2004年成立第一届工会，并同时成立了职工代表大会。2009年、2019年进行了工会换届。第三届工会委员会成立后，办理了所工会法人证书及工会独立账户。历届所工会委员名单见表7-1。

表7-1　环发所工会委员名单

届序	时间	主席	常务副主席	副主席	委员
1	2004.12—2009.5	王道龙	—	惠燕	赵军、李艳丽、王庆锁、马世铭、程艳
2	2007.10—2009.5	栗金池	—	惠燕	赵军、李艳丽、王庆锁、马世铭、程艳
3	2009.5—2019.10	栗金池	—	惠燕	赵军、董莲莲、田佳妮、黄宏坤、武永锋
4	2019.11—	郝志强	刘赟青	马欣（兼经审委员）	李红娜、陕红、王耀生、张义

二、妇委会

截至2022年年底，环发所女职工98人，占职工总数50%。在院工会的领导下，在环发所党委、工会的大力支持下，所妇委会围绕研究所中心工作，在助力女职工成长成才、关心关爱女职工、引导女职工完成研究所各项工作等方面提供了有力的保障。

2010年4月，研究所第二届职工代表大会选举产生新一届妇委会委员。

主　任：董红敏

副主任：李艳丽

委　员：刘　硕　王亚男　程　艳

2022年11月，研究所妇委会召开换届选举大会，选举产生新一届妇委会委员。

主　任：赵解春

副主任：李红娜

委　员：张艳丽　陈永杏　赵明月　孙长娇　王传娟

三、共青团（青委会）

研究所团支部2016年年底换届，上一任支部书记郝志鹏，支部委员董一威、王亚男。

现任支部书记程瑞锋，支部委员宋振。

2017年12月，研究所青年工作委员会成立。

主　任：程瑞锋

副主任：李　峰　王耀生

委　员：韩　雪　杜克明　孙东宝　孙长娇　宋　振　杜章留　王　佳　彭慧珍

四、民主党派、无党派

截至2022年年底，研究所在职职工中，有中国民主同盟（简称民盟）、致公党、九三学社及无党派人士。其中，民盟成员3名，致公党成员1名，九三学社成员2名，无党派人士4名。

民盟：秦晓波（第十三届民盟北京市委委员，民盟中国农业科学院委员会秘书长）张馨月（民盟中国农业科学院委员会第五支部宣委）　刘　翀

致公党：崔海信

九三学社：许吟隆　高丽丽

无党派：赵立欣　郝卫平　董红敏　刘布春

五、侨联

截至2022年年底，研究所职工（含离退休职工）中，有归侨5人，侨眷2人。

归侨：王耀生　曾章华　宋吉青　赵解春　倪楚芳

侨眷：姜雁北　陈勤勤

王耀生同志担任中国侨联青年委员会第四届委员会常务委员、中国侨联特聘专家委员会青年委员会委员、中央和国家机关侨联第一届委员会委员、农业农村部侨联委员和副秘书长，2018年第十次全国归侨侨眷代表大会代表，2021年北京市海淀区侨联第八次代表大会代表、北京市侨联《侨心向党》入选人。

第八章　管理工作

第一节　综合政务管理

一、战略规划与规章制度建设

（一）研究所发展规划

1. "十三五"科技发展规划

2016年，研究所编制了《"十三五"科技发展规划》，明确研究所科学研究的使命定位：坚持以"服务农业环境重大科技需求、跃居世界农业环境科技高端"为使命，致力于农业环境领域的科学发现与技术创新，着力解决农业环境领域基础性、战略性、全局性、关键性重大科技问题，支撑现代农业可持续发展，引领农业环境领域的科技发展方向，努力成为农业环境领域"特色鲜明、国际一流"的现代研究所。

"十三五"的科学研究预期性目标如下。培育2～3个国际知名团队、培育4～6个国内领先团队、培育2～3个行业特色团队；引进院级青年英才6～8名，培育"优青""杰青"1～2名，形成一批以中青年为主体的科学家队伍；力争获国家级成果奖励2～3项，省部级科技成果奖励10项左右，获得科技成果评价20项左右；承担国家级竞争性项目/课题数100项，年均留所科研经费突破5 000万元；年均获国家发明专利20项以上，年均发表SCI检索期刊论文50篇以上、出版著作5部以上，国际顶级学术期刊论文取得零的突破；形成5～10项核心关键新技术、新产品与新装备，力争2～3项列入农业部等政府部门主推技术；年均成果转化与技术服务收入达到1 000万元；重点建设2～3个开放共享的国家或部级重大公共平台、重点实验室，建设4～5个野外综合实验基地和台站；建设3～5个国际联合实验室或公共平台；与国际顶尖的10个研究单位和20位相关领域的顶尖科学家开展实质性合作。

2. "十四五""1+3"规划

研究所《"十四五"发展总体规划》《"十四五"科技发展规划》《"十四五"人才发展规划》于2022年1月经所务会审议通过后印发，《"十四五"条件建设规划》于2022

年8月经所务会审议通过后印发。

（1）《"十四五"发展总体规划》

规划明确研究所"十四五"总体思路如下。"十四五"时期，研究所坚持以习近平新时代中国特色社会主义思想为指导，全面贯彻落实党的十九大和十九届二中、三中、四中、五中全会精神，立足新发展阶段、贯彻新发展理念、构建新发展格局，深入贯彻习近平总书记"四个面向"重要指示精神，以"跃居农业环境科技国际前沿、服务国家农业绿色低碳高质量发展和乡村振兴"为使命，以建设"特色鲜明、国际一流"现代研究所为目标，坚持"一条主线"，瞄准"两个一流"方向，强化"三个支撑"，遵循"四个原则"，实现"五个提升"，努力抢占农业农村碳达峰碳中和、农业农村生态环境治理的科技制高点和话语权，为新发展阶段全面推进乡村振兴、加快农业农村现代化、实现碳达峰碳中和目标开好局、起好步贡献智慧和力量。一条主线：以科技创新为主线。两个一流："建设世界一流学科、建成世界一流科研院所"。三个支撑：着力强化"人才队伍、条件平台、体制机制创新"三个支撑。四个原则：坚持"科技立所、人才强所、改革兴所、协同办所"原则。五个提升：全面提升"科研核心竞争能力、高素质队伍建设能力、条件支撑保障能力、国际合作交流能力、现代院所治理能力"。

规划提出研究所"十四五"的发展目标如下。经过5年的努力，研究所综合实力得到显著提升，在农业环境领域的全国科研机构名列前茅；优势学科达到国际一流水平，新兴学科达到国内领先水平；在农业农村环境治理领域的关键性技术突破、技术集成模式创新等方面取得重大进展；高层次科技人才队伍规模和质量双提升，4支队伍体系较为完备；实验室、中试、转化、基地体系完备，牵头或参与建成一批农业绿色低碳产业集成示范项目；"人才队伍、条件设施、体制机制"互为支撑、协调发展；国内外交流合作更加深入、有效；内部管理体制机制更为科学、完善，党建工作更加坚强有力，现代化院所建设取得实质性进展。到2035年，基本实现建设世界一流学科和世界一流科研院所的战略目标，初步成为农业农村绿色发展的科技创新中心、创新人才高地，真正成为国家倚重、国际一流的国家农业战略科技力量。

规划提出"十四五"重点工作任务如下。围绕加快培育优势学科、强化关键技术集成创新、打造卓越人才队伍、强化支撑条件保障、提升成果转化水平、深化国内外交流合作、推进现代科研院所治理体系建设、加强党建和创新文化建设等8个方面重点任务。

（2）《"十四五"科技发展规划》

规划提出"十四五"研究所科研具体目标如下。一是发展优势特色学科，提升学科整体水平。研究所五大学科水平得到整体提升，1~2个学科方向达到世界一流水平，2~3个学科方向达到国内领先水平。二是突破关键瓶颈技术，支撑国家重大行动。争取研发10项以上核心关键新技术、新产品与新装备，力争5~8项列入农业农村部等政府部门主推技术，争取3～5项入选部级年度重大新科技新产品，编制15项以上国家/行业标准，提出5项以上经党和国家主要领导人批示的重大咨询报告，支撑国家重大行动。三是提升创新能力，培育重大成果。争取承担国家级竞争性项目5～8项；力争获国家级成果奖励1～3项，省部级科技成果奖励10项以上；以发表在国际顶级学术期刊的标志性论文为支撑的重大科学发现2～3项，年均学科TOP5期刊论文25篇以上；获有效发明专利授权150件以上。四是建设卓越团队，引育领军人才。打造卓越团队体系，其中国际知名创新团队3个、国内领先创新团队7个、行业特色创新团队1个；加大领军科学家引育力度，构筑集聚国内外人才的农业环境创新高地。五是打造一流平台，支撑科技创新。推动2～5个实验室、实验站、中试平台等科学研究平台建设，提升科学方法研究平台和大数据平台支撑能力，提升仪器平台共享服务能力。六是拓展合作交流，提升国际影响力。建设2～3个国际联合实验室或公共平台；与国际顶尖的10个研究单位和20位相关领域的顶尖科学家开展实质性合作。七是完善创新机制、营造创新氛围。健全以创新能力、质量、实效、贡献为导向的科技评价体系，有利于高效运行的科研管理制度，提高科技成果转化成效的分配办法，尊重劳动、尊重知识、尊重人才、尊重创造，全面塑造创新、实干驱动发展的新优势。

规划明确研究所的重点研究任务如下。①开展农业应对气候变化实现碳中和路径和技术研究，实现农业稳产、粮食增产、品质提升等多重目标，支撑国家碳达峰碳中和目标的实现：农业减排固碳关键技术研究、碳中和愿景下农业适应与减排协同技术研发。②突破农业种养废弃物增值利用与污染防控关键技术，提升农业智能化、工厂化水平，支撑农业绿色低碳高质量循环发展：种植废弃物清洁转化与高值利用技术研究、畜禽废弃物增值利用与气载污染物控制技术、种养废弃物设施农业循环利用关键技术。③创新旱地农业智慧抗旱节水关键技术，防范灾害风险缓解水资源短缺，发挥作物生产潜能增强农业生产系统韧性，实现作物优质生产与资源高效利用协同发展：旱地农业气象灾害监测预警与风险防范关键技术研究、旱地农业抗旱节水材料与装备研制、旱地农业适水提质增效关键技术研究及应用。④构建土壤健康与流域清洁技术保障体系，推动重点区域农业农村生态环境保护，保障国家粮食安全和农业绿色发展：流域农业农村面源污染协同防控关键技术、寒旱区厕改及其粪污资源化利用技术、寒旱区厕改及其粪污资源化利用技术。⑤创制农业纳米药物与新型农膜等绿色投入品，加强农业前沿与交叉融合技术创新，推动实现农业投入品的绿色和高效：农业靶向药物与纳米生物制剂、农业靶向药物与纳米生物制剂、农业大数据与人工智能技术应用。

（3）《"十四五"人才发展规划》

规划明确"十四五"人才发展目标如下。到2025年，构建起完备的符合农业农村环境科技创新规律和人才成长规律的人才制度体系，进一步优化科技创新人才队伍结构，建成一支具有国内领先实力和持续创新能力、能够解决关系国家农业农村环境可持续发展"卡脖子"问题和关键核心技术需求的高水平创新人才队伍和业务能力突出、精干高效、职业化发展的管理、支撑、转化人才队伍。顶端人才引育实现突破,助推一批中青年领军人才脱颖而出,优化科技创新生态,自主创新能力和人才竞争实力明显增强,成为农业农村科技环境领域重要人才中心和创新高地。形成各类人才有序衔接、梯次配备、分布合理、富有活力的干部人才发展体系,打造一支强有力的国家农业战略科技力量,为实现世界一流学科和一流科研院所的建设目标提供坚强组织保证和人才支撑。到2025年,编制内人员规模达到240人左右,培养工程院院士1名,顶端人才实现突破,新增农科英才领军人才3~4名,引育国内外优秀青年英才8~10名。编内编外职工队伍融合发展,管理队伍服务意识明显提升,支撑队伍保障能力大幅增强,转化队伍效能显著提高,博士后队伍"人才战略储备库"功能不断强化,在站博士后人数增加50%以上。45岁以下中青年人才成为科技创新主力,占比保持在70%以上,45岁以下团队首席占比保持在20%以上,处级干部平均年龄保持在47岁以下,逐步实现40岁左右正处长、35岁左右副处长分别达到处级干部总数的15%。高层次领军人才平均年龄降至51岁以下,45岁以下团队首席占比达到20%。人才学历和职称结构不断优化,具备研究生学历人员占比保持在85%以上,其中科研人员中具有博士学位的占比超过90%。

规划提出人才发展重点任务如下。①打造卓越科技创新人才队伍,实施顶端科学家支持计划、实施领军科学家引育计划、实施青年科技骨干助推计划、实施后备人才队伍培养计划;②建设高效管理支撑团队,加强中层干部队伍建设、提升科研管理效能、提升科研管理效能、培养专业化转化人才队伍;③完善人才发展体制机制,完善人才引育机制、完善选拔使用机制、完善考核评价机制、完善绩效激励机制;④营造良好科技创新生态,强化精神引领激发内生动力、打造和谐包容的创新氛围、营造风清气正的创新环境、深入推进科研"放管服"。

（4）《"十四五"条件建设规划》

规划明确提出"十四五"条件建设总体目标如下。到2025年,研究所重大科技基础设施谋划有所突破,试验基地体系布局初具规模,建设以"所区科研中心-综合基地-专业基地"硬件条件平台支撑体系,所区、试验基地基础设施和仪器装备相对完善,为建设世界一流学科和世界一流科研院所提供有力支撑保障。到2035年,研究所重大科技基础设施建设有所突破,试验基地体系布局合理、功能完善,试验基地建设标准化、信息化程度高,实验试验体系仪器装备精良,基本实现建设世界一流学科和世界一流科研院所的条件支撑保障。

规划提出"十四五"条件建设重点任务如下。一是谋划农业绿色低碳重大科技基础设施立项建设;二是提升试验基地条件支撑能力,包括北京顺义基地、山西寿阳基地、北京南口基地、西藏那曲基地、湖南岳阳基地、山东东营基地;三是提高实验室条件支撑能力：改善科研用房和仪器设备条件。

（二）规章制度建设

1. 研究所章程

为贯彻落实国家关于深化科技体制改革要求、推动管理机制创新、健全现代科研院所制度、推进依法治所，研究所于2020年7月正式启动章程制定工作，经反复修改完善，制定完成了《中国农业科学院农业环境与可持续发展研究所章程（试行）》，经所党委会、所务会审议并原则通过，报中国农业科学院审核，2022年4月26日中国农业科学院正式批复（农科院办〔2022〕57号）。2022年5月7日《中国农业科学院农业环境与可持续发展研究所章程（试行）》正式在所内印发实施（农科环发办〔2022〕20号）。章程分为10章：总则、党的领导、领导体制、专项工作委员会、职工代表大会、组织管理、科技管理、人事人才管理、财务与资产管理、附则。

2. 综合政务管理制度

为进一步提升管理工作制度化、规范化水平，研究所分别于2021年、2022年制定修订《研究所工作规则》，对研究所的决策原则、工作机制、会议制度、公文办理、大事记、请示报告制度等进行规范。2015年制定《"三重一大"决策制度实施办法》，2021年修订为《"三重一大"决策制度实施细则》，对"三重一大"事项范围、决策程序等进行规定。2017年制定《会议费管理实施细则》，2020年按修订后的院会议管理办法有关要求修订研究所《会议管理实施细则》。2021年、2022年分别制定修订《印章管理办法》，对印章刻制、印章管理、使用审批等进行规定；2022年制定《合同管理办法》，对合同管理机构及职责、合同审批、合同签订等进行规定。2020年制定《工作微信群和QQ群管理办法》。

3. 科研与项目经费管理制度

为规范科研项目经费使用，研究所于2014年、2022年分别制定修订《差旅费管理办法》；2015年制定《专用材料费管理规定》；2017年制定《科研项目间接费用管理办法》和《科研项目经费预算调整办法》；2015年、2017年分别制定修订《科研经费信息公开实施细则》；2017年、2021年分别制定修订《科研项目结转结余资金管理办法》；针对创新工程经费管理于2015年制定《科技创新工程专项经费管理实施细则》，2017年和2022年分别制定修订《创新工程经费审批规定》；针对基本科研业务费管理于2020年、2021年分别制定修订《基本科研业务费专项管理实施细则》；针对自然科学基金经费管理于2022年制定《国家自然科学基金"包干制"项目经费管理办法（试行）》。

制定印发的其他科研管理类制度：2018年制定《科技传播工作实施细则》，2021年制定《科研诚信和信用管理细则（试行）》《科研档案管理实施细则（试行）》。

4. 国际合作管理制度

为加强国际合作管理，研究所于2014年制定《出国经费与外宾接待经费管理办法（试行）》，于2017年、2021年分别制定修订《国际合作管理办法》。

5. 人事管理制度

为规范人员与劳资等方面的管理，研究所制定印发人事管理制度：2017年制定《劳务费发放与领取管理办法》、修订《编制外聘用人员管理办法》，2018年修订《博士后工作管理办法》，2021年制定《岗位设置和聘用管理实施细则》《收入分配管理办法（试行）》《高级专家延迟退休管理办法》，2022年修订《收入分配管理办法》。

6. 绩效奖励管理制度

为进一步规范完善绩效奖励管理工作，研究所2017年制定《创新工程岗位绩效薪酬分配实施细则（试行）》，2018年制定《管理奖励办法》《先进集体、先进工作者评选办法》，2019年制定《科技奖励实施细则》，2022年制定《稳定性科研专项奖励经费管理办法》。

7. 研究生管理制度

为加强研究生培养管理，研究所制定印发研究生管理制度：2019年制定《研究生奖励办法》，2022年制定《研究生教育管理办法（试行）》《客座学生管理办法（试行）》《研究生回所课程教学管理办法（试行）》《研究生招生考试自命题工作管理办法（试行）》《研究生奖励办法（试行）》《研究生学业奖学金评选办法》《研究生学习室座位安排及出入审批规定》等。

8. 财务与资产管理制度

为规范财务与资产管理方面各项工作，研究所2017年制定《仪器设备采购与管理实施细则》、修订《政府采购管理办法》，2021年制定《会计档案管理办法》，2022年修订《公费医疗管理办法》《资金审批管理办法》。

9. 成果转化管理制度

为规范加强成果转化与知识产权管理，研究所2015年制定《科研副产品收入管理规定》，2017年制定《横向经费使用管理实施细则》《联合实验室管理办法》，2021—2022年制定修订《科技成果转化管理办法》《横向科研项目及经费管理办法》《知识产权管理办法》，2022年制定《科研副产品管理办法（试行）》。

10. 条件保障管理制度

为规范加强条件保障与相关管理工作，研究所2019年制定《公务用车管理办法（试行）》《实验室废弃物处置规定（试行）》《易制毒危险化学品安全管理制度（试行）》《易制爆危险化学品安全管理制度（试行）》《科研物资采购管理办法（试行）》《气瓶间安全管理制度（试行）》，2020年制定《垃圾分类管理办法》，2021年制定《办公和实验用房管理办法（试行）》《会议室服务管理办法（试行）》，修订《公务用车管理办法》。

11. 党建与党务管理制度

为加强党的建设和规范党务管理，所党委于2015年、2022年分别制定修订《党委工作规则》，2015年、2021年分别制定《党委理论学习中心组学习制度》《党委理论学习中心组学习实施细则》，2021年、2022年分别制定修订《党支部工作细则》，2021年、2022年分别制定修订《党建活动经费管理办法》，2021年、2022年分别制定《先进基层党组织、优秀共产党员、优秀党务工作者评选表彰办法（试行）》《"两优一先"表彰管理办法》，2021年制定《党费收缴、使用和管理办法》，2022年制定《党组织落实意识形态工作责任制实施细则》。

12. 其他管理制度

为加强工会经费支出管理，研究所2018年制定《工会经费支出管理暂行办法》。

为保障职工参与研究所民主管理权力，研究所2021年制定《职工代表大会条例》。

二、议事决策机制

2013年至2020年上半年，按照研究所相关会议制度规定，研究所实行所长会、所长办公会、党委会、党政联席会、所务会等集体议事决策制度。

2020年下半年以来，研究所组织制定修订了研究所章程、所工作规则、所党委工作规则等制度，明确实行所务会、所常务会、所党委会、所长办公会和职工代表大会等集体议事决策制度，进一步细化、规范各类会议的议事范围和会议程序。

所务会由所长召集和主持，所领导班子成员、所属各部门主要负责人和团队首席组成。主要任务是传达贯彻上级工作部署，通报重要事项；听取工作汇报，部署重要工作；讨论决定研究所重大事项；讨论审议研究所发展规划、重要改革方案和重要规章制度；讨论审议年度经费预决算等事项。

所常务会由所长召集和主持，所领导班子成员组成，所办公室主要负责人列席。所常务会实行末位表态制。根据研究议题，可安排议题涉及部门主要负责人列席，其他有关人员由议题主办部门确定。主要任务是传达贯彻上级重要指示和决定，审议研究人才队伍建设等工作，研究决定重大决策、重大项目安排、大额度资金使用等事项。

所党委会由所党委书记召集和主持，所党委委员组成，党委办公室主任列席，根据需要可邀请其他有关人员列席；主要任务是研究贯彻农业农村部党组、中国农业科学院党组和直属机关党委的工作部署，研究向院党组和直属机关党委请示报告的重要事项，讨论研究党支部和党员队伍建设工作；凡涉及改革发展稳定和事关职工群众切身利益的重大决策、重要人事任免、重大项目安排、大额资金使用等"三重一大"事项，党委必须参与决策，党政主要领导要充分酝酿、沟通协调，所党委应当及时召开党委会或党委扩大会研究讨论，形成集体意见后，再提交所常务会研究决定。坚持党管干部、党管人才原则，所党委在研究所选人用人中发挥主导作用。

所长办公会是处理所日常业务工作的会议，由所领导召集和主持，按分管业务范围，研究处理有关工作，有关部门负责人和相关人员参加，根据工作需要随时召开。主要任务是贯彻执行上级部门指示精神和所常务会、所务会的决定；研究提出工作建议；组织协调和研究推进有关工作。

三、印章管理

截至2022年12月底，研究所印章主要包括：印章包括中国农业科学院农业环境与可持续发展研究所印章、钢印；中国农业科学院农业环境与可持续发展研究所党委、纪委、工会印章；法人代表签字章；中国农业科学院农业环境与可持续发展研究所学术委员会印章；所专用印章（包括合同专用章、财务专用章、发票专用章）；所属职能部门的印章；所属支撑部门的印章（包括中国农业科学院农业环境与可持续发展研究所分析测试中心检测专用章、中国农业气象编辑部）；上级部门批准的机构印章〔包括农业农村部畜牧环境设施设备质量监督检验测试中心（北京）、农业农村部动物产品质量安全环境因子风险评估实验室（北京）、中国农业科学院农业立体污染防治与产地环境质量研究中心、中国农业科学院温室气体减排审定与核证专用章〕等具有法律效力的印章。

所印章、法人代表签字章、合同专用章由所综合政务管理部门专人负责管理；所党委、纪委、工会印章由所党委办公室专人负责管理；所学术委员会印章由所科研管理部门专人负责管理；所财务专用章、发票专用章由所财务管理部门专人负责管理；所属职能部门和支撑部门的印章由相关部门专人负责管理；上级部门批准的机构印章由行使相应职能的相关机构专人负责管理。

研究所印章使用实行严格的审批制度，经有审批权的各级领导在各自的职责权限范围内批准使用。

四、宣传工作

2013年以来，研究所高度重视对外宣传工作，通过主流媒体、院门户网站、院报、院每日要情、所门户网站以及所微信公众订阅号等媒介载体，对研究所重大科研进展、标志性科研成果、重要改革发展举措、大型学术交流会议和活动、先进人物和典型事迹等开展宣传报道，提升对外影响力。

研究所门户网站于2001年2月建成投入使用，是研究所对外宣传交流的重要窗口、文化与意识形态建设的重要阵地。2006年5月，注册申请网站域为www.ieda.org.cn，2014年9月网站进行了ICP备案。2016年在工信部信息系统安全等级保护定级备案时，确定为等级保护二级网站。2017年网站重新建设改版。2017年5月，按照《中国农业科学院关于印发"十三五"科研管理信息化工作方案的通知》，实现院所两级门户网站一体化管理，完成院中文网站升级和迁移，新增中国农业科学院二级域名ieda.caas.cn，同时保留一级域名www.ieda.org.cn。研究所门户网站实行专人管理与维护。

2022年，为进一步健全研究所新闻宣传工作体制，研究所组建了一支宣传员队伍，明确各部门、各团队设置1名兼职宣传员，加强新闻稿件和信息报送，外树形象、扩大影响。

2017—2018年度、2019—2020年度，研究所获得中国农业科学院科技传播工作先进单位。

五、档案管理

研究所对档案工作一直比较重视，认真执行国家和院档案管理相关规定，同时根据研究所实际，逐步建立健全并规范档案归档、借阅等机制和制度。

2015年，研究所档案库房由行政楼四层搬到地下一楼，档案库房面积扩增至300 m²，档案室共有6间档案室、1间办公室。档案室共分为六大类档案，包括气象所档案、生防所档案、环发所文书档案、实物档案、财务档案、基建档案。

2021年以来，为进一步强化我所档案管理工作，明确相关部门工作职责，提升文书档案归档数量和质量，保证有关工作资料及时、完整、规范归档，2021年4月研究所印发《关于进一步做好文书档案归档工作的通知》，建立健全档案管理工作体系，明确相关部门职责，所综合政务管理部门负责组织、指导、督促各部门做好文书档案的立卷归档工作，负责管理研究所档案库房，并组织接收各部门移交的档案、提供档案查阅服务。按照"谁形成、谁收集、谁整理、谁归档"的原则，以各部门为独立的立卷单位，负责本部门档案的收集、整理、预立卷和归档等工作，可明确1名兼职档案员，也可根据实际情况按档案类别设立多名兼职档案员。

研究所科技档案、会计档案、基建档案分别由研究所科研管理部门、财务管理部门、基建管理部门具体负责组织立卷归档工作，按照各自形成的规律和相关规定进行年度或分阶段归档，定期向所档案库房移交。

人事档案由人事部门单独管理、单独保存。

第二节　科研管理

一、学科建设

2013年，根据中国农业科学院科技创新工程的要求，对原有的4个学科领域、15个重点研究方向和26个课题组进行了精心梳理和合理重组，确定了农业气象学、农业水资源学、农业环境工程学、农业生态学和纳米农业技术应用学5个学科领域，设立农业温室气体与减排固碳、气候变化影响与农业气候资源利用、农业气象防灾减灾、生物性节水与旱作农业、农业水生产力与水环境、设施植物环境科学与工程、畜牧环境科学与工程、退化及污染农田修复、农业清洁流域、多功能纳米材料及农业应用10个研究方向。

2019年，按照科技创新工程全面推进期调整改进工作要求，研究所结合学科建设，重点围绕农业气象、水资源与水环境这两个传统优势学科进行整合重组。一是"农业温室气体与减排固碳团队"改名为"气候变化与减排固碳团队"，"气候变化与农业气候资源利用团队"改名为"智慧气象与农业气候资源利用团队"，进一步厘清团队界限，强化智慧农业气象和品质气象研究；二是将原"生物节水与旱作农业团队""农业水生产力与水环境团队"交叉重叠的部分进行重组优化，继承和强化旱农等优势学科方向，重组成新的"生物性节水与旱作农业团队"，新组建"节水新材料与农膜污染防控团队"，促进农业材料工程新兴学科建设。

同年，研究所重点开展了针对五大学科建设的系列研讨，引进外智帮助梳理学科重点研究方向，编制了《研究所一流学科建设方案》，明确提出要发挥学科建设的"龙头"作用，推动各类科技资源集聚，提升学科核心竞争力。核心内容：加强与信息学等新兴学科交叉融合，推进现代多维多尺度新技术在农业气象领域的应用；加快微生物宏基因组学等新兴科技要素应用，升级农业水资源与环境传统学科；深化农业生态学与分子生态学、环境生态学的交叉；加强与生物技术、人工智能等融合应用，发展农业生物环境调控理论与技术装备；开展多学科交叉的集成创新，推进纳米科技、材料学等与农学的融合应用，建设农业材料工程新兴学科。使研究所学科体系更加丰富合理，整体布局更加适应我国农业绿色低碳高质量发展战略需求和世界农业环境科技发展趋势。

2020年，新组建"种植废弃物清洁转化与高值利用团队"，进一步增强了农业生物环境工程学科力量。

二、科技创新工程

2013年，中国农业科学院启动科技创新工程，研究所积极开展学科、团队、平台、项目、机制一体化布局，组织编制并提交中国农业科学院科技创新工程试点工作方案申报书。

2014年，研究所作为第二批试点研究所正式进入中国农业科学院农业科技创新工程。根据科技创新工程的总体要求与部署，围绕确立的5个优势与新兴学科领域和10个重点研究方向，成立了由所领导和同行专家组成的创新工程评估委员会，负责团队发展定位、重点方向优化、岗位设置审定、首席科学家遴选、中期评估和试点期考核；成立了由管理人员和团队首席科学家组成的创新任务执行组，负责研究决定学科创新任务、人才引进、平台建设和国际合作等重大事项；组建了10个科研创新团队、1个管理创新团队和1个支撑服务团队；初步建立决策、执行、支撑、服务"四位一体"的组织管理模式，制定了包括团队首席负责制、竞争流动制和青年人才培育计划等目标清晰、责任明确的科技创新管理机制。

2015年，研究所编制了《"十三五"科技创新工程发展规划》并重点开展了创新工程相关配套政策制度的完善与修订，持续发挥科技创新工程对科研的引领作用。

2016年，研究所在中国农业科学院科技创新工程"试点期"综合评估中获得"优秀"等级。研究所组织专家对10个创新团队试点期（2014—2015年）工作完成情况进行绩效评估，畜牧环境科学与工程、农业温室气体与减排固碳2个团队绩效考评为"优秀"，生物节水与旱作农业、农业水生产力与水环境、气候变化与农业气候资源利用、设施植物环境工程、退化及污染农田修复、多功能纳米材料及农业应用6个团队绩效考评为"良好"，农业气象灾害防控、农业清洁流域2个团队绩效考评为"一般"。

2018年，中国农业科学院开展创新工程全面推进期中期（2016—2018.6）评估，研究所采取了定量定性相结合的方式对创新团队进行评估，其中，设施植物环境工程、农业清洁流域、生物节水与旱作农业3个团队评估为"优秀"，农业气象灾害防控、畜牧环境科学与工程、农业水生产力与水环境3个团队评估为"良好"，多功能纳米材料及农业应用、农业温室气体与减排固碳、退化及污染农田修复3个团队评估为"一般"，气候变化与农业气候资源利用团队评估为"较差"。在院对所的评估中，研究所再次获得"优秀"等级。

2019年，研究所根据中国农业科学院科技创新工程全面推进期中期评估结果，开展调整改进工作。逐个梳理创新团队的方向、目标、任务、岗位，厘清团队界限，"气候变化与农业气候资源利用团队"改为"智慧气象与农业气候资源利用团队"，"农业水生产力与水环境团队"调整为"节水新材料与农膜污染防控团队"，并重新遴选了团队首席。

2021年，研究所在中国农业科学院科技创新工程全面推进期期满考评中再次获得"优秀"等级，从研究所层面、科研团队层面系统总结5年工作成效和代表性成果，分析问题不足、提出改进措施，进一步厘清"十四五"学科重点方向与使命定位。对照中国农业科学院十大使命清单（78项任务），组织自下而上创新团队、研究所的使命清单，从研究所层面提出5个项目清单，推动研究方向更加明确聚焦、特色优势更加凸显。研究所对各创新团队推进期执行情况进行了定量定性考核，其中，畜牧环境科学与工程、设施植物环境工程、生物节水与旱作农业3个团队考评为"优秀"，节水新材料与农膜污染防控、退化及污染农田修复、气候变化与减排固碳3个团队考评为"良好"，农业清洁流域、农业气象灾害防控、智慧气象与农业气候资源利用、多功能纳米材料及农业应用4个团队考评为"一般"。

截至2022年年底，研究所9年共计获得中国农业科学院科技创新工程经费支持2.39亿元，在该经费支持下，研究所持续深化机制改革，壮大人才队伍，夯实创新平台，拓展国际合作，培育重大成果，各方面取得了明显进步，呈现出蓬勃发展的新气象。在协同创新领域，研究所牵头院协同创新任务2项，院创新工程重大项目2项。

三、项目管理

（一）竞争性项目

研究所竞争性科研项目以国家科技计划项目为主，是引领和指导科技创新的重要载体，体现了国家意志、政策取向、战略布局和发展重点，是研究所持续稳定发展的重要组成部分。

"十二五"期间，中央财政科技计划管理改革试点工作全面启动。研究所共承担各类研究项目（课题）350项，其中主持项目（课题）291项，参加59项，合同经费4.84亿元，留所经费1.89亿元。其中主持国家"863"计划项目1项、"973"计划项目1项、农业公益性行业科研专项项目2项、科技基础性工作专项1项、"948"项目6项、国家科技重大专项（水体污染治理）课题4项、国家"973"计划课题2项、国家科技支撑计划课题11项、国家自然科学基金项目55项、科技部国际科技合作计划项目2项、国际合作项目59项、农业部财政专项及其他类项目65项。在农业适应气候变化、气象灾害防控、畜禽污染物控制、智能化植物工厂研制、中低产田改造、旱农高效用水与固碳减排、循环农业污染减控、作物远程监控与诊断等方面汇集了一批优秀的科研团队及人才，在农业气候变化、农业防灾减灾、旱作节水农业、动植物环境工程、退化环境修复等领域的研究处于国内领先水平，具有雄厚的科研实力，在政府决策、农业环境可持续发展和农业生产技术提升方面发挥了重要的技术支撑作用。

"十三五"期间，中央财政科技计划管理改革深入推进。中央和相关部委制定出台了一系列政策文件，深化"放管服"、完善科研项目和经费管理、提升科研项目绩效方面、加强科研项目监督、加强作风建设。研究所聚焦科研项目和经费管理相关政策和改革举措落地"最后一公里"，严格按照国家有关政策规定和权责一致的要求，适时制修订科研项目间接经费、结转结余经费、科技档案、科研诚信等相关管理制度合计12项，落实科研项目实施和科研经费管理使用的主体责任，保障项目顺利实施。"十三五"期间，研究所共承担各类研究项目（课题）449项，其中主持项目（课题）367项，参加82项；合同经费10.69亿元，留所经费2.97亿元。其中主持国家重点研发计划常规项目4项和国合项目3项、国家重点研发课题24项、国家水体污染重大专项课题7项、国家自然科学基金项目108项、公益性行业（农业）科研专项项目1项、国家重大科学研究计划项目1项、国家"863"计划项目1项、"948"项目3项、国家科技支撑计划课题9项、农业农村部财政专项57项。主要在畜禽粪污和秸秆资源化利用、设施农业生产LED关键技术、粮食主产区主要作物气象防灾减灾、林果水旱灾害监测预警与风险防范、环境友好型地膜覆盖技术等领域组织全国科研力量进行联合攻关。

"十四五"以来，中央财政科技计划管理改革持续深入。国务院办公厅发布《关于改革完善中央财政科研经费管理的若干意见》，在扩大科研项目经费管理自主权、完善科研项目经费拨付机制、加大科研人员激励力度等7个方面，提出25条"松绑+激励"措施，减轻科研人员负担。科技部、财政部、自然科学基金委发布《关于进一步加强统筹国家科技计划项目立项管理工作的通知》，建立联合审查机制，防止立项重复分散；科技部等22个部门联合发布《科研失信行为调查处理规则》；科技部等5个部门联合发布《关于开展减轻青年科研人员负担专项行动的通知》，支持优秀青年科研人员独立承担国家科技计划项目。研究所着手出台所内《纵向科研项目管理办法》，落实科研项目和经费管理改革新政策。

研究所科研管理部门全面负责组织各级各类纵向科研项目（课题）的日常管理。在申报阶段，研究所鼓励和支持科研人员围绕团队研究方向多渠道申报或联合申报项目。由科研管理部门收集和发布项目申报指南等通知，并根据指南要求和内容，组织全所相关科研人员进行项目申报。项目申请人提前将拟申报的意向报科研管理部门备案，如有限项申报要求，由研究所组织专家遴选，择优推荐申报。申请人按照项目申报指南和管理办法等编写立项申请材料，并将申报材料报送科研管理部门，经审核同意后按规定报送项目主管部门。如项目获批，负责人按照主管部门要求编报项目任务书，经科研管理部门审核，按相关规定签订任务书。任务书交由研究所统一管理。在执行阶段，由项目负责人全面负责项目的组织实施，科研管理部门和各科研团队负责人协调、监督项目执行。项目负责人按要求填写相关科技统计数据和科研工作总结，于每年年底前将项目执行情况报科研管理部门，由科研管理部门审核后报项目下达单位。如在研项目负责人发生调离、退休或其他因不可抗力导致变更的情况，由负责人提出，科研管理部门按该类项目管理办法报告项目主管部门，按要求变更或终止该项目；或委托项目组其他在职在岗人员负责办理执行日常事务，保障项目任务顺利完成。项目执行期满，根据任务下达部门要求，及时进行结题验收或绩效评价。项目形成的科学数据、自然科技资源等，按照国家规定开放共享并提交科技报告。项目主管部门根据有关规定和项目实际情况审定验收，并出具验收意见书。科研管理部门和财务管理部门分别做好技术验收和财务验收的协调工作。

（二）基本科研业务费专项

2006年，中央财政设立"中央级公益性科研院所基本科研业务费专项资金"（简称"专项"），主要用于支持公益科研院所的科研人员和团队开展符合公益职能定位，代表学科发展方向、体现前瞻布局的研究工作。作为中央财政科技投入的重要方式之一，专项具有长期稳定支持的机制，弥补了研究所竞争经费带来的不足。

2016年，财政部发布《中央级公益性科研院所基本科研业务费专项资金管理办法》，研究所结合实际情况出台了《中国农业科学院农业环境与可持续发展研究所基本科研业务费专项管理实施细则》，并于2022年适时修订该项办法，明确了各部门层级职责，简化任务立项和管理过程，落实预算调剂、奖励经费管理、劳务费管理、结余资金使用等"放管服"改革相关管理要求，加强经费信息公开和内控监督。

2016年起，专项支持方式有所变化，分为院级统筹部分和所级统筹部分。院级统筹部分重点支持乡村振兴科技支撑、科技创新联盟建设、学科力量优化布局、平台提质增效、重大成果提升培育、农业国际科技合作交流、农业智库建设和应急性科研工作。所级统筹部分重点支持部院下达的行业基础性、支撑性、应急性科研工作任务以及符合研究所发展规划的自主选题工作，对创新工程已有支持的协同创新任务、人才任务等，专项不再进行重复支持。

2019年起，为进一步突出专项经费稳定支持开展科研工作的定位，进一步做好与创新工程的衔接与区分，所级统筹部分采取定向择优委托和竞争性任务相结合的方式确定科研任务与承担单位及团队，由科技管理部门牵头组织相关业务部门和团队，围绕研究所中心工作，提出年度专项工作支持重点，并统筹考虑农业农村部下达任务、委托研究项目和应急性项目等，编制年度申报指南，明确支持重点与各类项目的申报要求，发布全所。

在组织管理方面，开展了以下工作。一是组建由相关学科专家、财务和管理专家组成的专项管理咨询委员会，负责具体评议和遴选专项经费支持任务和负责人。研究所科技处和相关部门按照任务分工，统筹推进，形成相互支持、上下联动、协调高效的专项工作合力。二是立项任务全面严格按照部、院以及所的制度规范落实及执行。在严格执行专项相关管理制度的基础上，加强对在研项目的实时跟踪，开展年中工作任务和季度预算执行提醒工作，及时了解执行现状与成效。三是科研管理部门会同财务管理部门，依据项目验收工作规范，加强对各项任务的验收管理，确保专项任务目标的实现和项目资金使用合理规范。

2013—2022年，研究所共获得基本科研业务费专项经费资助6 487.3万元，其中，2018—2019年经费投入大幅增加，2020年起受疫情影响财政部对预算总额进行了压减，但所内专项经费用于资助40周岁以下青年人员比例逐年增加，至2022年已达总经费的80%（表8-1）。

从"十二五"到"十三五"，专项由原本的对弱势学科扶持，逐步转变为对优势学科重点支持，加快优势学科研究领域中新生长点的产生，并以传统优势基础学科为依托，积极推进新兴学科，培育新的学科增长点，同时通过对短期没有获得国家其他项目直接资助的基础性学科和基础性工作提供持续经费保障，在稳定和强化学科发展方面发挥了积极有效的作用。

表8-1　2013—2022年研究所基本科研业务费资助情况

年份	所级资助项目数/项	所级资助金额/万元	院级资助项目数/项	院级资助金额/万元	总经费/万元
2013	31	390	0	0	390
2014	27	390	1	25	415
2015	25	390	1	20	410
2016	24	471	10	285	756
2017	26	427	4	115	542
2018	28	421	14	605	1 026
2019	34	516	14	545	1 061
2020	32	324	11	232	556
2021	29	383	10	310	693
2022	33	374	10	264	638

2020年，为进一步加强专项绩效管理，农业农村部对2017—2019年三院承担的专项任务进行了绩效考核，研究所获得100分。10年来，以专项任务为切入点，成功孵化国家自然科学基金项目40余项，主持国家重点研发计划项目2项，主持和参加北京市自然科学基金项目、国家重大科技专项水专项课题、国家重点研发计划项目课题等30余项。发表论文300余篇，其中SCI检索期刊论文180余篇，主编或参编著作30部，获授权专利80余项，获中国农业科学院青年科技创新奖等省部级科技成果奖励6项。在人才培养方面，培育了国家高层次人才1名，农业农村部杰出青年农业科学家1名，中国科协青年科技推举计划人才入选者3名，30余名青年科技工作者顺利晋升副研究员和研究员，逐步培养科研水平高、创新精神强的青年科学家。新增多位专家在国际机构（期刊）任职并参加国际会议并作相关报告，进一步加强同国际同行专家的交流与合作。

四、成果管理

成果管理主要包括组织开展成果评价和科技奖励申报。在科研项目完成验收或通过绩效评价后，科研管理部门协助项目负责人及时梳理总结，凝练形成科研成果。对取得重要突破和有推广应用价值的研究，及时与各级成果管理部门协调，配合组织召开成果评价会，积极申报相关科技奖励。为充分调动科研人员积极性、不断激发科研团队自主创新能力，研究所于2018年和2020年分别对《研究所科技奖励实施细则》进行了修订，对重大科技奖励成果、重大科学发现、重大产品创制和重大技术突破进行奖励，鼓励科研重大成果产出。

　　"十二五"和"十三五"期间，研究所以第一完成单位获得国家科技进步奖二等奖5项，省部级科技奖励23项，完成科技成果评价21项，在旱作农业关键技术与集成应用、畜禽粪便沼气处理清洁发展机制方法学和技术开发与应用、高光效低能耗LED智能植物工厂关键技术及系统集成、畜禽粪便污染监测核算方法和减排增效关键技术研发与应用、北方旱地农田抗旱适水种植技术及应用等方面取得重大突破；发表SCI/EI检索论文728篇，获授权专利328项，其中国家发明专利148项，制定国家标准7项，行业标准28项，地方标准37项，以第一作者出版著作120部，获软件著作权175项。各类研究成果在支撑国家气候谈判、农业气象防灾减灾、旱地农田高质量发展、中低产田改良、设施种养业环境调控与节能降耗，以及推动畜禽养殖业污染物排放总量和排放强度双降、解决农田地膜"白色污染"问题等方面发挥了重要的科技支撑作用。

五、学术委员会

　　研究所第二届学术委员会经院学术委员会批准于2011年底正式组建，2014年5月14日因研究所工作需要进行了调整。2019年，第二届学术委员会执行期满，按照中国农业科学院学术委员会章程要求，研究所民主协商推荐出第三届学术委员会委员，经报请院学术委员会审议，批复同意研究所成立第三届学术委员会（农科院学委〔2019〕1号）。学术委员依据研究所科技发展规划，结合中国农业科学院和研究所部署的相关工作，积极开展咨询工作，有效推动了研究所学科建设、平台建设、人才培养等工作，为研究所营造了良好的科研和学术氛围。

第二届（2011.11—2014.5）

主任委员：梅旭荣

副主任委员：张燕卿

委　　员：孟　伟　林而达　栗金池　朱昌雄　董红敏　李　勇　严昌荣　杨正礼
　　　　　李玉娥　杨其长　游松财　李保明　杨晓光　王春乙　杨林章　马义兵
　　　　　康绍忠　刘国强

秘　　书：刘国强

调整名单（2014.5—2018.12）

主任委员：张燕卿

副主任委员：董红敏、黄　耀

委　　员：马义兵　王春乙　朱昌雄　孙忠富　许吟隆　刘国强　李　勇　李玉娥
　　　　　李玉中　李保明　严昌荣　栗金池　林而达　孟　伟　杨正礼　杨其长
　　　　　杨晓光　杨林章　梅旭荣　崔海信　康绍忠　游松财　曾希柏　韩鲁佳

秘　　书：刘国强

第三届（2019.1—2020.6）

主任委员：张燕卿

副主任委员：董红敏、邵明安、张福锁

委　　员：林而达　黄　耀　刘树华　许吟隆　游松财　高清竹　梅旭荣　康绍忠

　　　　　孙占祥　巨晓棠　李玉中　严昌荣　于贵瑞　朱昌雄　严登华　曾希柏

　　　　　张晴雯　李保明　韩鲁佳　要茂盛　赵立欣　杨其长　郝志强　崔海信

　　　　　吴德成　郑永权　段留生　曾章华　刘国强

秘　　书：刘国强

调整名单（2020.6—）

主任委员：赵立欣

副主任委员：董红敏　邵明安　张福锁

委　　员：黄　耀　刘树华　高清竹　许吟隆　梅旭荣　张燕卿　康绍忠　孙占祥

　　　　　巨晓棠　于贵瑞　朱昌雄　严登华　曾希柏　张晴雯　李保明　韩鲁佳

　　　　　要茂盛　郝志强　崔海信　吴德成　郑永权　段留生　曾章华　刘国强

　　　　　刘布春　何文清　龚道枝　程瑞锋　姚宗路

秘　　书：刘国强

六、科技统计与科技档案

（一）科技统计

研究所将科技统计作为一项支撑服务科技管理的重要基础性工作。每年科研管理部门组织完成"科研机构改革与发展情况调查""国家级科研项目跟踪调查""北京地区科学技术统计调查""国家基础资源调查表""研究所评价""研究所科研奖励"等不同层级、不同口径和不同需求的科研数据统计。

（二）科技档案

随着国家科技体制改革步伐的不断加快，一系列科技政策相继发布实施，支撑了创新驱动发展战略的组织实施，对科研档案的管理利用也提出了更高的新要求。国家档案局、科技部于2020年发布了《科学技术研究档案管理规定》，研究所于2021年适时修订出台《科研档案管理实施细则》，明确科研档案定义、管理责任、归档范围、归档流程等，落实科研档案管理新要求。

10年来，研究所以每个研究室为单元，设置科技档案管理员，定期组织培训，集中整编多次，完成了"十一五""十二五"期间的科技档案整理、分类和编目工作。2022年，为便于归档工作开展，在每个创新团队设置科技档案管理员，组建科技档案管理队伍，通过组织召开研讨会，收集科研人员意见，邀请经验专家策划指导，组织开展针对性培训等，进一步加强"十三五"科技档案的集中统一管理，有效保护和利用科技档案，提升科技档案归档数量和质量，更好发挥其凭证、查考和科技储备的作用。

七、科研管理信息平台

研究所科研管理信息平台承载着全所科研信息管理的业务，服务于广大一线科研人员，实现业务数据的流动、控制、共享、分析和评价，推动数据驱动下的管理与决策信息化，提供全方位的数据保障与信息化管理工具，支撑研究所现代科研院所建设。

2012年开始，研究所启动建设科研管理信息平台。该平台功能以发布信息公告、成果登记和统计查询为主，为我所农业科研管理数据的信息化管理打下基础。

2017年开始，研究所全面升级科研管理信息平台。历经3年时间，新增并优化包括科研项目全过程管理、科研经费管理、科研成果管理、学术交流活动管理、人才队伍培养管理、绩效考核管理、科研诚信管理和统计查询等功能模块，完成研究所所内横向一体化功能开发，形成科研项目和产出数据库，实现了全所团队和个人绩效考核自动化评分，推动实现科研管理信息系统功能升级并有效运行，实现研究所科技管理基本工作流程线上化、科技统计数据数字化、绩效评价自动化，有效推进科研信息所内公开与共享。该平台于2021年成功申请获得软件著作权1项。

2021年开始，平台正式纳入全院科研人事财务一体化系统。一方面，系统基于大数据自动抓取论文等业务数据，有效降低了统计与填报工作量，切实为科研人员减负；另一方面，打通了院所两级业务，增加了全院创新工程绩效管理、院所基本科研业务费工作报告管理和院奖申报与网评等功能，实现院所科研信息纵向流动。

第三节　人事管理

一、干部队伍管理

（一）全员岗位聘用

为加快建设一流学科和一流院所提供人才支撑，研究所于2017年5月开展了第一次全员岗位竞聘工作。成立了由所领导班子成员组成的全员竞聘上岗工作领导小组，负责全员竞聘上岗工作的组织领导、方案审定和组织协调工作。经过酝酿研究，形成全员竞聘实施方案，经所党委会审议通过后上报院人事局并获批实施。

根据"学科引领、岗位管理，全员起立、竞聘上岗，双向选择、优化组合，能上能下、能高能低，严控职数、优化结构，公平公正、公开透明"的原则，2017年全员竞聘工作分为中层干部竞聘和科研岗位、处级以下管理和支撑岗位竞聘两个阶段进行。在中层干部竞聘阶段，全所内设部门的岗位全部实施竞聘上岗。通过履行动议、报名、资格审查、竞聘答辩、确定考察人选、民生推荐与组织考察、个人事项报告核查、研究拟聘人选和任前公示等程序，最终确定了25名中层干部人选。在科研岗位、处级以下管理和支撑岗位的全员聘用工作中，科研岗位的答辩会议以学科为单位组织，考评小组由所领导、学科首席、团队首席及所外知名同行专家组成。所有竞聘人员均通过演讲答辩，汇报专业背景、承担任务及代表性成果产出情况、创新岗位匹配性、未来打算与设想、团队协作精神等，回答专家提问。通过专家的点评指导，全面梳理并进一步明确了团队学科方向、研究重点及每位成员的职责任务关业务工作的开展提出了宝贵的建议和意见。所有上岗人员均通过签订岗位聘用合同，明确了各自的岗位职责和任务目标。

2017年全员岗位聘用工作，首次聘期为5年。通过此次竞聘，明确了职责配置、内设机构和人员编制，优化了干部队伍结构，强化了人才团队建设，梳理了学科发展方向，明确了岗位职责和使命责任，激发了全所职工干事创业的激情热情，为研究所的可持续发展奠定了坚实的基础。

2022年6月30日全员聘用期满。为做好全员聘期考核和续聘工作，研究所组织开展了岗位聘用期满考核工作，共涉及148个科研岗位、31个管理岗位和7个支撑岗位。经考核，所有岗位人员考核结果拟评为合格等次。

（二）中层干部队伍建设

2013年以来，研究所通过公开招聘、竞聘上岗等方式，提任处级干部25人，干部轮岗3人；加大了年轻干部的培养力度，13人次"80后"被提任处级干部，其中正处级4人次，副处级9人次；促进干部交流培养方面，近年来向所外输送了5名副所局级干部和2名正处级干部，从农业农村部属单位、院机关、兄弟院所等单位引进1名正处级干部和4名"80后"副处级干部。

研究所高度重视青年首席科学家、青年科研骨干的培养。9名"70后"被聘为团队首席，团队首席年龄超过55周岁的团队均配备了"80后"执行首席。研究所推选有培养潜力的青年科研骨干在党支部书记、支委岗位上历练；先后选派优秀青年科研骨干7人援疆、援藏和到地方挂职锻炼；注重给管理岗位青年干部压担子、促成长，有计划地推荐年轻干部到部委、院机关部门借调锻炼，较快提升综合素质和业务能力。

二、薪酬福利管理

（一）收入分配管理

2015年，根据《根据关于办公厅转发人力资源社会保障部财政部关于调整机关事业单位工作人员基本工资标准和增加机关事业单位离退休人员离退休费三个实施方案的通知》，2015年研究所对在职职工基本工资标准进行调整，并将部分绩效工资纳入基本工资，绩效工资水平相应减少，从2014年10月1日起开始执行。同时，根据上述办法，对离休人员增加离退休费。

2016年，根据《国务院办公厅转发人力资源社会保障部财政部关于调整机关事业单位工作人员基本工资标准和增加机关事业单位离退休人员离退休费三个实施方案的通知》。对在职基本工资标准进行调整，并将部分绩效工资纳入基本工资，绩效工资水平相应减少，从2016年7月起开始执行。同时，根据上述办法，对离休人员增加离退休费。

2018年，根据《国务院办公厅转发人力资源社会保障部财政部关于调整机关事业单位工作人员基本工资标准和增加机关事业单位离退休人员离退休费三个实施方案的通知》。对在职基本工资标准进行调整，从2018年7月起开始执行。同时，根据上述办法，对离休人员增加离退休费。

2022年，根据《国务院办公厅转发人力资源社会保障部财政部关于调整机关事业单位工作人员基本工资标准和增加机关事业单位离退休人员离退休费三个实施方案的通知》，对在职基本工资标准进行调整，从2021年10月起开始执行。同时，根据上述办法，对离休人员增加离退休费。

为深化收入分配制度改革，建立科学合理的收入分配体系，激发研究所创新活力和内生动力，制定《中国农业科学院农业环境与可持续发展研究所收入分配管理办法》并于2021年1月开始执行，根据"以研为本，以岗定薪，绩效优先，兼顾公平"的原则，将绩效工资分配与岗位职责完成情况、工作业绩和实际贡献等产出因素直接挂钩，向有突出贡献的人员倾斜，向优秀人才和科研岗位倾斜，充分发挥绩效工资分配的激励导向作用。2022年8月，根据办法实际执行情况和政策要求，我所对上述办法进行了修订。

（二）养老保险制度改革

根据《国务院关于机关事业单位工作人员养老保险制度改革的决定》《人力资源和社会保障部财政部关于贯彻落实〈国务院关于机关事业单位工作人员养老保险制度改革的决定〉的决定》《人力资源和社会保障部财政部关于引发在京中央国家机关事业单位工作人员养老保险制度改革实施办法的通知》，从2014年10月起，机关事业单位开始执行社会统筹与个人账户相结合的基本养老保险制度。单位缴纳养老保险的比例为本单位工资总额的20%，个人缴纳基本养老保险费（以下简称个人缴费）的比例为本人缴费工资的8%，由单位代扣。同时，根据国务院办公厅《机关事业单位职业年金办法》的通知，从2014年10月起，机关事业单位开始执行职业年金制度。职业年金作为基本养老保险基础上的补充养老保险制度，所需费用由单位和工作人员个人共同承担。单位缴纳职业年金费用的比例为本单位工资总额的8%，个人缴纳比例为本人缴费工资的4%，由单位代扣。

根据养老保险制度改革推进的统一进度，研究所从2018年5月起，在职人员实行了基本养老保险当期征缴；从2018年6月起，退休人员的基本养老金和职业年金开始由央保中心统一发放；从2019年1月起，职业年金实现了当期征缴。根据央保中心的统一安排，研究所顺利完成了准备期（2014年10月—2018年4月）的汇算清缴工作。

三、离退休干部管理

截至2022年底，研究所有离退休职工88人，其中离休干部1人，退休干部84人，退休工人3人。2013—2022年，研究所先后有37名职工办理退休，25名退休职工去世。

研究所离退休人员实行统一管理，职能设在人事处，配备1人具体负责离退休职工管理工作。为加强离退休工作管理，规范审批决策程序，根据党和国家对离退休人员管理有关政策和《中华人民共和国老年权益保障法》的规定，2018年研究所制定了《离退休管理办法》。

研究所离退休管理工作的基本任务：宣传、贯彻党和国家有关离退休工作的方针政策，全方位做好离退休人员的待遇落实、医疗保障、组织生活、文体娱乐等服务和管理工作，维护离退休人员的合法权益，了解和帮助解决他们的实际困难和问题，做到对离退休人员政治上关心，生活上照顾，组织上管理，保证"老有所养、老有所学、老有所乐"，具体的做法如下：①建立汇报制度，每年春节前夕，组织召开离退休职工座谈会，所领导通报本年度研究所的工作情况和财务状况；②开展学习和文体活动，与离退休党群组织密切配合，组织离退休人员的政治学习和文体娱乐活动，每年组织离退休人员春游或秋游，以及开展"五个一"系列活动；③关心关爱老同志，所领导不定期走访、看望离退休老领导、老同志及患病老同志，每年定期组织离退休人员体检。

2015年，惠燕同志荣获"中国农业科学院离退休工作先进个人"称号；2019年，研究所荣获"中国农业科学院离退休干部先进集体"；2021年，姬军红同志荣获"中国农业科学院离退休工作先进个人"称号。

第四节　财务资产管理

随着国家经济体制改革深化与农业科学事业的发展，在财税体制改革与"放管服"改革推动下，研究所财务资产状况、财务管理服务能力均得到显著提升。近年来，研究所多次被财政部、农业农村部、中国农业科学院选为试点单位，作为会计改革、资金"放管服"改革、财务信息化建设等工作的排头兵，参与试点改革任务，助力国家财税体制改革、农业农村部及中国农业科学院会计事业发展，推动财务治理能力现代化建设。

一、财务资产状况的变化

"十三五"以来，国家科研投入持续加大，研究所科技经费总量、成果转化收益均取得大幅增长，较好地保障了研究所科学事业发展，科研实力与成果转化能力均得到显著提升。截至2021年年底，研究所年收入总量达到2.15亿元，固定资产累计账面价值达到4.12亿元（表8-2）。为保障长期科学试验需要，研究所积极争取财政资金支持，先后获批中日农业技术研发中心、作物高效用水与抗灾减损国家工程实验室、顺义农业环境综合实验基地等3项科研设施运转费专项资金，有效保障了科研平台日常运行发展，为开展野外科学试验、长期基础性科学观测、科学数据及仪器设备开放共享提供强有力的支撑。

表8-2 财务收入状况统计

单位：万元

项目	1979年	1998年	2004年	2008年	2012年	2021年
固定资产（不含折旧）	51.19	446.71	1 772.72	14 451.48	21 355.94	41 189.10
事业费财政拨款	—	47.50	267.28	548.31	1 211.81	2 248.83
科研经费收入	21.60	355.00	2 611.08	4 895.54	6 661.45	4 253.16
开发收入	—	151.00	159.60	425.20	789.87	4 931.71

二、财务资产管理工作的发展

紧跟国家财税体制改革步伐，不断提升财务管理水平，资金使用效率、服务科研质量、信息化水平等均有显著提升。近年来多次承担财政部、农业农村部、中国农业科学院财政体制改革试点任务，为国家、部、院会计改革做出重要贡献。

（一）推进体制机制改革，激发研究所科研创新活力

随着国家优化科研管理、全面深化科研领域"放管服"，研究所从体制机制改革入手，落实科研经费"放管服"要求。2016—2022年，研究所先后制修订20余项财务制度，优化资金审批制度，有序简化资金使用手续，强化法人责任，压实使用人主体责任，构建起了科学高效、宽严并济、尊重科研规律、尊重人才、宽松有序的经费管理体系，为科研活动营造了良好的资金使用环境，有效激发了科研人员创造活力。

（二）加强绩效管理，资金效能得到显著提升

随着国家全面实施预算绩效管理改革实施，研究所积极推进财政资金预算绩效管理工作，完善预算绩效评价机制，建立项目预算绩效目标与实施情况、绩效评价与考核相挂钩的管理机制，以结果评价推动科研经费使用，提升财政资金使用效率，促进科研成果产

出，推动研究所高质量发展。自2017年开展项目绩效自评、第三方项目绩效评价工作以来，研究所财政资金绩效评价取得较高评分，资金产出比得到显著提升。

（三）会计信息高质量发展，研究所治理能力显著提升

积极贯彻我国政府会计改革部署，构建形成了既能反映预算收支等流量信息，又能反映资产、负债等存量信息的会计核算体系，实现国家新旧财经制度顺畅衔接，会计基础工作规范性、会计信息质量、财务精细化管理水平均均得到提高。研究所作为中国农业科学院全成本核算试点单位，分别以科研团队、公共实验室为单元开展成本核算试点工作，将成本核算渗透至单位内部核算和课题经费管理，提升研究所职工成本意识，贯彻落实过紧日子要求，夯实团队科研成本，推动研究所公共实验室机制改革，促进单位资源合理调配，盘活低效资产，提升大型仪器使用效率，带动部、院成本核算改革。

（四）创新财务服务机制，强化支撑服务能力

2016年国家科研经费"放管服"提出要将科研人员从事务性工作中解放出来，为了更好地服务科研，研究所在抓好财务队伍人员能力建设的基础上，不断探索财务服务机制改革，在全院首家提出组建专业化财务助理队伍管服模式，培养了一批专业化科研财务助理人员，组建了一支稳定、专业的科研财务助理团队，由研究所财务部门统一培训、集中指导，为科研人员提供标准化、专业化、高效率的财务服务，得到研究所科研人员高度认可，彻底将科研人员从验收审计等事务性工作中解脱出来，释放科研人员改革创新活力。

（五）保持财务信息化先进性，助力管服效能提升

2007年研究所财务信息系统建成，在全院首家实现互联网财务报销管理。经过十余年发展，研究所逐步建立形成了集财务系统PC端、财务系统移动端、银企直联、财政资金监控四大系统为一体的综合性财务信息化管理系统，实现从资金收入、支出、结算全流程线上管理，财务各项用印、档案调阅全线上服务，业财融合程度较高，信息化水平在院内始终保持领先，有力带动了院整体信息化建设工作，为研究所科研资金管理提供良好支撑。

作为农业农村部首批财务信息化建设的科研单位，研究所长期在部、院财务信息化改革中发挥排头兵作用，带动部、院财务信息化建设。2022年研究所先后作为财政部电子凭证会计数据标准、农业农村部科研经费无纸化报销唯一试点单位，探索科研经费无纸化报销路径，为农业农村部财务信息化改革发展提供切合实际、方便可行的无纸化报销实践案例，助力推动农业农村部、中国农业科学院财务数字化改革，让数字信息多跑路、让科研人员少跑腿，以实际行动为农业科研创新服务。

第五节 成果转化管理

一、构建成果转化制度体系

研究所将科技创新与成果转化作为发展的两大基石，设立成果转化处作为成果转化管理部门，逐步健全成果转化制度体系，出台《横向科研项目及经费管理办法》《科技成果转化管理办法》，积极落实国家、部院成果转化法及相关制度，明确成果转化收入分配自主权，不断增加成果转化评价指标权重，极大地激发了科研人员创新转化热情。研究所实施成果转化收益目标管理，提高了科技成果转化效益。2017—2022年，研究所成果转化收入实现连续增长。2022年，研究所成果转化奖扣附加排名跃升至全院第3位，实现了新的突破。

二、加强高价值知识产权培育

研究所高度重视以知识产权价值为核心的成果转化工作，出台《环发所知识产权管理办法》，加强对知识产权的全过程管理，为培育高价值专利提供政策保障；建立专利快速审查通道，加速发明专利授权时间，深度挖掘专利实用价值，着力促进高价值专利转化应用；建立起一支由各团队科研骨干组成的60余人的知识产权专家队伍，2022年，培养3名院级知识产权专员，为全所知识产权转化工作提供人才储备和支撑。

2021年研究所聘请2位所外专家作为所知识产权顾问专家及成果转化法律顾问专家，为培育高价值专利及转化运营、成果转化实操等工作提供高水平的咨询和指导。"十三五"，研究所知识产权转让许可到账经费达到200余万元，较"十三五"实现量、质齐升。高价值专利培育工作取得突破性进展，1项发明专利获得第二十二届中国专利奖优秀奖，1项发明专利获2021年中国农业科学院成果转化奖励知识产权转化奖。

三、大力推进所地、所企合作

研究所大力推进所企合作，与北京市（海淀区、平谷区）、浙江省（丽水市、平湖市）、江西省（抚州市）、安徽省（黟县）人民政府等签订合作协议，促进研究所科技成果在当地转化落地；大力推进双碳领域所企合作，与山东省土地乡村振兴签订科技合作协议，落地第一个双碳项目；探索所企合作共建联合实验室模式，建立起联合实验室考核、流动退出工作机制，不断提升研究所科技成果的市场价值；牵头成立双碳联盟，注册成立北京中农绿碳科技有限公司，推进联盟实体化运行、协同紧密合作。2022年，科企合作经费达2 200余万元，较上年增长86%。2017—2022年，产学研合作深入开展，2项所企合作项目获中国产学研合作创新成果一等奖，1项获中国产学研合作创新成果二等奖。

四、持续开展乡村示范县及科技帮扶工作

研究所组织建立一支常态化队伍，为江苏东海县乡村振兴科技支撑示范县建设提供科技支撑，持续加强"三区三州"地区的科技帮扶工作，紧急开展科技救灾工作，组织专家赴河南、山东、山西、陕西一线开展救灾帮扶工作，有效支撑国家粮食稳产保供。

五、组织开展主题鲜明的科普活动

2019—2022年，研究所连续组织4届以"绿色""低碳"等为主题的科普开放日，向公众展示农业环境领域科技知识，开放一批重点实验室，通过科学实验、科普图书宣传等，培养青少年的科学素养。研究所的科普工作得到了中国农业科学院的充分肯定，严昌荣研究员获得2021年度基层科普人物奖，许吟隆研究员获得2022年度科研科普人物（团队）奖，《秸秆清洁供暖技术》获得2022年度科普图书奖。

第六节 条件保障与后勤服务管理

2013年产业与后勤服务中心工作职责分为五大部分：一是负责研究所房地产等非经营性资产的管理，包括办公及实验用房的调整、公共基础设施的日常维修维护等；二是负责研究所物业的综合管理，包括安全保卫、收发、电话、电梯、水电暖、卫生保洁、绿化、消防安全、会议室使用等，并按时完成各种款项的收取；三是负责研究所车辆保障与交通安全；四是负责研究所产业开发工作，包括研究所成果转化项目、条件建设项目、试验站与基地的合作开发工作及运营管理，技术创收业务和产业开发收入的监管等，协助职能部门对开发工作的经费使用及收益分配进行监管，负责所办公司或独立核算的经济实体的监管；五是负责研究所福利公益工作，包括职工住房补贴、计划生育、职工献血等，协助院做好职工住房的分配调整、取暖及物业，以及单身职工集体宿舍的管理等工作。2013年年底产业与后勤服务中心下设顺义基地办公室。

2015年至2017年7月产业与后勤服务中心和所办公室合署办公，两个部门工作职责、人员统一调配。2016年下半年基本建设工作从条财处调整至产业与后勤服务中心。2017年7月撤销产业与后勤服务中心，后勤服务职能、基本建设职能调整至办公室，成果转化与产业开发职能、基地管理职能调整至成果转化处，其他相关职能归口至各相关处室。

2021年3月成立条件保障处，主要负责研究所条件建设、后勤服务保障、试验基地规划布局和顺义基地运行管理等工作。

研究所条件保障与后勤服务管理相关主要工作近年开展情况如下。

一、安全生产

1. 建立安全生产责任制

每年年初研究所与科研团队首席、职能部门负责人、安全员层层签订安全生产责任书，压紧压实安全生产责任。开展节假日、重大活动前的安全检查；落实领导干部到岗带班、关键岗位24小时值班和重大情况报告制度。

2. 加强所大楼安全管理

自2014年开始研究所采取第三方购买服务的方式，与有资质的保安服务公司签订服务合同，负责研究所门卫、中控值班安保工作。加强中控值班巡查力度，实现24小时全天监控，对监控设备进行维护升级，全楼监控无死角；重点部位实施每日巡查，做好巡查记录，做到第一时间发现情况，第一时间做出应急反应；安全隐患排查，发现问题及时整改；定期检查更换消防器材，定期检查维修清洗消防设备、烟感探测器等，保证消防系统的有效运行。

3. 加强危化品使用管理

2020年年底完成易制毒易制爆危化品储存间的建设，2021年通过危化品储存间安全评估，并取得公安系统易制毒易制爆危化品采购资质，对易制毒易制爆危化品采购、储存、使用、废弃物处置进行全过程安全管理。

4. 加大安全生产培训与宣传

每年至少举办2次全所范围内的大型安全生产培训，内容包括消防安全、实验室安全、生物安全和网络信息安全等。积极参加部、院组织的各项活动，以及消防安全月"消防技能大比武"活动。

二、物业管理

1. 所区环境卫生与绿化工作

所区环境卫生和绿化范围：科研楼前路以北、楼西停车场内、行政楼和气科楼内小院。自2010年开始研究所采取第三方购买服务的方式，与有资质的物业保洁服务公司签订服务合同，负责保洁研究所环境卫生。2020年研究所根据北京市生活垃圾管理条例等要求制定了《垃圾分类管理办法》，对研究所垃圾实行分类处理。2021年8月研究所引进有资质的北京鼎元汇丰环保技术有限责任公司协助研究所对实验室危化品废弃物进行统一处置。

2. 水、暖、电管理与服务

开展水、暖、电各种管线及设备的检查、保养、维修，水、暖、电费的定期收缴等工作。2015年、2016年研究所通过农业部修购专项对科研楼水电管路进行更新改造与合理配置，强化科研楼水电使用安全保障。

三、车辆管理

2018年10月，研究所根据院办公室、院公务用车制度改革工作组《关于中国农业科学院农业环境与可持续发展研究所公务用车制度改革实施方案的批复》（农科办服〔2018〕155号），报废5辆老旧车辆，保留公务车7辆，同时清理、注销研究所停驶、报废车辆的加油副卡，所有副卡均受主卡管控。

研究所严格执行公车使用管理登记制度，建立公车使用台账，详细记录用车人员、时间、事由、地点、里程、审批、加油等重要信息，并长期保存。建立公车和加油卡使用管理情况公示制度，每半年或一年公示一次。

2017年研究所开通顺义基地班车，每个周一、周三、周五运送科研人员前往基地开展科学试验。

四、运维修缮

2015年，研究所通过农业部修购专项：中国农业科学院公共安全项目——环发所科研楼房屋修缮项目，立项批复经费1 345万元，对总建筑面积10 549.61 m²研究所科研楼进行修缮，项目建设期限为1年，即2015年1月至12月，2016年4月完成建设并进行验收。

2016年3月，研究所获得农业部修购专项：更新改造项目——农业环境专用实验室房屋修缮项目实施方案批复，对科研楼7 600 m²的实验室进行整体新风换气系统、公共气路系统等涉及环境污染与安全问题的公共设施改造，对960 m²农业环境微生物实验室、环境稳定同位素实验室等综合或专业实验室重新进行功能性设计布局与改造。项目于2016年11月30日完成四方竣工验收，项目资金均按执行进度安排完成。

2016年6月，研究所在完成大楼修缮改造后，决定对行政楼（原生防小楼）进行装修改造。工程于2016年9月动工，2016年年底完成行政楼装修改造，2017年3月通过验收。

2015年春节后，由产业与后勤服务中心负责协调解决周转房屋，至4月底全所实验室现有科研人员及仪器设备全部搬出，科研楼腾空。2016年5月科研楼修缮完成后全所职工正式回迁，职能部门由行政楼（原生防小楼）调整至科研大楼办公。

五、信息化管理

2008年，研究所为系统化利用农业环境领域数据信息，在原"编辑信息室"基础上加挂"农业环境数据中心"牌子，数据中心职能：组织建设研究所数据库，制定并执行研究所数据中心建设规划；制定有关数据提交、使用、管理维护、提供利用制度和方法；负责数据库日常管理与维护。

2017年，研究所加快农业环境数据中心建设，编制农业环境数据中心发展规划，调整工作职能，确定农业环境数据中心工作职责为：①负责研究所信息化工作，牵头研究所信息化建设顶层设计，牵头网络安全、数据共建共享、机房安全管理等信息化制度建设；协调完成院信息化各项工作任务；②负责研究所网络、机房等基础设施运维管理；③负责研究所数据资源管理与服务。

2010年，研究所成立信息安全与保密工作领导小组，组长为所党政主要负责人，成员为各职能处室、支撑部门、研究室主任，由办公室组织实施电子信息内容管理，编制了研究所《电子信息安全保密管理办法》，制定信息采集、审核、发布、使用办法和流程，并负责实施。设立网络维护小组，由数据中心全面负责全所的基础信息设施管理，包括网络软硬件建设方案的提出、基础软件维护与开发、网络日常维护、研究所计算机日常故障的解决、计算机及网络使用维护收费等。

2015年，按照院统一部署，研究所继续加强网站信息维护，突出科研动态、强化所务公开、及时发布最新科研成果。开展OA办公信息平台建设前期准备工作，OA审批流程设计，所内职能各类平台的对接等。

2018年，研究所开发面向数据管理员的"数据平台操作管理软件系统"和面向数据访问用户的"数据共享服务软件系统"并获软件著作权证书，建立了数据汇交管理系统，完成"农业环境数据共享服务平台"的搭建。

2019年，研究所初步建立我国农业气候资源专题数据库，以自主数据产品和野外观测为主，初步整理专题数据集179套，系统录入160套。

2020年，整合研究所相关试验站点监测数据，逐步构建农田生态环境基础数据库，整合数据包括：全国玉米生态区气象环境数据集；冬小麦优势主产区气候资源变化及对冬小麦单产的影响数据库；作物苗情监测基础数据库。

2020年，研究所依托网络机房软硬件资源，基于超融合技术，搭建完成数据共享服务超融合服务器集群系统，分步实施完成：大型仪器共享服务平台、中国农业气象投稿系统、作物物联网监测系统、农业环境数据共享服务平台与数据汇交系统迁移工作，实现数据存储、项目专题系统/平台集中运维，统一管理。并开始陆续接收科研业务系统纳入超融合平台实行统一管理。

2021年、2022年，研究所共组织15个在线系统参加等保测评专家评审，测评结果11个二级、4个一级。研究所积极推进信息一体化办公，逐步推动无纸化办公，iCAAS-ARP科研人事信息管理系统全模块上线，公章使用审批流程、合同审批标准化流程上线。

第九章 大事记

2013年

2月21—25日，朱昌雄副所长随中国农业科技代表团赴泰国曼谷参加由中国农业科学院、泰国诗琳通公主御计划办公室和泰国开发银行共同举办的第十届中泰友好研讨会暨科学技术与农村可持续发展研讨会，并与泰国水利研究所签订合作备忘录。

3月4日，日本鸟取大学藤山英保副校长一行4人访问研究所，栗金池书记会见，交流研究生联合培养事宜。

3月5—8日，中国农业科学院吴孔明副院长率团访问澳大利亚悉尼大学，环发所梅旭荣所长和悉尼大学农业与环境学院马克·亚当斯院长共同签署了《中国农业科学院农业环境与可持续发展研究所与悉尼大学农业与环境学院成立中澳可持续农业生态联合实验室谅解备忘录》，澳大利亚总理茱莉娅·吉拉德、中国驻澳大利亚大使陈育明等出席可持续农业生态联合实验室签字仪式。

3月14日，梅旭荣所长会见了来访的世界银行农村和灌溉部秘书长斯洛文·卡德瑞茨先生一行3人。双方就如何加强在非洲旱地农业领域的技术合作和能力建设进行了研讨交流。

4月9日，梅旭荣所长会见了来访的悉尼大学校长迈克·斯宾塞博士一行3人，双方就中澳可持续农业生态联合实验室的建设和运行等问题进行了深入研讨交流。副所长董红敏、各研究室负责人及相关专家参加会见。

4月22日，梅旭荣所长会见了来访的澳大利亚西澳大学斯蒂文·斯密斯教授，双方就如何拓展和加强农业环境领域的科技合作进行了深入研讨交流。副所长董红敏、气候变化室主任李玉娥、旱作节水室主任郝卫平、分析测试中心主任封朝晖等参加会见。

4月24日，梅旭荣所长会见了国际设施园艺学会主席、西班牙格拉纳达大学教授尼可拉斯·卡斯提勒先生。双方重点围绕加强设施农业领域的科技合作进行了研讨交流。

5月6日，农业部市场与经济信息司张合成司长、李昌健副司长、杨娜处长一行来环发所调研考察，围绕农业环境与减灾物联网技术研发和平台建设等进行了座谈。梅旭荣所长、栗金池书记及相关处室人员参加调研座谈。

5月，董红敏研究员被中华全国总工会授予"全国五一劳动奖章"，表彰其为我国农业环境保护科研事业做出的突出贡献。

8月12日，中国农业科学院党组副书记唐华俊来环发所调研指导，听取研究所教育实践活动进展情况，并与所领导班子成员、科研人员和中层干部座谈。

2014年

1月29日，由环发所副所长董红敏、研究员李玉娥牵头，与FAO合作开发的"可持续草地管理温室气体减排计量与监测方法学"通过国家清洁发展机制理事会和专家评审，成为我国首个在国家发改委备案的农业领域温室气体自愿减排方法学。

2月24日，环发所召开干部职工大会，中国农业科学院党组书记陈萌山，院党组成员、人事局局长魏琦，人事局副局长李红康出席会议。魏琦同志宣读了农业部党组关于张燕卿同志、梅旭荣同志职务任免的决定，张燕卿同志任环发所所长；免去梅旭荣同志的环发所所长职务。

2月，李家洋院长访问澳大利亚悉尼大学，与迈克尔·斯朋思校长进行了会谈，并为环发所与悉尼大学共建的"中澳可持续农业生态联合实验室"揭牌，标志着我国设在大洋洲的首个农业科技联合实验室成立。

3月5日，张燕卿所长会见了日本鸟取大学副校长藤山英保先生。双方在人员交流、共同举办学术会议等方面达成了初步合作意向，并就如何加强务实合作进行了探讨。

3月，经农业部批复，环发所牵头组建的农业部动物产品质量安全环境因子风险评估实验室（北京）获准建设。

4月11日，日本大阪府立大学常务副校长、植物工厂研究中心主任安保正一教授一行来环发所交流访问。

5月20日，农业部畜牧业司副司长王宗礼、行业发展与科技处处长罗健和调研员黄庆生一行到环发所调研。所领导班子参加了调研座谈会。

5月24日，中国科学技术协会第16届年会在云南昆明召开，魏灵玲博士荣获本届杰出青年成果转化奖。中央政治局委员、中央书记处书记、中央组织部部长赵乐际为获奖者颁发了证书和奖章。

6月24—25日，环发所承担的中国农业科学院新乡综合试验基地一期试验场基础设施改造项目新乡综合试验基地一期试验场基础设施改造项目通过了农业部科教司组织的专家验收。

8月4日，澳大利亚悉尼大学农业与环境学院院长马克·亚当斯教授访问环发所，就气候变化影响与适应问题同我所相关专家开展学术交流和讨论。

8月17—23日，杨其长研究员在第29届国际园艺大会（IHC2014）上被推选为国际园艺学会（ISHS）温室工程专业委员会主席。

9月20日，中日中心日方专家山下市二研究员获得中国政府友谊奖。

9月23日，张燕卿所长带队到南京信息工程大学（原南京气象学院）调研，南京信息工程大学校长蒋建清教授、副校长闵锦忠教授等人出席调研座谈会。

9月21—30日，由日本科学技术振兴机构"亚洲青少年科技交流项目"资助，环发所师生一行10人于赴日本鸟取大学、大阪府立环境农林水产综合研究所等日本科研机构，进行了为期10天的学术交流活动。

10月17日，环发所主办的《中国农业气象》杂志入选第三届中国精品科技期刊，有18篇2009—2013年刊载论文入选2014年"领跑者5000——中国精品科技期刊顶尖学术论文"（F5000论文）。

10月24日，先正达化学研发运营总监史蒂夫·史密斯博士一行到环发所交流访问，朱昌雄副所长以及相关团队和部门人员出席了交流活动。

11月13日，朱昌雄副所长带领研究所相关学科团队首席、室主任、科研骨干等前往沈阳农业大学进行合作交流。

2015年

1月24—26日，由农业部组织的"美丽乡村"博览会在全国农业展览馆新馆盛大开展，全国政协副主席罗富和在农业部副部长张桃林的陪同下参观了环发所的成果，并听取了杨其长研究员关于植物工厂、主动蓄能型日光温室前景的汇报。

3月6日，环发所李玉娥研究员荣获2013—2014年度农业部巾帼建功标兵称号、中国农业科学院巾帼建功标兵荣誉称号；人事处（党办）荣获2013—2014年度中国农业科学院巾帼文明岗荣誉称号；张燕卿所长获得中国农业科学院"妇女之友"荣誉称号。

3月25日，环发所杨其长研究员等撰写的专著《植物工厂系统与实践》荣获中国石油和化学工业优秀出版物奖（图书奖）一等奖。

4月14日，由中国和日本两国政府共同支持的"中国可持续农业技术研究发展计划"（以下简称"中日项目"）三期启动会在环发所召开。

5月27日，环发所在中国农业生态环境保护协会农用地膜污染防治分会成立大会上被推选为副会长单位，严昌荣研究员当选为农用地膜污染防治分会第一任秘书长。

5月28日，环发所研究员魏灵玲入选全国首届"最美青年科技工作者名单"。

6月22—23日，美国艾奥瓦州立大学校长史蒂文·利思博士和美国蛋业中心主任辛宏伟博士一行2人受邀访问环发所。

9月15日，中共中央政治局委员、国务院副总理汪洋一行在西藏考察调研时，视察了位于那曲现代草牧业示范基地的农业部那曲农业环境科学观测实验站和中国农业科学院那曲高寒草原生态与气候变化野外科学观测试验站。汪洋和驻试验站进行长期野外实验观测的环发所博士、硕士研究生等青年科学工作者进行了亲切交谈，并充分肯定了环发所研究团队在那曲地区草地生态研究方面的科研工作。

10月，由环发所主办的《中国农业气象》杂志获得中国科技核心期刊收录证书；《中国农业气象》3篇刊载论文入选中国F5000顶尖论文。

11月26日—12月13日，董红敏、李玉娥、陈敏鹏三位研究员随国家发展和改革委员会气候变化司代表团参加在法国巴黎召开的《联合国气候变化公约》第21次缔约方大会，作为主要专家负责德班平台和执行机构下适应、损失损害和农业相关议题的谈判。

12月6—9日，张燕卿所长一行访问荷兰瓦赫宁根大学，就研究生联合培养、联合研究中心建设、人才引进等事宜与有关负责人和专家深入交流。

2016年

1月15日，董红敏副所长会见了来访的英国洛桑研究所项目与国际合作部主任西蒙·沃恩博士，双方就深化合作伙伴关系举行会谈。气候变化研究室相关专家参加了会见。

2月26日，中国科协公布了首批"青年人才托举工程"（2015—2017年度）入选名单，全国共有182名青年人才入选。由中国农学会农业气象分会推荐的环发所苏世鸣博士荣获该项目资助。

2月29日，纪念"三八"国际妇女节暨全国三八红旗手（集体）表彰大会在北京人民大会堂隆重举行。环发所农业温室气体与固碳减排创新团队首席李玉娥通过社会推荐并经网络投票和专家评审，成功当选2015年度全国三八红旗手。

3月28日，环发所李勇研究员出任爱思唯尔（Elsevier）旗下SCI权威期刊《农业生态系统与环境》副主编。

6月1日，由中国农业科学院和荷兰瓦赫宁根大学共同建立的中荷畜禽废弃物资源化中心在中国农业科学院成立。李金祥副院长和荷兰瓦赫宁根大学校董事会成员、动物科学学院院长马丁·思高腾教授分别代表中荷双方签署了合作备忘录。中心成立后挂靠在环发所。

7月30日，环发所足球队获中国农业科学院第二届"跨越"杯青年足球友谊赛亚军。

9月10日，环发所邀请国际性科技期刊*Nature*资深战略编辑莫妮卡·孔泰斯塔比莱博士和*Nature Climate Change*主编布朗温·韦克博士来所进行学术交流。环发所张燕卿所长、董红敏副所长和相关科研人员，以及研究生院的百余名留学生和在读研究生参加会议。

10月28日，农业部党组会议研究决定，郝志强同志任环发所党委书记；免去栗金池同志的环发所党委书记职务。

10月30日，中国农业科学院党组会议研究决定，郝志强、董红敏、朱昌雄任环发所副所长，免去栗金池同志的环发所副所长职务。

11月4—20日，董红敏副所长、李玉娥研究员、陈敏鹏研究员和刘硕博士作为中国代表团成员，出席在摩洛哥马拉喀什召开的《联合国气候变化公约》第22次缔约方会议，为中国的气候变化谈判提供技术支持。

11月11日，农业部部长韩长赋、副部长张桃林，农业部办公厅、计划司、财务司及科教司等相关部门主要负责人到环发所调研，中国农业科学院院长李家洋、中国农业科学院党组书记陈萌山参加考察调研。

11月28日，中荷设施园艺联合研究中心在环发所揭牌成立。环发所副所长董红敏和荷兰瓦赫宁根大学植物科学院院长万恩斯特先生分别代表中荷双方签署了合作备忘录。

12月11日，由环发所承办的"国家农业废弃物循环利用创新联盟成立大会"在北京召开。国家农业科技创新联盟领导小组副组长、中国农业科学院党组书记陈萌山，中国农业科学院副院长李金祥等出席会议。会议选举李金祥担任理事会理事长，环发所所长张燕卿担任常务副理事长，副所长董红敏担任秘书长。

2017年

2月9日，中国农业科学院党组书记陈萌山到环发所顺义农业环境综合试验示范基地调研并指导工作，基建局局长刘现武，环发所所长张燕卿、党委书记郝志强、副所长朱昌雄以及有关部门人员陪同调研。

2月15日，中纪委驻农业部纪检组组长宋建朝一行，到环发所农业纳米药物工程实验室考察调研，听取关于纳米农药研发进展情况的汇报。农业部党组成员、中国农业科学院院长唐华俊，中国农业科学院党组书记陈萌山，环发所所长张燕卿、党委书记郝志强陪同调研。

2月16—23日，环发所所长张燕卿率专家团访问国际水资源管理研究所和国际半干旱地区热带作物研究所，召开农业水管理联合研究中心和旱地农业联合研究中心工作会，制定工作计划、人员交流计划、筹资方案等。

3月17日，中国科协公布了第二批"青年人才托举工程"（2016—2018年度）入选名单，全国共有206名青年科技人才入选。由中国农学会农业气象分会推荐的环发所李涛博士荣获该项目资助。

5月17日，中国农业再保险共同体（简称"农共体"）正式组建中国农业再保险共同体专家委员会。环发所刘布春研究员受邀担任"中国农共体专家委员会"特聘委员，并颁发聘书。

5月27日，中日项目日方长期专家山下市二先生应邀参加中国农业科学院60周年院庆，被授予"中国农业科学院国际友人奖"。

6月2日，致公党中央副主席曹鸿鸣一行到环发所考察调研纳米农药研发工作并开展座谈交流。中国农业科学院党组书记陈萌山，院直属机关党委常务副书记高士军，环发所所长张燕卿、党委书记郝志强、科技处处长刘国强等出席座谈会。

6月2日，在中国农业科学院王汉中副院长、巴黎气候大会"千分之四：土壤作为粮食安全及气候变化的解决方案"倡议（简称"千分之四"倡议）及"利马-巴黎行动议程"执行秘书长保罗·吕（Paul LUU）的见证下，环发所党委书记郝志强代表环发所与法国Roullier集团签署了研究生联合培养及短期实习项目合作协议。

6月30日，环发所朱昌雄研究员被聘为水体污染控制与治理科技重大专项"流域面源污染治理与水生态修复成套技术"标志性成果一级责任专家（A角）。

9月，环发所3项成果"畜禽粪便沼气处理清洁发展机制方法学和技术开发与应用""旱作农业关键技术与集成应用""高光效低能耗LED智能植物工厂关键技术及系统集成"入选全国第十五届中国国际农产品交易会中的"农业科技重大成果暨绿色技术展览"。

9月11日，环发所党委书记郝志强率团访问日本农业环境变动研究所，与所长渡边朋也交换合作协议，并制定人员交流计划。

9月19—20日，环发所所长张燕卿访问联合国粮农组织（FAO）农业和消费者保护司，气候变化、生物多性、土地和水司，商讨与FAO加强南南合作，确定优先启动低碳茶叶生产项目。

10月14日，环发所与山东省枣庄市人民政府签订战略合作协议。

11月10日，环发所与巴基斯坦白沙瓦农业大学签订合作协议，双方将参与"一带一路"建设，加强中巴经济走廊沿路低碳农业领域的合作。

11月12日，第十一届中国产学研合作创新大会召开。大会向在2017年产学研合作创新方面做出突出贡献的单位和个人颁发了"中国产学研合作创新与促进奖"，环发所朱昌雄研究员荣获"产学研合作促进奖（个人）"，严昌荣研究员带领生物节水与旱作农业创新团队研发项目"地膜残留污染综合防控技术研发与推广应用"获得"产学研合作创新成果一等奖"。

11月20日，环发所李勇研究员被出版集团爱思唯尔（Elsevier）聘请为*Agriculture, Ecosystems & Environment*主编。任期为2018年1月—2020年12月31日。

12月1日，环发所特邀中国农业科学院副院长吴孔明院士来所做专场学术报告会，报告会由环发所所长张燕卿主持，全所职工及研究生等100余人参加。

12月5日，董红敏副所长会见法国农业科学院（INRA）院长菲利浦·莫甘，回顾双方共同承担的欧盟项目执行情况，商讨共建气候变化联合实验室事宜。

2018年

1月8日，设施植物环境工程团队研发的成果"高光效低能耗LED智能植物工厂关键技术及系统集成"获得2017年度国家科学技术进步奖二等奖，环发所为第一完成单位。

2月1日，英国首相特雷莎·梅参观国家现代农业科技展示园。

2月9日，环发所党委与北京市顺义区大孙各庄镇党委开展"结对共建，同创共赢"活动，签订了结对共建协议，落实了2018年结对共建活动方案。所长张燕卿、党委书记郝志强参加活动。

3月8日，魏灵玲研究员荣获2018年度全国三八红旗手称号。

3月16日，环发所代表团访问国际原子能机构期间，双方就在环发所建立中国农业科学院-IAEA粮食与农业应用联合中心水和土壤分中心达成共识。

4月10—13日，联合国粮农组织气候变化、生物多样性、土壤和水司代表Sergio Zelaya-Bonilla先生一行5人来华考察联合国粮农组织资助的茶叶碳中和项目。中国农业科学院国际合作局局长贡锡锋，环发所所长张燕卿和许吟隆研究员参加相关活动。会议期间，环发所与丽水市政府签署全面战略合作协议。

5月28—30日，第11届国际农业塑料大会在法国召开。会上，环发所严昌荣研究员经投票当选2019—2021年度国际农业塑料协会主席。

6月8日，吉尔吉斯斯坦总统热恩别科夫率团访问国家农业科技创新园。环发所党委书记郝志强参加此次活动。

6月20日，朝鲜劳动党委员长、国务委员会委员长金正恩参观国家农业科技创新园。

8月12—17日，第30届国际园艺大会（IHC2018）在土耳其召开期间，环发所设施植物环境工程团队首席专家杨其长研究员当选为国际园艺学会（ISHS）设施植物生产系统设计与智能化专业委员会主席。

9月2日，索马里总统穆罕默德率代表团访问国家农业科技创新园，了解都市农业、植物工厂、垂直农业、社区农业设计展示等方面的应用示范情况。环发所所长张燕卿参加了此次活动。

9月16—18日，罗马尼亚农业与兽医药大学副校长Florin Stanica教授等4人来华开展技术合作研究。双方就中罗设施农业现状及发展趋势、果蔬高效栽培技术等进行深入交流。

11月3日，萨尔瓦多总统桑切斯率代表团访问国家农业科技创新园，了解都市农业、垂直农业以及LED人工光植物工厂、物联网和全自动深液流智能栽培系统等方面的应用示范情况。

11月19日，环发所与北京智慧气象信息科技有限公司签署战略合作协议。中国农业科学院副院长梅旭荣、原副院长雷茂良、环发所所长张燕卿及双方技术、市场专家参加签字仪式。

11月14日，中国农业科学院党组书记张合成到环发所调研指导工作并组织召开座谈会。张合成书记对环发所的工作成效予以充分肯定，并要求环发所为农业绿色发展提供坚强科技支撑。

12月，环发所气候变化团队与北京大学现代农学院以共同第一单位名义，在*Nature*子刊*Nature Plants*上在线发表名为《未来极端气候将使全球啤酒供应减少》的文章，并被*Nature Plants*选为网页封面论文。

2019年

1月8日，由环发所畜牧环境科学与工程团队完成的"畜禽粪便污染监测核算方法和减排增效关键技术研发与应用"获国家科技进步二等奖。

3月，环发所3篇论文分别入选F1000Prime和ESI顶尖论文。分别是：赵翔博士为第一作者、崔海信研究员为通信作者发表在SCI杂志*Nature Plants*的研究论文*Pollen magnetofection for genetic modification with magnetic nanoparticles as gene carriers*；赵翔博士为第一作者、崔海信研究员为通信作者在SCI检索*Journal of Agricultural and Food Chemistry*发表的研究论文*Development Strategies and Prospects of Nano-based Smart Pesticide Formulation*；胡国铮博士为通信作者在SCI检索*The Rangeland Journal*发表的研究论文*Ecological responses of Stipa steppe in Inner Mongolia to experimentally increased temperature and precipitation 1：Background and experimental design*。

4月15日，乌拉圭国家农业研究学院（INIA）院长何塞·路易斯·雷佩托、乌拉圭驻华大使馆农业外交官哈维尔·罗德里格斯等一行4人到环发所访问，并就未来的合作方式与意向达成共识。环发所副所长董红敏出席会议。

4月25日，环发所"地膜残留污染综合防控技术与产品""农业纳米药物制备新技术及应用""基于无害化微生物发酵床的养殖废弃物全循环技术"3项成果被评为百项重大科技成果，"天气指数农业保险研发关键技术""区域生态循环全产业链清洁生产成套技术""藏北高原草地适应气候变化关键技术及应用"等10余项成果在2019（首届）全国农业科技成果转化大会暨第七届成都国际都市现代农业博览会展出。

5月，环发所空心莲子草生物防治技术被农业农村部遴选为2019年农业主推技术。

5月9日，环发所"以微生物发酵技术为核心的养殖废弃物全循环技术"作为农业面源污染控制的标志性成果在四川省成都市"打好长江保护修复攻坚战生态环境科技成果推介活动"中展出。环发所副所长朱昌雄参加活动并作成果介绍。

5月10日，由环发所主办的"分子环境土壤科学前沿"国际研讨会在北京召开。中国农业科学院国际合作局副局长郝卫平、环发所所长张燕卿出席会议。

5月16日，环发所副所长朱昌雄获聘长江生态环境保护修复联合研究总体专家组成员。

5月16日，由科技部国际合作项目支持，环发所、布加勒斯特农业科学与兽医学大学主持共建的中罗农业科技园在布加勒斯特建成并举行揭牌仪式。中国驻罗马尼亚大使姜瑜女士、环发所所长张燕卿等出席仪式并致辞。

5月17日，第四届中罗科学家论坛在罗马尼亚布加勒斯特农业科学与兽医学大学召开。来自中国和罗马尼亚的100余位代表与会。环发所所长张燕卿带领10余位设施园艺相关科研人员参加了会议。

6月2—7日，环发所党委书记郝志强一行4人组成的科技帮扶组先后到西藏自治区农牧科学院农业所、水产所、食品所、资源环境所等开展学习交流，并且深入那曲市及巴青县调研科技帮扶工作。

6月，环发所副所长、畜禽环境科学与工程团队首席科学家董红敏研究员荣获"第二届中国生态文明奖先进个人"称号。

6月4日，科技部正式审批通过了首批14家"一带一路"联合实验室，环发所申报的中国-罗马尼亚农业合作"一带一路"联合实验室获得批准建立。

6月14日，由国家留学基金管理委员会主办的"感知中国-首都行"活动，在环发所顺义基地举行。来自俄罗斯、英国、韩国、印度、越南等国家的50余名优秀来华留学生奖学金获奖者代表参加了此次活动。

7月31日—8月2日，环发所在辽宁沈阳成功举办旱地农业发展国际研讨会。会议以"绿色旱地农业"为主题，围绕全球旱地农业可持续发展、研究热点与关键问题、气候变化与干旱防控、旱地农田水分管理、旱地智慧农业系统模拟、农田残膜污染治理等方面深入研讨。环发所所长张燕卿、辽宁省农业科学院副院长孙占祥出席会议，中国农业科学院国际合作局副局长郝卫平主持开幕式。

8月，国际半干旱热带作物研究所所长Peter Carberry访问环发所。

9月9日，匈牙利圣伊斯特万大学（Szent István University）副教授约州·乔丹（Gyozo Jordan）到环发所开展土壤侵蚀与污染物迁移路径辨析及风险评估方面的学术交流。中国农业科学院国际合作局项目官员刘凌菲、匈牙利大使馆郑威女士，环发所相关研究人员参加了此次交流。

10月，以"农产品质量与农业气象"为主题的中国农学会农业气象分会2019年学术年会在新疆维吾尔自治区召开。中国农业科学院副院长、中国农学会农业气象分会理事长梅旭荣以"品质气象学理论与方法"为题作特邀学术报告。环发所所长张燕卿、中国农学会副秘书长莫广刚出席会议。

10月28日—11月2日，环发所所长张燕卿带队赴西藏自治区农牧科学院、那曲市政府、那曲贫困牧民培训中心、国家农业环境那曲观测实验站等地开展科技帮扶。

12月26日，环发所与国家兽药产业技术创新联盟举行纳米兽药产业化开发合作签约仪式。

2020年

1月，经中国农业科学院常务会批准，环发所董红敏研究员主持的院国际农业科学计划"畜禽废弃物项目"获得立项。

4月，环发所退化及污染农田修复创新团队揭示了秸秆还田对土壤重金属铬污染控制具有重要影响。相关研究成果在线发表于*Environmental Science & Technology*。

4月1日，环发所组织召开干部大会，宣布所主要领导任免决定。中国农业科学院党组成员、人事局局长陈华宁同志宣读了农业农村部关于赵立欣同志任环发所所长，免去张燕卿同志环发所所长职务的决定。

6月5—6日，由中国农业科学院主办，环发所、植保所、资划所、环保所等承办的农业绿色发展战略暨首届农村人居环境整治学术交流会在北京召开。中国农业科学院副院长万建民出席会议并致辞，中国农业大学张福锁院士、贵州大学宋宝安院士、中国环境科学研究院吴丰昌院士、中国农业科学院副院长梅旭荣、环发所所长赵立欣分别作主题报告。

7月，环发所节水新材料与地膜污染防控创新团队编绘的我国第一本有关地膜科普的画册《地膜漫谈》由中国农业科学技术出版社出版。

7月2日，全球综合性学术期刊*National Science Review*（IF：16.693）在线发表了环发所孙东宝副研究员等人题为"*An overview on the use of plastic film mulching in China to increase crop yield and water use efficiency*"的文章。

7月15日，环发所组织编写的《农村厕所粪污无害化处理与资源化利用指南》《农村厕所粪污处理及资源化利用典型模式》获得农业农村部副部长韩俊、副部长刘焕鑫、党组成员吴宏耀肯定性批示。

8月，由环发所农业清洁流域创新团队主持完成的"利用多同位素技术解析农业面源污染物来源"研究，获评为由中国原子能农学会发布的2019年度我国核技术农业应用十项重大新进展之一。

8月25日，在中国农业科学院国际合作局的协调和支持下，阿联酋驻华大使阿里·扎希里博士一行参观访问环发所植物工厂，双方就加强植物工厂相关技术合作进行了深入交流。

8月28日，吉林省畜牧业管理局局长张国华带队赴环发所调研洽谈，环发所所长赵立欣出席座谈会。

9月11日，环发所以"现场+视频"方式组织召开了中欧畜禽粪污资源化利用学术研讨会，农业农村部畜牧兽医局畜禽废弃物利用处处长左玲玲、全国畜牧总站牧业绿色发展处处长刘桂珍、环发所副所长董红敏以及浙江大学、环发所畜牧环境科学与工程团队师生等参加会议。

9月19日，由中国农业科学院环发所、中国农学会农业气象分会主办的"第十四届农业环境科学峰会"在湖南长沙召开。中国工程院院士印遇龙、中国农业科学院副院长梅旭荣出席会议。

9月28日，由环发所主办的"中国规模化奶牛场低排放技术措施示范与推广"项目启动会在北京召开。环发所所长赵立欣、中国农业科学院国际合作局副局长郝卫平、"气候变化、农业和粮食安全"（CCAFS）总干事Bruce Campbell先生分别致欢迎辞。

10月，环发所种植废弃物清洁转化与高值利用团队编制的我国第一部秸秆清洁供暖科普画册《秸秆清洁供暖技术》正式出版。

10月，环发所成立农村人居环境研究中心。

10月，环发所退化及污染农田修复创新团队对秸秆还田条件下土壤中重金属铬迁移转化的分子机制进行了较为系统地揭示，为铬污染农田的安全利用提供了理论依据。相关研究成果在线发表在国际环境学领域著名旗舰期刊*Environmental Science & Technology*上。

10月21日，农业农村部科技教育司司长周云龙一行到环发所调研指导"十四五"规划工作。环发所所长赵立欣、党委书记郝志强、副所长董红敏等参加座谈会。

11月，环发所建成我国北方最大的FACE试验平台。

11月，环发所气候变化与减排固碳创新团队系统地揭示了在气候变化条件下青藏高原高寒草地植物物候与生产力之间的关系，相关研究结果发表在国际生态学领域顶级期刊*Journal of Ecology*上。

11月10日，华南理工大学瞿金平院士一行来环发所座谈交流，围绕我国农膜污染防控、高强度地膜产品研发与应用等深入探讨与交流。环发所党委书记郝志强、副所长董红敏以及相关部门、团队成员参加座谈。

11月15日，由国家玉米产业技术体系主办，中国农业科学院农业环境与可持续发展研究所承办的"玉米产后加工与秸秆综合利用技术学术研讨会"在北京召开。环发所所长赵立欣主持开幕式。

11月20日，中国科学技术交流中心第二党支部、中国农业科学院国际合作局党支部及环发所第六党支部近40位同志，在国家农业科技创新园共同开展"学习宣传贯彻党的十九届五中全会精神"的联学联建活动。中国农业科学院国际合作局局长张亚辉、环发所党委书记郝志强参加活动。

11月27—28日，以"第四范式科研与农业气象"为主题的中国农学会农业气象分会2020年学术年会在四川省成都市召开。中国农业科学院党组成员、副院长刘现武出席会议并讲话，环发所党委书记郝志强主持开幕式，中国农学会等有关单位负责同志在开幕式致辞。

11月30日，青岛农业大学副校长刘春霞率资源与环境学院领导班子一行访问环发所，签订青岛农业大学与资划所、环发所的合作协议。中国农业科学院副院长梅旭荣出席签约仪式，环发所党委书记郝志强主持签约仪式。

12月，环发所畜牧环境科学与工程创新团队、节水新材料与农膜污染防控团队荣获"第二次全国污染源普查表现突出的集体"荣誉，13名科研人员荣获"第二次全国污染源普查表现突出的个人"荣誉。

12月1日，中国侨联"第八届新侨创新创业成果交流活动"在人民大会堂隆重举行。环发所研究员王耀生荣获中国侨界贡献奖二等奖。

12月11日，农业农村部农村社会事业促进司副司长、一级巡视员何斌一行莅临环发所调研指导农村人居环境整治科技人才支撑工作。环发所所长赵立欣、党委书记郝志强及相关处室人员参加座谈会。

2021年

2月4日，农业农村部科技教育司能源生态处处长付长亮等一行莅临环发所调研指导秸秆综合利用、农村可再生能源等工作。环发所所长赵立欣接待调研组一行。

3月4日，农业农村部计划财务司一级巡视员宋昱等一行莅临环发所调研"放管服"落实情况、外来生物入侵普查项目进展情况及财务信息化建设情况。中国农业科学院财务局局长陈金强、副局长张士安，环发所党委书记郝志强、副所长董红敏、副所长朱昌雄以及有关部门和团队负责人等参加了座谈。

3月18日，环发所召开干部大会宣布领导班子成员调整决定，中国农业科学院党组成员、副院长王汉中以及人事局副局长李巨光出席会议，会议由环发所所长赵立欣主持。会上，李巨光同志宣读了院党组关于梁富昌同志任环发所副所长、免去朱昌雄同志环发所副所长职务的决定。

4月1日，山西农业大学资源环境学院（山西省农业科学院农业环境与资源研究所）院长刘奋武一行来所交流，共商所院深度合作事宜。环发所所长赵立欣主持座谈会。

4月19—22日，由中国农业科学院和山东省寿光市人民政府共同举办，中国农业科学院农业环境与可持续发展研究所承办的第六届"2021中国·寿光国际设施园艺学术研讨会"在山东寿光隆重召开。中国农业科学院副院长梅旭荣参会。

5月，环发所农业气象灾害防控团队研发的"农田环境与作物生长监测物联网系统"入选2021年农业农村部新技术新产品新模式优秀案例。

5月21日，环发所作物高效用水与抗灾减损国家工程实验室顺利通过评估。中国农业科学院副院长、工程实验室主任梅旭荣，环发所所长赵立欣出席评估会。

5月21日，世界粮农组织（FAO）发布由环发所智慧气象与农业气候资源利用团队撰写的中国碳中和茶生产案例研究报告*Carbon neutral tea production in China：Three pilot case studies*。这是FAO全球首次发布碳中和茶方面的报告，也是中国首份权威的碳中和农产品报告，此工作为我国实现2060碳中和目标开展了创新性探索。

5月，环发所分析测试中心顺利通过CNAS复评审。

6月，环发所研发的北方地区秸秆捆烧清洁供暖关键技术、畜禽粪便就近低成本处理利用集成技术入选农业农村部2021年农业主推技术。

7月22—23日，全国农村厕所革命现场会在湖南衡阳召开，国务院副总理胡春华、农业农村部部长唐仁健和国家乡村振兴局局长王正谱对环发所与企业联合研发的适宜寒旱地区农村的户用卫生厕所和公共厕所产品给予高度评价。

8月，环发所作为牵头单位之一，联合北京大学、中国农业大学、美国斯坦福大学研究人员研究揭示中国生态补助奖励政策不仅能够改善草地质量，而且可以促进牧民增收。相关研究成果发表在*Nature communications*上。

9月2日，中国农业科学院党组书记张合成、副院长刘现武一行到国家农业科技创新园调研指导工作。环发所所长赵立欣、党委书记郝志强、副所长梁富昌陪同调研。

9月7日，中国农业科学院国际合作局局长张亚辉、副局长柯小华等一行来环发所调研国际合作工作，环发所党委书记郝志强以及相关处室人员参加了座谈。

9月16日，环发所主持的国家重点研发计划项目"粮食主产区主要气象灾变过程及其减灾保产调控关键技术"顺利通过课题绩效评价。中国工程院院士陈焕春，科技部中国农村技术开发中心主任邓小明，环发所所长赵立欣、党委书记郝志强参加绩效评价工作会议。

9月20日，环发所节水新材料与地膜污染防控团队科技成果"全生物降解地膜产品研发与应用"荣获2020—2021年度北京市科学技术奖（科学技术进步类）二等奖。

10月，环发所副所长董红敏获聘担任第四届国家气候变化专家委员会委员。

10月28日—11月16日，环发所刘硕副研究员作为生态环境部代表团成员之一，赴英国格拉斯哥参加《联合国气候变化框架公约》第26次缔约方大会（COP26）、巴黎协定第3次缔约方大会（CMA3）。

11月3日，2020年度国家科学技术奖励大会在人民大会堂隆重举行。由环发所作为第一完成单位的"北方旱地农田抗旱适水种植技术及应用"获得国家科技进步二等奖。

2022年

1月15日，由环发所担任理事长单位，国家级、省级和地市级农业科研机构及涉农高校、技术推广单位和科技创新企业等94家单位组成的国家农业农村碳达峰碳中和科技创新联盟在京正式成立。

1月18日，日本驻华使馆、日本国际协力机构中国事务所一行5人到访环发所，共商中日农业科技合作事宜，同时签署合作备忘录。环发所所长赵立欣、副所长董红敏及相关负责人出席。

3月，由环发所牵头的"农业农村部华北平原农业绿色低碳重点实验室"获批建设。该实验室是部农业绿色低碳学科群的专业性重点实验室之一，由环发所联合环保所共同建设。

3月25日，环发所与大北农集团就"新型纳米疫苗及佐剂技术开发"签署千万元级项目合作协议。中国农业科学院成果转化局局长赵玉林，环发所所长赵立欣、党委书记郝志强，大北农集团丰华研究院院长赵亚荣出席会议。

4月22日，中国农业科学院人事局党支部与环发所第一党支部赴顺义综合试验基地联合开展主题党日活动。中国农业科学院党组成员、人事局局长陈华宁，环发所所长赵立欣、党委书记郝志强参加活动。

5月，环发所牵头修订的2项国家标准《规模化畜禽场良好生产环境　第1部分：场地要求》（GB/T41441.1—2022）和《规模化畜禽场良好生产环境　第2部分：畜禽舍技术要求》（GB/T41441.2—2022）通过全国畜牧业标准化技术委员会组织的专家评审。

6月，环发所种植废弃物清洁转化与高值利用团队成果《秸秆清洁供暖技术》科普画册荣获2021年中国农业绿色发展研究会科学技术奖二等奖。

6月，环发所刘硕副研究员作为生态环境部代表团成员之一，赴德国波恩参加《联合国气候变化框架公约》附属机构第56次会议，负责适应等相关议题磋商。

6月9日，环发所召开干部大会，受中国农业科学院党组委托，宣布院党组关于免去董红敏同志环发所副所长职务的决定，赵立欣所长为董红敏同志颁发了院党组授予的荣誉纪念牌，并代表环发所为董红敏同志颁发了特约顾问聘书和中国农业科学院农业农村碳达峰碳中和研究中心副主任聘书。

7月，中国农学农业资源与环境分会新一届换届大会在浙江平湖召开。大会选举产生新一届主任委员、副主任委员、秘书长、常务委员。推举刘旭院士、张福锁院士、周卫院士、梅旭荣研究员、骆世明教授为荣誉主任委员，环发所所长赵立欣为主任委员，环发所张晴雯等为副主任委员，中国农学会刘荣志为秘书长。

9月6日，环发所与天津市宁河区人民政府签订绿色低碳战略合作协议。宁河区委副书记、区长惠冰，分管副区长王智东，环发所党委书记郝志强、副所长高清竹出席活动。

10月，农业农村部下发《农业农村部关于2019—2021年度全国农牧渔业丰收奖获奖情况的通报》，环发所畜牧环境工程团队董红敏研究员牵头完成的"畜禽粪污处理利用技术模式集成与推广应用"获得农业技术推广合作奖。环发所副所长高清竹作为第一完成人、环发所作为第二完成单位完成的"高寒牧区饲草高效供给利用技术集成与推广应用"获得农业技术推广成果奖一等奖。

10月30日—11月21日，环发所刘硕副研究员作为生态环境部代表团成员之一，赴埃及沙姆沙伊赫参加《联合国气候变化框架公约》第27次缔约方大会（COP27）。

11月4—21日，环发所王斌副研究员作为生态环境部代表团成员之一，赴埃及沙姆沙伊赫，参加《联合国气候变化框架公约》第27次缔约方大会（COP27）、《巴黎协定》第4次缔约方大会（CMA4）、附属机构第57次会议（SB57），负责农业等相关议题磋商。

12月，梁富昌同志调任中国农业科学院财务局副局长，不再担任环发所副所长。

12月28日，环发所召开干部大会，人事局季勇副局长宣读了中国农业科学院党组关于郝卫平同志任环发所副所长职务的决定。

2022年，畜牧环境工程团队首次科学评估了我国畜禽养殖业废弃物利用和污染防治对中国生态系统和人体健康改善的成效，相关研究结果在线发表在顶刊*Nature Food*（JIF=20.43），并入选中国农业科学院年度十大重要科学发现；畜牧环境工程团队创新开发了中链羧酸合成工艺，为畜禽粪污高值化利用提供了一条新途径，相关研究成果发表在*Chemical Engineering Journal*（JIF=16.744）；纳米材料团队系统阐述基于DNA模板的币金属纳米结构材料的合成与应用，为农业领域的农兽药残留检测及食品安全等绿色农业发展提供了一种全新的思路，相关研究结果发表在*Coordination Chemistry Reviews*（JIF=24.833）；纳米材料团队揭示了纳米载体对药物稳定和功效提升的作用机制，为多种虫害的绿色、高效防控提供新思路，相关文章发表在*ACS Nano*（JIF=18.027）。

附录1　研究所职工队伍名录

附录1-1　研究所在职职工名录

（截至2022年12月底，按姓氏笔画排序）

序号	姓名	序号	姓名	序号	姓名	序号	姓名
1	丁军军	26	王海涛	51	刘琪	76	李峰
2	干珠扎布	27	王靖轩	52	刘勤	77	李涛
3	于佳动	28	王耀生	53	刘中阳	78	李琨
4	于博威	29	毛丽丽	54	刘文科	79	李阔
5	于寒青	30	方慧	55	刘布春	80	李玉中
6	万运帆	31	尹福斌	56	刘杏认	81	李玉娥
7	马江	32	叶婧	57	刘连华	82	李巧珍
8	马欣	33	申越	58	刘雨坤	83	李兴业
9	马浚诚	34	申瑞霞	59	刘国强	84	李红娜
10	马媛莉	35	田云龙	60	刘艳琪	85	李迎春
11	王扬	36	史大宁	61	刘晓英	86	李奇辰
12	王芊	37	付卫东	62	刘恩科	87	李昊儒
13	王佳	38	白薇	63	刘家磊	88	李贵春
14	王悦	39	白文波	64	刘赟青	89	李洪波
15	王崇	40	白慧卿	65	许吟隆	90	李艳丽
16	王琰	41	仝宇欣	66	孙琛	91	李莲芳
17	王斌	42	吕国华	67	孙长娇	92	李晓婕
18	王一丁	43	朱洁	68	孙东宝	93	杨魏
19	王亚男	44	朱志平	69	孙雨潇	94	杨世琦
20	王传娟	45	伍纲	70	孙宝利	95	杨建军
21	王庆锁	46	刘为	71	赤杰	96	杨晓娟
22	王英楠	47	刘园	72	严昌荣	97	吴隆起
23	王建东	48	刘翀	73	苏世鸣	98	吴翠霞
24	王春鑫	49	刘硕	74	杜克明	99	何超
25	王顺利	50	刘雪	75	李娜	100	何文清

（续表）

序号	姓名	序号	姓名	序号	姓名	序号	姓名
101	宋振	126	郑飞翔	151	耿兵	176	董雯怡
102	宋吉青	127	郑云昊	152	贾兴永	177	蒋丽丹
103	张义	128	郑向群	153	夏旭	178	韩雪
104	张洋	129	居辉	154	顾峰雪	179	韩锐
105	张楠	130	陕红	155	徐春英	180	程瑞锋
106	张玉琪	131	封朝晖	156	高飞	181	鲁卫泉
107	张西美	132	赵江	157	高丽丽	182	曾希柏
108	张沛祯	133	赵翔	158	高清竹	183	曾剑飞
109	张茂林	134	赵立欣	159	高静文	184	曾章华
110	张国良	135	赵明月	160	郭莹	185	游松财
111	张艳丽	136	赵高峰	161	郭萍	186	雷水玲
112	张爱平	137	赵海根	162	郭瑞	187	雷添杰
113	张海燕	138	赵鹏程	163	郭李萍	188	詹深山
114	张晴雯	139	赵解春	164	展晓莹	189	蔡岸冬
115	张馨月	140	郝卓	165	姬军红	190	廖京运
116	陈迪	141	郝卫平	166	黄金丽	191	潘婕
117	陈永杏	142	郝志强	167	黄思捷	192	潘俊倩
118	陈保青	143	胡国铮	168	龚道枝	193	霍丽丽
119	武永峰	144	胡婷霞	169	崔博	194	魏莎
120	武建双	145	钟秀丽	170	崔吉晓	195	魏灵玲
121	苗倩	146	侯学敏	171	崔海信	196	魏潇雅
122	尚斌	147	娄翼来	172	彭慧珍		
123	罗娟	148	姚宗路	173	董闫闫		
124	罗良国	149	贺勇	174	董红敏		
125	郑莹	150	秦晓波	175	董莲莲		

附录1-2　退休职工名录

（2013—2022年，按姓氏笔画排序）

序号	姓名	序号	姓名	序号	姓名	序号	姓名
1	于立成	3	马杭霞	5	龙厚茹	7	仝乘风
2	马世铭	4	邓春生	6	白玲玉	8	朱巨龙

序号	姓名	序号	姓名	序号	姓名	序号	姓名
9	朱昌雄	17	肖平	25	赵军	33	戚伟
10	任华	18	宋国明	26	赵东兰	34	梁红
11	刘金柱	19	张萍	27	姜雁北	35	惠燕
12	孙忠富	20	张建生	28	贺文君	36	程艳
13	李正	21	张燕荣	29	骆春菊	37	魏强
14	李勇	22	陈照起	30	栗金池		
15	李育慧	23	范中南	31	高志平		
16	杨正礼	24	郁小川	32	陶余平		

附录1-3 在研究所工作过的职工名录

（2013—2022年，按姓氏笔画排序）

序号	姓名	状态
1	王春芳	调离
2	田佳妮	调离
3	刘爽	调离
4	许娟	去世
5	杜章留	调离
6	李真	辞职
7	杨其长	调离
8	邹旖	辞职
9	张亮	调离
10	张万钦	调离
11	张庆忠	调离
12	张燕卿	调离
13	陈敏鹏	调离
14	苗水清	调离
15	林而达	去世
16	周舒雅	调离
17	赵红梅	调离
18	赵锡海	调离
19	郝先荣	去世
20	郝志鹏	调离
21	段然	调离
22	段四波	调离

（续表）

序号	姓名	状态
23	饶敏杰	调离
24	徐明岗	调离
25	郭 亮	调离
26	郭 毅	调离
27	陶秀萍	调离
28	梅旭荣	调离
29	梁富昌	调离
30	董一威	调离
31	韩东飞	调离
32	游有林	调离
33	熊 伟	辞职

附录2　环发所所级领导和处级机构负责人名录

附录2-1　所长、副所长名录

职务	姓名	起止时间
所长	梅旭荣	2009.4—2014.1
	张燕卿	2014.1—2020.3
	赵立欣	2020.3—
副所长	栗金池	2009.4—2016.10
	张燕卿	2009.4—2014.2
	董红敏	2009.4—2022.1
	朱昌雄	2010.4—2021.1
	郝志强	2016.10—
	梁富昌	2021.1—2022.12
	高清竹	2021.4—
	郝卫平	2022.12—

附录2-2　党委书记、副书记名录

职务	姓名	起止时间
党委书记	栗金池	2009.1—2016.10
	郝志强	2016.10—
党委副书记	梅旭荣	2009.4—2014.2
	张燕卿	2014.2—2020.3
	郝先荣	2017.12—2021.11
纪委书记	朱昌雄	2016.10—2017.12
	郝先荣	2017.12—2021.11

附录2-3　职能、支撑部门领导干部名录

职能、支撑部门名称	正职	副职	起止时间
科技处	刘国强		2010.2—2021.4
		郝志鹏	2013.5—2017.6
		夏　旭	2017.6—2020.10
科研处	刘国强		2020.10—2021.3
		夏　旭	2020.10—2021.3
科研管理与国际合作交流处（中日中心综合协调办公室）	刘国强		2021.4—2022.11
		刘雨坤	2020.10—2021.3
		夏　旭	2021.4—2022.11
	夏　旭		2022.11—
		郑　莹	2022.11—
办公室	赵红梅（兼任）		2013.1—2014.6
		苗水清	2012.11—2013.11
	郝志鹏		2017.6—2020.12
		郑　莹	2019.2—2021.4
	张艳丽		2020.12—2021.3
综合办公室（党委办公室）	张艳丽		2021.4—
		郑　莹（副处级纪检监察员）	2021.4—2022.11
		王　佳	2021.12—
人事处（党委办公室）	赵红梅		2013.1—2014.6
	姬军红（正处级纪检监察员）		2011.1—2017.7
党委办公室（人事处）	姬军红		2017.8—2021.4
	惠燕（工会副主席正处级）		2012.9—2017.12
		赵锡海	2017.7—2018.9
		郭莹（副处级监察员）	2017.6—2018.11
		郭莹	2018.11—2021.4
		刘赟青（副处级监察员）	2019.2—2021.4
人事处	姬军红		2021.4—
		郭　莹	2019.2—
条件建设与财务处	饶敏杰		2010.3—2014.1
		董莲莲	2010.3—2017.6
		朱巨龙	2011.1—2017.12
财务处	董莲莲		2017.6—2021.4
财务资产处	董莲莲		2021.4—
		蒋丽丹	2021.7—
国际合作与交流处		刘雨坤	2012.6—2020.3

（续表）

职能、支撑部门名称	正职	副职	起止时间
产业与后勤服务中心	李艳丽		2010.3—2017.6
		程艳	2011.1—2017.6
条件保障处	程艳		2021.3—2022.11
		李艳丽（正处长级）	2021.3—2022.11
		李峰	2021.3—2022.11
	李峰		2022.11—
成果转化中心	朱巨龙		2017.12—2018.12
		王靖轩	2017.6—2021.3
		李峰	2019.4—2021.3
	郝志鹏		2020.12—2021.4
成果转化处		王靖轩	2021.3—2022.10
		刘赟青	2021.4—
	王靖轩		2022.11—
编辑信息室（农业环境数据中心）	雷水玲		2010.3—2022.11
	李艳丽		2017.6—2021.3
分析测试中心	仝乘风		2010.3—2017.6
	封朝晖		2017.6—
		黄金丽	2017.6—

附录2-4 研究室负责人名录

研究室名称	主任	副主任	起始时间
气候变化研究室	李玉娥		2010.3—2017.6
		高清竹	2013.5—2017.6
	高清竹		2017.6—2021.4
农业减灾研究室		刘布春	2010.3—2012.11
	刘布春		2012.11—
旱作节水研究室	郝卫平		2010.3—2017.6
	何文清		2018.2—
环境工程研究室	杨其长		2010.3—2017.6
	程瑞锋		2017.6—
生态安全研究室		张庆忠	2010.3—2012.11
	张庆忠		2012.11—2018.2
	张晴雯		2018.2—
环境修复研究室	张国良		2012.11—

附录2-5 科研团队负责人名录

团队名称	团队首席	执行首席	批复时间
农业温室气体与减排固碳	李玉娥		2014.2
	高清竹		2017.7
气候变化与减排固碳	高清竹		2019.12
		秦晓波	2022.8
气候变化与农业气候资源利用	许吟隆		2014.2
	许吟隆		2019.12
		贺 勇	2019.7
	马 欣		2022.11
农业气象灾害防控	梅旭荣		2014.2
		孙忠富	2014.3
		游松财	2017.4
	刘布春		2020.7
生物节水与旱作农业	严昌荣		2014.2
	龚道枝		2019.12
农业水生产力与水环境	李玉中		2014.2
节水新材料与农膜污染防控	何文清		2019.12
退化及污染农田修复	曾希柏		2014.2
		苏世鸣	2020.10
农业清洁流域	李 勇		2014.2
	张晴雯		2019.12
设施植物环境工程	杨其长		2014.2
	程瑞锋		2019.12
畜牧环境科学与工程	董红敏		2014.2
		朱志平	2020.10
种植废弃物清洁转化与高值利用	赵立欣		2020.10
		姚宗路	2021.5
	姚宗路		2022.11
多功能纳米材料及农业应用	崔海信		2014.2
		王 琰	2020.10
	王 琰		2022.3

附录3 研究员和副研究员名录

附录3-1 研究员名录（2013—2022年）

（按姓氏笔画排序）

序号	姓名	序号	姓名	序号	姓名	序号	姓名
1	万运帆	19	杜章留（调离）	37	罗良国	55	郭 瑞
2	马 欣	20	李 涛	38	郑向群	56	郭李萍
3	王 琰	21	李玉中	39	居 辉	57	姬军红
4	王庆锁	22	李玉娥	40	赵立欣	58	龚道枝
5	王建东	23	李红娜	41	赵高峰	59	崔海信
6	王耀生	24	李艳丽	42	赵解春	60	董红敏
7	邓春生（退休）	25	李莲芳	43	郝卫平	61	董莲莲
8	朱志平	26	杨世琦	44	郝志强	62	程瑞锋
9	刘文科	27	杨建军	45	钟秀丽	63	曾希柏
10	刘布春	28	何文清	46	饶敏杰（调离）	64	曾章华
11	刘国强	29	宋吉青	47	娄翼来	65	游松财
12	刘晓英	30	张 义	48	姚宗路	66	雷水玲
13	刘恩科	31	张 亮（调离）	49	贺 勇	67	雷添杰
14	刘家磊	32	张西美	50	秦晓波	68	霍丽丽
15	许吟隆	33	张庆忠（调离）	51	耿 兵	69	魏灵玲
16	孙宝利	34	张国良	52	顾峰雪		
17	严昌荣	35	张晴雯	53	高清竹		
18	苏世鸣	36	陈敏鹏（调离）	54	郭 萍		

附录3-2 副研究员名录（2013—2022年）
（按姓氏笔画排序）

序号	姓名	序号	姓名	序号	姓名	序号	姓名
1	干珠扎布	19	刘 园	37	杨 巍	55	夏 旭
2	于佳动	20	刘 翀	38	杨晓娟	56	徐春英
3	于寒青	21	刘 硕	39	肖 平（退休）	57	高志平（退休）
4	马浚诚	22	刘 雪	40	宋 振	58	高丽丽
5	王 悦	23	刘 琪	41	张 洋	69	郭 莹
6	王 斌	24	刘 勤	42	张艳丽	60	展晓莹
7	王亚男	25	刘杏认	43	张爱平	61	黄金丽
8	王靖轩	26	刘雨坤	44	陈永杏	62	崔 博
9	毛丽丽	27	孙 琛	45	武永峰	63	董雯怡
10	方 慧	28	孙东宝	46	尚 斌	64	蒋丽丹
11	尹福斌	29	付卫东	47	罗 娟	65	韩 雪
12	田云龙	30	杜克明	48	郑飞翔	66	鲁卫泉
13	白 薇	31	李 真（辞职）	49	陕 红	67	詹深山
14	白文波	32	李 琨	50	封朝晖	68	蔡岸冬
15	仝宇欣	33	李巧珍	51	赵 翔	69	潘 婕
16	吕国华	34	李迎春	52	赵海根		
17	伍 纲	35	李贵春	53	郝志鹏（调离）		
18	刘 为	36	李洪波	54	胡国铮		

附录4 专业技术二、三级岗位名单

附录4-1 专业技术二级人员名录（2013—2022年）

（按姓氏笔画排序）

序号	姓名	岗位	备注
1	朱昌雄	专业技术二级	退休
2	严昌荣	专业技术二级	
3	李 勇	专业技术二级	退休
4	李玉娥	专业技术二级	
5	杨其长	专业技术二级	调离
6	宋吉青	专业技术二级	
7	张燕卿	专业技术二级	调离
8	林而达	专业技术二级	去世
9	赵立欣	专业技术二级	
10	梅旭荣	专业技术二级	调离
11	崔海信	专业技术二级	
12	董红敏	专业技术二级	
13	曾希柏	专业技术二级	

附录4-2 专业技术三级人员名录（2013—2022年）

（按姓氏笔画排序）

序号	姓名	岗位	备注
1	王庆锁	专业技术三级	
2	朱志平	专业技术三级	
3	刘布春	专业技术三级	
4	刘国强	专业技术三级	
5	许吟隆	专业技术三级	

（续表）

序号	姓名	岗位	备注
6	孙忠富	专业技术三级	退休
7	李玉中	专业技术三级	
8	杨正礼	专业技术三级	退休
9	张晴雯	专业技术三级	
10	罗良国	专业技术三级	
11	郑向群	专业技术三级	
12	居　辉	专业技术三级	
13	高清竹	专业技术三级	
14	郭李萍	专业技术三级	
15	游松财	专业技术三级	

附录5　获得省部级（含）以上人才目录

人才类别	批准单位	获得年度	人才姓名	备注
"百千万人才工程"国家级人选	人社部	2013	杨其长	调离
		2014	曾希柏	
		2014	赵立欣	
		2019	魏灵玲	
		2020	高清竹	
国家级有突出贡献的中青年专家	人社部	2013	杨其长	调离
		2014	曾希柏	
		2014	赵立欣	
		2019	魏灵玲	
		2020	高清竹	
国家高层次人才	中组部	2014	姚宗路	特殊支持计划
		2019	张西美	特殊支持计划
		2021	李红娜	特殊支持计划
		2022	王琰	特殊支持计划
		2022	杨建军	特殊支持计划
		2014	曾希柏	创新领军人才
		2016	董红敏	创新领军人才
		2016	曾章华	海外引进计划
科技部创新人才推进计划重点领域创新团队	科技部	2012	退化及污染农田修复创新团队	
		2014	农业生物环境科学与工程创新团队	
中央国家机关会计领军人才	国家机关事务局	2017	董莲莲	
全国高端会计人才	财政部	2019	董莲莲	
农业农村部"神农计划"入选者	农业农村部	2022	赵立欣	领军人才
		2022	刘恩科	青年人才
		2022	姚宗路	青年人才
农业农村部杰出青年农业科学家	农业农村部	2018	张西美	

附录6　获院级及以上集体荣誉目录

（党建和精神文明类）

2013年，环发所设施环境工程研究团队被评为2012年度农业部青年文明号。

2014年6月，环发所党委被评为中国农业科学院2012—2013年度先进基层党组织。

2014年，环发所团支部被评为2012—2013年度中国农业科学院先进基层团组织。

2015年3月，环发所人事处（党办）荣获2013—2014年度中国农业科学院巾帼文明岗荣誉称号。

2015年11月，环发所被评为2013—2015年度农业部文明单位。

2016年6月，环发所党委被评为中国农业科学院2014—2015年度先进基层党组织。

2016年，环发所团支部被评为2014—2015年度中国农业科学院先进基层团组织。

2018年1月，环发所被评为中国农业科学院2015—2017年度文明单位。

2018年6月，环发所党委被评为中国农业科学院2016—2017年度先进基层党组织。

2018年6月，环发所被评为中国农业科学院创新文化建设先进单位。

2019年5月，环发所环境工程研究室被评为2016—2018年度中国农业科学院青年文明号。

2021年6月，环发所第四党支部被评为中国农业科学院先进基层党组织。

2022年4月，环发所工会被评为2020—2021年度中国农业科学院先进工会组织。

2022年5月，环发所第一党支部、第四党支部、第六党支部、第十一党支部、第十七党支部被评为中国农业科学院直属机关"四强"党支部。

2022年6月，环发所第一党支部、第四党支部、第六党支部被评为农业农村部直属机关"四强"党支部。

2022年，环发所第四党支部被评为中央和国家机关"四强"党支部。

附录7　人大代表、党代表与政协委员名录

序号	代表类别	姓名
1	第十一届、十二届、十三届全国人大代表	赵立欣
2	中国共产党十九大代表	魏灵玲
3	第十一届北京市海淀区政协委员	魏灵玲
4	第九届及第十届全国政协委员、第十一届全国政协常委	林而达 （2022年11月去世）

附录8 科研相关工作

附录8-1 主要科研项目（课题）目录

序号	项目（课题）名称	课题类别	课题编号	主持人	起止年限	合同经费（万元）
1	畜牧业废弃物管理控制试验研究	"973" 计划–课题	2012CB417104	董红敏	2012—2016	575
2	华北农业和社会经济对气候灾害的适应能力研究	"973" 计划–课题	2012CB955904	居 辉	2012—2016	640
3	智能化植物工厂生产技术研究	"863" 计划–项目	2013AA103000	杨其长	2013—2017	4 611
4	植物工厂LED节能光源及光环境智能控制技术	"863" 计划–课题	2013AA103001	刘文科	2013—2017	785
5	农业废弃物资源化处理成套智能装备创制与应用	国家重点研发计划–项目	2022YFD2002100	赵立欣	2022—2026	2 000
6	面向现代农业高效种植需求的LED技术及其示范应用	国家重点研发计划–项目	2022YFB3604600	李 涛	2022—2025	2 750
7	我国主要粮食作物生产系统土壤固碳关键参数确定及模型构建	国家重点研发计划–项目	2022YFD2300500	蔡岸冬	2022—2025	200
8	生猪养殖温室气体和氨气协同减排技术研究与示范	国家重点研发计划–项目	2022YFE0115600	朱志平	2023—2025	693
9	农业生产非二氧化碳温室气体减排战略合作及技术合作研发与应用	国家重点研发计划–项目	2022YFE0209200	李玉娥	2022—2025	500
10	畜禽废弃物无害化处理与资源化利用新技术及新产品研发	国家重点研发计划–项目	2016YFD0501400	陶秀萍	2016—2020	4 550
11	用于设施农业生产的LED关键技术研发与应用示范	国家重点研发计划–项目	2017YFB0403900	魏灵玲	2017—2020	2 717

（续表）

序号	项目（课题）名称	课题类别	课题编号	主持人	起止年限	合同经费（万元）
12	粮食主产区主要气象灾变过程及其减灾保产调控关键技术	国家重点研发计划-项目	2017YFD0300400	游松财	2017—2020	7 152
13	林果水旱灾害监测预警与风险防范技术研究	国家重点研发计划-项目	2017YFC1502800	刘布春	2018—2021	1 396
14	环境友好型地膜覆盖技术研究与集成示范	国家重点研发计划-项目	2017YFE0121900	严昌荣	2019—2022	424
15	蔗糖复合新材料的作用机理及其农业应用	国家重点研发计划-项目	2019YFE0197100	白文波	2020—2023	267
16	中国-罗马尼亚设施农业技术联合研究	国家重点研发计划-项目	2020YFE0203600	仝宇欣	2020—2023	432
17	旱地农业绿色高效节水关键技术研究与集成示范	国家重点研发计划-项目	2021YFE0101300	刘恩科	2021—2024	145
18	农田重金属污染阻隔和钝化技术及材料示范应用	国家重点研发计划-课题	2016YFD0801003	苏世鸣	2016—2020	250
19	藏北典型半干旱高寒草甸植被恢复综合整治技术研究与示范	国家重点研发计划-课题	2016YFC0502003	高清竹	2016—2020	552.5
20	对靶精准智能释放技术及产品研发	国家重点研发计划-课题	2016YFD0200502	王琢	2016—2020	710
21	稻田全耕层培肥与质量保育关键技术	国家重点研发计划-课题	2016YFD0300902	白玲玉	2016—2020	730
22	区域草地生态产业与可持续管理模式研发与示范	国家重点研发计划-课题	2016YFC0500508	马欣	2016—2020	350
23	自然生态系统入侵物种生态修复技术和产品	国家重点研发计划-课题	2016YFC1201203	张国良	2016—2018	174
24	人工光小菜产LED关键技术研究与应用示范	国家重点研发计划-课题	2017YFB0403902	李涛	2017—2020	636
25	主要粮食作物气象灾害发生规律及指标研究	国家重点研发计划-课题	2017YFD0300401	孙忠富	2017—2020	655
26	关键气候因子的时空变化规律及其对玉米生产系统影响研究	国家重点研发计划-课题	2017YFD0300301	郭李萍	2017—2020	453
27	侵蚀退化红壤肥力提升与生态功能定向调控技术	国家重点研发计划-课题	2017YFC0505402	李勇	2017—2020	320
28	化肥减施增效共性技术与评价研究	国家重点研发计划-课题	2017YFD0201702	刘晓英	2017—2020	797
29	智能化纳米新剂型创制研究	国家重点研发计划-课题	2017YFD0201207	刘国强	2017—2020	994.5
30	研发高效拦截去除的生物质材料、高效吸收去除的生物质材料	国家重点研发计划-课题	2017YFD0800504	杨世琦	2017—2020	301

（续表）

序号	项目（课题）名称	课题类别	课题编号	主持人	起止年限	合同经费（万元）
31	沼液资源化利用技术装备与沼肥施用及风险研究	国家重点研发计划-课题	2017YFD0800804	郝志鹏	2017—2020	288
32	水田栽培施肥一体化氮磷负荷消减技术集成与示范	国家重点研发计划-课题	2018YFD0800902	宋吉青	2018—2020	366
33	北方稻区药肥减施增效一体化技术及管控平台构建	国家重点研发计划-课题	2018YFD0200210	崔　博	2018—2020	495
34	畜禽养殖污染无害化资源化利用技术集成与示范	国家重点研发计划-课题	2018YFD0800505	马世铭	2018—2020	302
35	海河流域污灌农田重金属污染综合防治技术集成与示范	国家重点研发计划-课题	2018YFD0800305	杨建军	2018—2020	243
36	养殖业全链条固氮减排关键技术	国家重点研发计划-课题	2018YFC0213303	朱志平	2018—2021	480
37	气候变化对农作物品质的影响机理	国家重点研发计划-课题	2019YFA0607403	居　辉	2019—2024	190
38	设施农业紫外LED光生物学及模组应用示范	国家重点研发计划-课题	2020YFB0407902	程瑞锋	2020—2022	233
39	流域农业面源污染最佳治理技术模式研究及示范	国家重点研发计划-课题	2021YFC3201503	朱昌雄	2021—2025	510
40	精准高效施药技术的系统集成与应用	国家重点研发计划-课题	2021YFA0716704	王　琢	2021—2026	370
41	晋东黄土丘陵区适水改土与养结合协同技术集成及示范	国家重点研发计划-课题	2021YFD1900705	孙东宝	2021—2025	1 500
42	生物降解地膜环境安全性评价及作物适用性研究	国家重点研发计划-课题	2021YFD1700704	何文清	2022—2024	1 000
43	秸秆清洁收集及高资源化成套智能装备	国家重点研发计划-课题	2022YFD2002102	霍丽丽	2022—2026	440
44	重大入侵物种持久高效替代与生态调控技术	国家重点研发计划-课题	2022YFC2601404	张国良	2022—2025	285
45	长效高效增碳固碳与坡耕地多障得消减过程与机理	国家重点研发计划-课题	2022YFD1901401	展晓莹	2022—2025	520
46	主粮作物加代快繁LED光配方及配套技术研发与应用示范	国家重点研发计划-课题	2022YFB3604603	程瑞锋	2022—2025	387.5
47	南淝河流域农村有机废弃物及农田养分流失污染控制技术研究与示范	国家重大专项-水专项-课题	2013ZX07103006	朱昌雄	2013—2015	1 405
48	松干流域粮食主产区农田面源污染全过程制技术集成与综合示范	国家重大专项-水专项-课题	2014ZX07201-009	杨正礼	2014—2016	1 800.25

（续表）

序号	项目（课题）名称	课题类别	课题编号	主持人	起止年限	合同经费（万元）
49	流域农业面源污染防控整装技术与农业清洁流域示范	国家重大专项-水专项-课题	2015ZX07103-007	张庆忠	2015—2017	2 511.38
50	海河下游多水源灌排交互条件下农业排水污染控制技术集成与流域示范	国家重大专项-水专项-课题	2015ZX07203-007	张晴雯	2015—2017	2 375.3
51	水源涵养和生态保育清洁小流域技术综合集成应用推广	国家重大专项-水专项-课题	2017ZX07603-002	耿兵	2017—2020	3 728.94
52	区域水环境保护及湿地水质保障技术与示范	国家重大专项-水专项-课题	2017ZX07101003	龚道枝	2017—2020	7 213.67
53	农业面源污染控制治理技术集成与应用	国家重大专项-水专项-课题	2017ZX07401-002	朱昌雄 李红娜	2017—2020	1 439.32
54	甘薯根系功能分离培光合产物积累特征及其调控机制	国家自然科学基金-青年	31000689	程端峰	2011—2013	19
55	不同耕作措施下土壤碳氮转化过程及微生物影响机制研究	国家自然科学基金-青年	31000253	刘恩科	2011—2013	22
56	作物收获侵蚀对土壤养分流失的影响	国家自然科学基金-青年	31000944	于寒青	2011—2013	20
57	高风险农田中砷的生物有效性及微生物调控机制	国家自然科学基金-青年	41001187	李莲芳	2011—2013	22
58	集约种植区保护性耕作系统中固碳机理研究	国家自然科学基金-青年	31000250	杜章留	2011—2013	18
59	菜地土壤氧化亚氮排放特征及其消化机制研究	国家自然科学基金-青年	31071865	郭李萍	2011—2013	37
60	农田生态系统净碳交换关键过程对干旱-复水的响应研究	国家自然科学基金-青年	31070398	顾峰雪	2011—2013	36
61	日光温室墙体有效蓄-放热区域能量传递的动态模拟与热特性参数优化	国家自然科学基金-青年	31071833	杨其长	2011—2013	35
62	中国农业氮流动的区域模拟及其不确定性评估	国家自然科学基金-青年	71103186	陈敏鹏	2012—2014	21

（续表）

序号	项目（课题）名称	课题类别	课题编号	主持人	起止年限	合同经费（万元）
63	以海藻为营养源固定化硫酸盐还原菌去除矿山废水中重金属的研究	国家自然科学基金·青年	41101474	耿 兵	2012—2014	25
64	三株耐砷真菌对砷的累积与转化机制研究	国家自然科学基金·青年	41101296	苏世鸣	2012—2014	25
65	膜下滴灌黄瓜对温室小气候与作物病害的影响及灌溉制度优化研究	国家自然科学基金·青年	51109214	吕国华	2012—2014	25
66	北方农田土壤固碳减排能力对CO$_2$浓度升高的响应研究	国家自然科学基金·青年	41105115	李迎春	2012—2014	22
67	基于高光谱技术的冬小麦晚霜冻害早期诊断研究	国家自然科学基金·青年	31101074	武永峰	2012—2014	22
68	青藏高原高寒草地生态系统及其服务价值对区域气候变化的响应	国家自然科学基金·面上	31170460	高清竹	2012—2015	65
69	面向天气指数保险产品的气象灾害损失指数化研究	国家自然科学基金·面上	41171410	刘布春	2012—2015	60
70	干湿交替时作物蒸腾的稳定同位素分馏与模拟	国家自然科学基金·面上	51179194	龚道枝	2012—2015	62
71	干湿交替条件下耕作方式对土壤有机碳转化及影响机制研究	国家自然科学基金·面上	31170490	张燕卿	2012—2015	57
72	植物修复应用于宁夏黄灌区农田退水氮磷污染减排研究	国家自然科学基金·面上	31170416	罗良国	2012—2015	56
73	北方旱区保护性耕作农田土壤团聚体固碳效应及其微生物响应机制研究	国家自然科学基金·面上	31171512	何文清	2012—2015	56
74	草灌细根防蚀拦沙对人工林坡地土壤有机碳矿化的激发效应	国家自然科学基金·面上	41171231	李 勇	2012—2015	65

（续表）

序号	项目（课题）名称	课题类别	课题编号	主持人	起止年限	合同经费（万元）
75	我国麦－玉轮作复种体系对气候变化的适应机制及适应技术集成的模拟研究	国家自然科学基金－面上	41171093	熊 伟	2012—2015	60
76	外源砷在土壤中的老化过程及其机制研究	国家自然科学基金－面上	41171255	曾希柏	2012—2015	65
77	作物CO₂肥效作用和水肥耦合条件相互关系研究	国家自然科学基金－面上	31171452	居 辉	2012—2015	50
78	国际干旱地区农业研究中心－国际半干旱热带作物研究所旱地农业生产力提升技术研讨会	国家自然科学基金－青年	3139134O196	何文清	2013—2013	16
79	冬小麦需水临界期干旱－复水过程中果聚糖代谢组成的分布格局对产量WUE的影响	国家自然科学基金－青年	31200243	郭 瑞	2013—2015	25
80	毒死蜱主要代谢物TCP在土壤中迁移与转化机理研究	国家自然科学基金－青年	41201234	孙宝利	2013—2015	26
81	短期连续LED光照下水培生菜硝酸盐代谢规律及响应机理研究	国家自然科学基金－青年	31201661	魏灵玲	2013—2015	25
82	菜地土壤硝化反硝化过程及N₂O排放的微生物响应机制	国家自然科学基金－面上	31272249	郭李萍	2013—2016	88
83	秸秆腐解对土壤镉赋存形态和生物有效性的影响机理	国家自然科学基金－青年	41301341	陕 红	2014—2016	25
84	连续多年施用生物炭对华北农田土壤N₂O排放的影响及机制研究	国家自然科学基金－青年	31300375	刘杏认	2014—2016	22
85	掺硼金刚石膜电极电化学氧化过程中含氯副产物的生成机制研究	国家自然科学基金－青年	51308537	李红娜	2014—2016	25
86	基于同位素技术的菜地土壤淋溶硝酸盐溯源与氮转化过程研究	国家自然科学基金－青年	41301553	徐春英	2014—2016	25
87	畜禽粪便贮存过程含氮气体排放与微生物影响机制	国家自然科学基金－青年	31302010	朱志平	2014—2016	23
88	基于CERES-MAIZE模型降水保险指数研究：以北京夏玉米为例	国家自然科学基金－青年	41301594	杨晓娟	2014—2016	25

·185·

（续表）

序号	项目（课题）名称	课题类别	课题编号	主持人	起止年限	合同经费（万元）
89	地膜残留对土壤水氮运移和棉花根系影响研究	国家自然科学基金-面上	31370522	严昌荣	2014—2017	80
90	黄土区坡地浅沟侵蚀剥蚀沙互馈机制及模型参数的系统确定	国家自然科学基金-面上	41371285	张晴雯	2014—2017	75
91	我国半干旱气候下参考作物蒸散试验及其计算方法和参数研究	国家自然科学基金-面上	41371065	刘晓英	2014—2017	75
92	地质封存二氧化碳泄漏对农田生态系统生产力的影响模拟研究：以北方玉米为例	国家自然科学基金-青年	31400376	马欣	2015—2017	25
93	基于点面融合的小麦苗情分析方法研究	国家自然科学基金-青年	31401280	杜克明	2015—2017	24
94	北方旱作区春玉米水分生产力空间分异特征及其驱动机制研究	国家自然科学基金-青年	31401344	孙东宝	2015—2017	24
95	养殖污水贮存过程CH_4/N_2O排放及关键微生物响应温度和溶氧变化的研究	国家自然科学基金-青年	31402117	刘翀	2015—2017	24
96	外源砷胁迫下土壤中氨氧化细菌和古菌群落的响应机理	国家自然科学基金-青年	41401280	王亚男	2015—2017	26
97	作物水分生产力时空分异特征及关键影响因素研究	国家自然科学基金-青年	41401510	刘勤	2015—2017	25
98	降雨人参测定方法与过程影响因素研究	国家自然科学基金-青年	41401510	毛丽丽	2015—2017	25
99	基于水转化及作物生长多过程耦合的子牙河平原农业干旱模拟评估研究	国家自然科学基金-青年	51409251	孙琛	2015—2017	25
100	不同耕作措施作物秸秆氮素转化及微生物影响机制研究	国家自然科学基金-面上	31470556	刘恩科	2015—2018	84
101	气候变化下我国粮食产量增速放缓的驱动机制及适应潜力研究	国家自然科学基金-面上	41471074	熊伟	2015—2018	78
102	固定化阿特拉津降解菌：藻体系的构建及去除水体中阿特拉津的研究	国家自然科学基金-面上	41471399	耿兵	2015—2018	80

（续表）

序号	项目（课题）名称	课题类别	课题编号	主持人	起止年限	合同经费（万元）
103	菜地N₂O同位素值变化规律与驱动机制	国家自然科学基金-面上	41473004	李玉中	2015—2018	95
104	亚热带丘陵区典型农业小流域水系温室气体产生、扩散与排放机理研究	国家自然科学基金-面上	41475129	秦晓波	2015—2018	95
105	中轻度污染农田中砷的稳定化及根土界面行为研究	国家自然科学基金-应急管理	41541007	曾希柏	2016—2016	21.6
106	干湿交替条件下外源有机物对土壤有机碳转化及微生物影响机制研究	国家自然科学基金-应急管理	31540053	张燕卿	2016—2016	18
107	动态光环境下蓝光调控番茄对光合诱导及其对光合性能的影响机理	国家自然科学基金-青年	31501808	李涛	2016—2018	24.884
108	北方雨养春小麦适应气候暖干化的机理研究	国家自然科学基金-青年	41501118	贺勇	2016—2018	26.308
109	一株侧孢短芽孢杆菌产生的抗菌肽结构鉴别及其对苹果轮纹病菌细胞的作用研究	国家自然科学基金-青年	41501280	宋振	2016—2018	24
110	溶质示踪法研究典型水蚀区坡耕地侵蚀过程及其剥蚀输沙互馈机制	国家自然科学基金-青年	41501302	董月群	2016—2018	23.6
111	菜地N₂O排放溯源及微生物功能群生态响应机制	国家自然科学基金-青年	41501318	张微	2016—2018	24
112	冬小麦品种对高浓度CO₂差异响应的机理研究	国家自然科学基金-青年	41505100	韩雪	2016—2018	25.2
113	日光温室热压-风压耦合通风机理及计算模型构建	国家自然科学基金-青年	51508560	方慧	2016—2018	23.752
114	根区土壤水分非均匀分布对玉米根系构型和生理特性的影响研究	国家自然科学基金-青年	51509250	王耀生	2016—2018	23.76
115	中国氮磷物质流耦合的动态网络分析和模拟	国家自然科学基金-面上	71573260	陈敏鹏	2016—2019	57.2
116	抗碱植物芦苇根分泌对抗碱性的影响机理研究	国家自然科学基金-面上	31570328	郭瑞	2016—2019	75.6
117	施用生物炭对农田土壤烃性质的影响与机制研究	国家自然科学基金-面上	31570439	张庆忠	2016—2019	75.6

（续表）

序号	项目（课题）名称	课题类别	课题编号	主持人	起止年限	合同经费（万元）
118	高寒草甸返青期对气候变化的响应及其对生产力和碳收支影响机制研究	国家自然科学基金-面上	31570484	高清竹	2016—2019	79
119	土壤物理保护有机碳的饱和行为	国家自然科学基金-面上	31570523	娄翼来	2016—2019	75.6
120	高寒草甸温室气体排放与土壤生物群落特征对气候变化的响应机制	国家自然科学基金-青年	31600366	王学霞	2017—2019	20
121	秸秆生物炭对宁夏引黄灌区淤土无机氮淋失的影响及作用机制	国家自然科学基金-青年	31601834	张爱平	2017—2019	20
122	保水剂-土壤多相系中团聚体形成水分传导的互作机理	国家自然科学基金-青年	41601226	白文波	2017—2019	20
123	旱作覆膜土壤硝化反硝化作用微生物驱动机制研究	国家自然科学基金-青年	41601328	董雯怡	2017—2019	20
124	LED红蓝光连续照射对高氮肥水培生菜AsA代谢网络的影响机理及节律效应	国家自然科学基金-面上	31672202	刘文科	2017—2020	60
125	长期免耕旱地土壤有机质特征稳定机制研究	国家自然科学基金-面上	41671305	杜章留	2017—2020	66
126	可溶性有机物对红壤复合体形成的影响及其机制	国家自然科学基金-面上	41671308	曾希柏	2017—2020	66
127	可溶性有机质对土壤微生物介导砷挥发的影响及分子机制	国家自然科学基金-面上	41671328	苏世鸣	2017—2020	66
128	华北冬小麦对阶段性气候异常的响应及阈值研究	国家自然科学基金-面上	41675115	居辉	2017—2020	59
129	局部灌溉农田水碳通量组分消长机制与节水固碳效应	国家自然科学基金-面上	51679243	龚道枝	2017—2020	63
130	基于微波链路的局地农业灾害性降水实时监测方法研究	国家自然科学基金-青年	31628015	黄德丰	2017—2018	18
131	水稻根表铁膜的微观结构表征及其固定锑的分子机制	国家自然科学基金-联合基金	U1632134	杨建军	2017—2019	46

（续表）

序号	项目（课题）名称	课题类别	课题编号	主持人	起止年限	合同经费（万元）
132	侧条施肥稻田土壤肥际微域氮转化的微生物机制研究	国家自然科学基金-应急管理	41641030	段 然	2017—2017	19.7
133	旱地不同覆盖条件下作物根系吸水机制与数值模拟	国家自然科学基金-国际合作	31661143011	梅旭荣	2017—2020	195
134	农药纳米载药体系对靶精准释放与剂量调控机制	国家自然科学基金-青年	31701825	王 琰	2018—2020	21
135	生菜光抑制及光诱导特性对红蓝闪烁激光响应机制	国家自然科学基金-青年	31701969	李 琨	2018—2020	23
136	田间小麦晚霜冻害光谱指数及冻害评估方法研究	国家自然科学基金-面上	31771681	武永峰	2018—2021	55
137	不同施肥措施下N₂O来源辨析及微生物响应机制研究	国家自然科学基金-青年	41701308	丁军军	2018—2020	26
138	华北典型农田土壤硝化反硝化过程及N₂O排放对生物炭施用的响应机制	国家自然科学基金-面上	41773090	刘杏认	2018—2021	69
139	基于多同位素和BSIMM解析典型农业流域水系CH₄和N₂O关键产生途径及氮源来源	国家自然科学基金-面上	41775157	秦晓波	2018—2021	68
140	高寒草甸水分利用效率对不同时期干旱的响应机理研究	国家自然科学基金-青年	31800383	胡国铮	2019—2021	25
141	基于时序图像分析的冬小麦苗冠生长动态监测方法研究	国家自然科学基金-青年	31801264	马浚诚	2019—2021	23
142	免耕一膜多用对土壤有机碳及农田碳平衡的影响	国家自然科学基金-面上	31871575	严昌荣	2019—2022	60
143	UV-B介导光破环防御机制及其对动态光环境下番茄种苗光合性能的影响	国家自然科学基金-面上	31872955	李 涛	2019—2022	60
144	空心莲子草表型可塑性和环境适应性的分子机制及其入侵性分析	国家自然科学基金-青年	41807404	柏 超	2019—2021	25
145	有机铁氧化物共沉淀体微观结构表征及其固定释放重金属的分子机制	国家自然科学基金-面上	41877033	杨建军	2019—2022	62

（续表）

序号	项目（课题）名称	课题类别	课题编号	主持人	起止年限	合同经费（万元）
146	覆盖滴灌农田微气候特征与作物耗水机制	国家自然科学基金－面上	51879277	王建东	2019—2022	71.6
147	施肥与土壤改良对农田土壤中全程氨氧化细菌种群及功能的影响	国家自然科学基金－面上	41877061	王亚男	2019—2022	62
148	气流颗粒在日光温室集热过程中的光谱特性及传热机理研究	国家自然科学基金－青年	51806244	伍纲	2019—2021	25
149	旱地覆膜农田氮素迁移转化机制研究	国家自然科学基金－国际合作	31961143017	刘恩科	2020—2024	184.8
150	稻田CH_4产生氧化排放过程对大气CO_2浓度和温度升高的响应机制	国家自然科学基金－青年	41905102	王斌	2020—2022	25
151	分频瓦一体化温室覆盖层光热传输及转换机理研究	国家自然科学基金－青年	31901421	张义	2020—2022	25
152	冬小麦籽粒蛋白质及组分形成过程对气候暖干化的应答机制	国家自然科学基金－面上	41975148	贺勇	2020—2023	63
153	CO_2浓度升高对我国北方冬小麦田土壤微生物资源限制和代谢活动的影响机制	国家自然科学基金－青年	31901174	张馨月	2020—2022	22
154	有机物料官能团在红壤中演变及其对红壤旱地有机碳稳定及固持影响的机理	国家自然科学基金－青年	41907088	张洋	2020—2022	26
155	农田"水－土－气"界面氨挥发关键过程的影响机制与区域模拟	国家自然科学基金－青年	41907087	展晓莹	2020—2022	26
156	猪粪中抗生素厌氧消化降解阈值与降解机制研究	国家自然科学基金－青年	31902206	尹福斌	2020—2022	25
157	长期免耕—膜多用下土壤水力特征与作物根系吸水机制研究	国家自然科学基金－青年	31901477	陈保青	2020—2022	24
158	水蚀驱动下坡耕地氮素迁移转化与氮功能微生物的响应与反馈机制	国家自然科学基金－面上	41977072	张晴雯	2020—2023	61

（续表）

序号	项目（课题）名称	课题类别	课题编号	主持人	起止年限	合同经费（万元）
159	非载体包覆型农药纳米粒子的作物叶面沉积与剂量转移机制研究	国家自然科学基金—青年	31901912	崔 博	2020—2022	23
160	全年增温和季节性增水对高寒草甸植物群落结构的影响机制研究	国家自然科学基金—青年	31901142	干珠扎布	2020—2022	24
161	光敏化药物纳米微球的制备、表征以及药效评价	国家自然科学基金—青年	51903248	郭 亮	2020—2022	22
162	内生及根际固氮细菌在少花蒺藜草氮素高效利用过程中的作用研究	国家自然科学基金—面上	41977203	宋 振	2020—2023	61
163	地膜覆盖与残留对土壤-作物系统邻苯二甲酸酯类塑化剂影响机理及农产品安全风险研究	国家自然科学基金—青年	42007394	李 真	2021—2023	24
164	PBAT生物降解地膜在土壤中的降解特征及微生物作用	国家自然科学基金—青年	42007312	刘 琪	2021—2023	24
165	基于X射线计算机断层扫描研究土壤胞外酶微观空间分布特征	国家自然科学基金—青年	42007074	高丽丽	2021—2023	24
166	长期不同施肥对红壤有机碳温度敏感性的影响及机制	国家自然科学基金—青年	42007073	蔡岸冬	2021—2023	24
167	农业生态系统服务供需关系与权衡模拟：以福州茉莉花茶产区为例	国家自然科学基金—青年	42001217	赵明月	2021—2023	24
168	稻田土壤砷甲基化过程的分子碳源分异机制	国家自然科学基金—面上	42077139	苏世鸣	2021—2024	57
169	时域频域空间耦合的流域水文响应临界区识别与阈值研究	国家自然科学基金—青年	42007185	朱 洁	2021—2023	24
170	新型i-motif DNAzyme的构建及其在食品中农药残留检测的应用	国家自然科学基金—青年	32001785	詹深山	2021—2023	24
171	通过比较微生物宏基因组和植物基因组解析根表面微生物群落的构建机制	国家自然科学基金—面上	32071547	张西美	2021—2024	58

（续表）

序号	项目（课题）名称	课题类别	课题编号	主持人	起止年限	合同经费（万元）
172	生物滤池处理氨气过程中氧化亚氮产生途径和硝化反硝化机制	国家自然科学基金—面上	32072784	尚斌	2021—2024	58
173	基于地上和地下功能属性协同变异的草原植物整体生态策略构建及环境压力驱动机制	国家自然科学基金—面上	32071506	李洪波	2021—2024	58
174	猪场沼液贮存气液界面生物气溶胶逸散特征与机制研究	国家自然科学基金—青年	32002224	郑云昊	2021—2023	24
175	红壤区农田的酸化贫释化及其阻控机制	国家自然科学基金—联合基金	U19A2048	曾希柏	2021—2023	292.8
176	全球变化对高寒草甸土壤碳矿化及其激发效应的影响机制研究	国家自然科学基金—面上	32171590	高清竹	2022—2025	59
177	华北平原作物水分生产力多空间尺度形成机制及耦合定量表征	国家自然科学基金—面上	52179053	龚道枝	2022—2025	58
178	UV-A介导避荫综合征及其对番茄壮苗驯化的影响机制	国家自然科学基金—面上	32172654	李涛	2022—2025	58
179	作物生长下地质封存二氧化碳点源泄露的响应过程与机理	国家自然科学基金—面上	32171561	马欣	2022—2025	58
180	动态光环境下盐胁迫对番茄非光化学淬灭（NPQ）弛豫特性的影响机制	国家自然科学基金—青年	32102465	张玉琪	2022—2024	30
181	覆膜好氧堆肥固气两相全过程抗生素抗性基因消减及传播研究	国家自然科学基金—青年	32102601	曾剑飞	2022—2024	30
182	基于关键水文过程解析氮湿沉降下紫色土流域氨运移与再分配特征	国家自然科学基金—青年	42107083	郝卓	2022—2024	30
183	官厅水库溶解性有机质（DOM）对新烟碱类杀虫剂光转化的影响机制研究	国家自然科学基金—青年	22106181	姜菁秋	2022—2024	30
184	一种纳米杂化型甲哌鎓在棉花中的顶端迁移特性及封顶机理的示踪研究	国家自然科学基金—青年	32101848	高飞	2022—2024	30

（续表）

序号	项目（课题）名称	课题类别	课题编号	主持人	起止年限	合同经费（万元）
185	亚洲典型农区土壤微塑料环境效应及农业塑料应用和管理策略研究	国家自然科学基金-国际（地区）合作研究项目	32261143459	严昌荣	2023—2027	300
186	亏缺灌施肥葡萄节水提质的智慧调控机制	国家自然科学基金-国际（地区）合作研究项目	32261143464	龚道枝	2023—2027	246.25
187	新型生物降解地膜的人工智能设计、田间应用及安全性评价	国家自然科学基金-国际（地区）合作与交流项目	4211530566	刘 琪	2023—2024	9
188	基因工程菌B. subtilis pP43NMK-A10阻控水稻吸收砷的"生物盾"效应与机制	国家自然科学基金-面上项目	42277035	苏世鸣	2023—2026	55
189	草原群落中不同物种磷获取及叶片磷利用与防御策略的共变模式及驱动机制	国家自然科学基金-面上项目	32271576	李洪波	2023—2026	54
190	有机钙基矿物复合体微观结构表征及其固定/释放重金属的分子机制	国家自然科学基金-面上项目	42277024	杨建军	2023—2025	55
191	温度和pH双重响应型纳米农药缓释剂的构建及其在土壤中的归趋行为研究	国家自然科学基金-面上项目	22278423	崔 博	2023—2026	54
192	作物冠层对土壤氨挥发的"过滤效应"及其生理机制	国家自然科学基金-面上项目	42277341	展晓莹	2023—2026	53
193	有机物类型对红壤复合体形成及稳定性影响的机制	国家自然科学基金-面上项目	42277292	曾希柏	2023—2026	53
194	钙镁对第四纪红壤酸化阻控及有机碳保护机制	国家自然科学基金-青年科学基金项目	42207369	张 楠	2023—2025	30
195	水溶石基纳米农药植株内迁移规律及载体归趋机制研究	国家自然科学基金-青年科学基金项目	22208372	王 崇	2023—2025	30
196	不同畜禽粪尿管理系统温室效应及其影响机制的生命周期评估	国家自然科学基金-青年科学基金项目	42201329	魏 莎	2023—2025	30

（续表）

序号	项目（课题）名称	课题类别	课题编号	主持人	起止年限	合同经费（万元）
197	新型Ru基催化剂的构筑及其催化氢解废旧农膜制高附加值化学品的研究	国家自然科学基金-青年科学基金项目	22206204	张茂林	2023—2025	30
198	水氮非均匀分布下土壤N_2O排放空间差异及微生物作用机制	国家自然科学基金-青年科学基金项目	52209077	李昊儒	2023—2025	30
199	国家生猪产业技术体系-岗位科学家	国家现代农业产业技术体系-岗位科学家	CARS-35	董红敏	2007年至今	55～70（每年）
200	国家水禽产业技术体系-岗位科学家	国家现代农业产业技术体系-岗位科学家	CARS-42-23	朱志平	2017年至今	55～70（每年）
201	国家玉米产业技术体系-岗位科学家	国家现代农业产业技术体系-岗位科学家	CARS-02-39	赵立欣	2017年至今	55～70（每年）
202	国家小麦产业技术体系-岗位科学家	国家现代农业产业技术体系-岗位科学家	CARS-03-01A	杨建军	2022年至今	55～70（每年）
203	农田湿地生态系统碳氮水通量数据整编与性状调查	科技基础性工作专项-课题	2019FY101303	顾峰雪	2020—2022	204

附录8-2　以第一单位获得的科技奖励目录

序号	获奖成果名称	奖励种类及等级	获奖年度	研究所主要完成人
1	旱作农业关键技术与集成应用	国家科学技术进步奖二等奖	2013	梅旭荣、张燕卿、严昌荣、王庆锁
2	高光效低能耗LED智能植物工厂关键技术及系统集成	国家科学技术进步奖二等奖	2017	杨其长、魏灵玲、刘文科、程瑞锋、李琨
3	畜禽粪便污染监测核算方法和减排增效关键技术研发与应用	国家科学技术进步奖二等奖	2018	董红敏、陶秀萍、朱志平、尚斌
4	北方旱地农田抗旱水种植技术及应用	国家科学技术进步奖二等奖	2020	梅旭荣、刘恩科、龚道枝、孙东宝

（续表）

序号	获奖成果名称	奖励种类及等级	获奖年度	研究所主要完成人
5	植物LED光环境精准调控及节能高效生产技术研究与应用	神农中华农业科技奖科技成果一等奖	2013	杨其长、魏灵玲、刘文科、程瑞锋、刘晓英、张义、魏强
6	新外来入侵植物黄顶菊防控技术与应用	神农中华农业科技奖科技成果二等奖	2013	张国良、付卫东、张燕卿
7	中国农业科学院设施植物环境工程创新团队	神农中华农业科技奖优秀创新团队奖	2015	杨其长、刘文科、宋吉青、魏灵玲、程瑞锋、张义、仝宇欣、杜克明、方慧、郑飞翔、李琨、肖平、魏强、雷波
8	农田地膜残留污染防控技术与产品	神农中华农业科技成果奖二等奖	2015	严昌荣、何文清、梅旭荣、刘勤、刘恩科
9	农业纳米药物制备新技术及应用	神农中华农业科技成果奖二等奖	2015	崔海信、刘国强、孙长娇、李正、王琰、崔博、赵翔、刘琪
10	畜禽粪便环境污染核算方法和处理利用关键技术研发与应用	神农中华农业科技奖科研成果一等奖	2017	董红敏、陶秀萍、朱志平、尚斌、陈永杏
11	中国农业科学院旱作农业创新团队	神农中华农业科技奖优秀创新团队奖	2017	梅旭荣、郝卫平、刘恩科、张燕卿、景蕊莲、严昌荣、李玉中、王庆锁、龚道枝
12	粮食主产区农田土壤障碍消减与挖潜增效关键技术及应用	神农中华农业科技奖科研成果二等奖	2019	曾希柏、白玲玉、王亚男、苏世鸣、段然、吴翠霞
13	中国农业科学院畜牧环境科学与工程创新团队	神农中华农业科技奖优秀创新团队奖	2021	董红敏、陶秀萍、朱志平、陈永杏、尚斌、尹福斌、张万钦、王顺利、郑云昊、曾剑飞、张海燕、马瑞强、张羽
14	设施蔬菜工厂化生产关键技术研究与示范推广	全国农牧渔业丰收奖二等奖	2013	魏灵玲、杨其长、程瑞锋、刘文科、方慧、张义、仝宇欣
15	畜禽粪污处理利用技术模式集成与推广应用	全国农牧渔业丰收奖合作奖	2022	董红敏、朱志平、尹福斌
16	宁蒙灌区农田退水污染全过程控制技术及应用	环境保护科学技术奖二等奖	2017	杨正礼、杨世琦、张晴雯、张爱平

（续表）

序号	获奖成果名称	奖励种类及等级	获奖年度	研究所主要完成人
17	农业纳米药物制备新技术及应用	北京市科学技术奖技术发明类二等奖	2014	崔海信、刘国强
18	智能植物工厂能效提升与营养品质调控关键技术研究与应用	北京市科学技术奖技术发明类二等奖	2016	杨其长、魏灵玲、刘文科、程瑞锋、仝宇欣
19	全生物降解地膜产品研发与应用	北京市科学技术奖科技进步类二等奖	2020	严昌荣、何文清、刘勤
20	藏北那曲地区草地退化遥感监测与生态功能区划	西藏自治区科技进步奖二等奖	2013	高清竹、万运帆、李玉娥
21	藏北高寒草地适应气候变化关键技术及应用	西藏自治区科学技术奖二等奖	2016	高清竹、游松财、李玉娥、秦晓波、马欣、刘硕
22	西藏高寒草地合理放牧与保护关键技术及应用	西藏自治区科学技术奖一等奖	2017	高清竹、万运帆、李玉娥、干珠扎布、王学霞
23	西藏高寒牧区饲草补给与高效利用关键技术及应用	西藏自治区科学技术奖二等奖	2021	高清竹、参木友、干珠扎布、胡国铮、鲍宇红、张勇、许红梅、金涛、孙维、田波、万运帆、谢文栋、高雪、何世丞、谭海运
24	智能植物工厂资源集约及创新栽培技术	中国农业科学院科学技术成果杰出科技创新奖	2015	杨其长、魏灵玲、刘文科、程瑞锋、仝宇欣、张义、方慧、肖平
25	集约化农区地下水硝酸盐污染溯源与防控制技术	中国农业科学院科学技术成果青年科技创新奖	2015	徐春英、李玉中、李巧珍、董一威、赵解春
26	旱作农田土壤有机碳高效固存研究	中国农业科学院科学技术成果青年科技创新奖	2016	刘恩科、杜章留、娄翼来、董怡雯
27	温室太阳能主动储热及轻简化关键技术研发与应用	中国农业科学院科学技术成果青年科技创新奖	2019	张义、杨其长、程瑞锋、伍纲、李琨、仝宇欣、李涛
28	农田地膜残留污染综合防控技术研发与应用	中国农业科学院科学技术成果杰出科技创新奖	2021	何文清、刘勤、严昌荣、李真、刘琪、张甫、苗晓

（续表）

序号	获奖成果名称	奖励种类及等级	获奖年度	研究所主要完成人
29	一种硝化细菌培养及测定水体硝态氮同位素组成的方法	中国农业科学院成果转化奖	2021	李玉中、李巧珍、丁军军、毛丽丽、郝卫平、孙东宝、董一威
30	营养液循环面-栽培板-植物冠层间通风降温的方法及装置	中国专利奖优秀奖	2021	李琨、程瑞锋、杨其长、魏强、巫国栋、刘文科、仝宇欣、张义、方慧、肖平
31	小麦苗情数字远程监控与诊断管理关键技术	中国产学研合作创新成果奖二等奖	2013	孙忠富、杜克明、郑飞翔等
32	农业物联网关键技术	中国产学研合作创新成果奖三等奖	2014	孙忠富、杜克明、郑飞翔等
33	有机碳肥生物腐植酸的研究与推广应用	中国产学研合作创新成果奖二等奖	2016	朱昌雄、叶婧、耿兵、
34	地膜残留污染综合防控技术研发与推广应用	中国产学研合作创新成果奖一等奖	2017	严昌荣、刘勤、何文清
35	以微生物异位发酵床为核心的畜禽养殖废弃物污染控制与资源转化技术创新及应用	中国产学研合作创新成果奖一等奖	2021	朱昌雄、耿兵、李红娜、李峰、刘雪
36	农业主产区典型耕地地力提升技术研究及应用	中国土壤学会科学技术奖二等奖	2016	曾希柏
37	秸秆高效捆烧清洁供暖关键技术装备	中国机械工业科技进步奖二等奖	2021	姚宗路、赵立欣、霍丽丽、贾吉秀、邓云
38	植物工厂系统与实践	中国石油和化学工业优秀出版物奖（图书奖）一等奖	2015	杨其长、魏灵玲、刘文科、程瑞锋
39	中国农业气候资源图集	第25届浙江树人出版奖（图书奖）一等奖	2016	梅旭荣
40	中国主要农作物生育期图集	第26届浙江树人出版奖·提名奖（图书奖）二等奖	2017	梅旭荣、刘勤、严昌荣
41	中国主要农作物生育期图集	第30届华东地区科技出版社优秀科技（图书奖）一等奖	2017	梅旭荣、刘勤、严昌荣

（续表）

序号	获奖成果名称	奖励种类及等级	获奖年度	研究所主要完成人
42	高寒牧区草地生态与生产功能协同提升关键技术及应用	大北农科技奖一等奖	2022	高清竹、邵涛、干珠扎布、朱文泉、金涛、胡国铮、巴桑旺堆、万运帆、李君风
43	土壤侵蚀碳源碳汇定量评价技术与应用	中国水土保持学会科学技术奖二等奖	2022	李勇、张晴雯、傅伯杰、干寒青、赵文武
44	《秸秆清洁供暖技术》科普画册	中国农业绿色发展研究会科学技术奖二等奖	2022	赵立欣、姚宗路、霍丽丽、干佳动、罗娟、贾吉秀、朱晓兰、赵亚男、谢腾
45	天然橡胶数农业保险关键技术研发与应用	全国商业最高科学技术奖二等奖	2022	刘布春、梅旭荣、杨小娟、刘园、白薇、白慧卿

附录8-3　出版著作目录

序号	著作名称	主创人员	类型	书号	出版时间
1	国家重点管理外来入侵物种综合防控技术手册	张国良、付卫东、孙玉芳	编著	ISBN 9787109186248	2013
2	黄顶菊入侵机制及综合治理	张国良、付卫东、郑浩	专著	ISBN 9787030389275	2013
3	农业产业化、标准化、现代知识读本	李贵春、李虎、宋彦峰	编著	ISBN 9787562147718	2013
4	设施园艺技术进展：2013第三届中国·寿光国际设施园艺高层学术论坛论文集	杨其长	论文集	ISBN 9787511612397	2013
5	长期施肥制度与土壤肥力	刘恩科、赵秉强、胡昌浩、梅旭荣	专著	ISBN 9787502384890	2013
6	Guide Lines to Control Water Pollution from Agriculture in China: Decoupling Water Pollution from Agricultural Production	Javier Mateo-Sagata、Edwin D. Ongley、郝卫平、梅旭荣	编著	ISBN 9789251080757	2013
7	气候变化对中国生态和人体健康的影响与适应	许吟隆等	专著	ISBN 9787030373915	2013
8	中国北方旱作农田土壤有机碳	刘恩科、张燕卿、严昌荣、梅旭荣	专著	ISBN 9787030278869	2014
9	地下水硝酸盐污染与治理研究	李玉中、王利民、徐春英、曹国民等	专著	ISBN 9787511619396	2014
10	黄顶菊入侵生态学	张国良、付卫东、宋振	专著	ISBN 9787109198838	2014
11	耕地质量培育技术与模式	曾希柏	专著	ISBN 9787109188457	2014

（续表）

序号	著作名称	主创人员	类型	书号		出版时间
12	黄河上游宁夏灌区稻田氮素平衡与污染控制	张晴雯、张爱平、杨正礼	编著	ISBN	9787511619644	2014
13	宁夏引黄灌区农田面源污染控制农作技术研究与应用	杨世琦、杨正礼	编著	ISBN	9787511618900	2014
14	施肥与土壤重金属污染修复	徐明岗、曾希柏	专著	ISBN	9787030399618	2014
15	China Agriculture Yearbook 2013	罗良国	编著	ISBN	9771009654136	2014
16	LED光源及其设施园艺应用	许吟隆、郑大玮、刘晓英、赵艳霞、马春森、李阔	专著	ISBN	9787511611000	2014
17	Climate Change 2014: Impacts, Adaptation, and Vulnerability（Chapter 13 Livelihoods and Poverty）	林而达、马世铭、高清竹、李玉娥、董红敏	编著	ISBN	9781107741655	2014
18	中国未来的气候变化预估：应用PRECIS构建SRES高分辨率气候情景	许吟隆、潘婕	专著	ISBN	9787030468000	2015
19	中国农业气候资源图集（作物光温资源卷）	梅旭荣、游松财、白文波	专著	ISBN	9787534168734	2015
20	中国农业气候资源图集（作物水分资源卷）	梅旭荣、严昌荣、刘勤、白文波	专著	ISBN	9787534167591	2015
21	低碳农林业	林而达、郭李萍、李迎春、韩雪、陈敏鹏	专著	ISBN	9787511126290	2015
22	药用植物栽培系统及其调控	刘文科	专著	ISBN	9787511621108	2015
23	中国地膜覆盖及残留污染防控	严昌荣、何文清、刘爽	编著	ISBN	9787030453396	2015
24	中国森林、农田和草地温室气体计量方法	刘颙、李玉娥	编著	ISBN	9787030442321	2015
25	中国农业气候资源图集（综合卷）	李玉娥、白文波、许娟、万运帆	编著	ISBN	9787534167584	2015
26	中国农业气候资源图集（农业气象灾害卷）	刘布春、刘园、白文波	编著	ISBN	9787534168727	2015
27	羌塘高原生态文明独特性探索与研究	高清竹	编著	ISBN	9787109203570	2015
28	中国农田土壤肥力长期试验网络	娄翼来	编著	ISBN	9787802467835	2015
29	设施园艺创新技术进展：2015第四届中国·寿光国际设施园艺高层学术论坛论文集	杨其长	论文集	ISBN	9787511620415	2015

（续表）

序号	著作名称	主创人员	类型	书号		出版时间
30	农用地膜的应用与污染防治	严昌荣、何文清	编著	ISBN	9787511600967	2015
31	农村水污染控制机制与政策研究	罗良国	编著	ISBN	9787511122070	2015
32	中国未来的气候变化预估：应用PRECIS构建SRES高分辨率气候情景	许吟隆、潘婕、李阔	专著	ISBN	9787030468000	2016
33	规模化畜禽养殖的农田消纳能力评估方法与案例研究	杨世琦	编著	ISBN	9787511626394	2016
34	设施园艺热泵技术及应用	仝宇欣、杨其长、程瑞锋	专著	ISBN	9787511628879	2016
35	水花生监测与防治	付卫东、张国良	专著	ISBN	9787109224162	2016
36	刺萼龙葵监测与防治	付卫东、张国良	专著	ISBN	9787109215962	2016
37	设施园艺半导体照明	刘文科、杨其长	编著	ISBN	9787511625472	2016
38	设施菜地重金属累积特征与防控对策	李莲芳、朱昌雄	专著	ISBN	9787511629074	2016
39	农业面源污染控制关键技术成果及其评价	朱昌雄、李红娜、耿兵等	专著	ISBN	9787511629241	2016
40	黄淮海平原气候干旱对冬小麦产量和水分生产力的影响	居辉、刘勤、严昌荣、杨建莹	专著	ISBN	9787030510631	2016
41	中国主要农作物生育期图集	梅旭荣、刘勤、严昌荣	编著	ISBN	9787534172908	2016
42	环境友好型农业国际经验借鉴	管大海、严昌荣、李园	编著	ISBN	9787109222113	2016
43	畜禽粪便资源化利用技术：清洁回用模式	陶秀萍	编著	ISBN	9787511626400	2016
44	畜禽粪便资源化利用技术：集中处理模式	董红敏	编著	ISBN	9787511626424	2016
45	设施农业实践与实验	程瑞锋	编著	ISBN	9787122263148	2016
46	土壤诊断与施肥基准	李玉中	译著	ISBN	9787502956035	2016
47	作物营养元素缺乏症与过剩症的诊断与对策	宋吉青	译著	ISBN	9787030473028	2016
48	乡村环境保护典型技术与模式	刘翀	编著	ISBN	9787109223967	2016
49	无公害畜产品生产与认证	尚斌、陶秀萍	编著	ISBN	9787109210868	2016

（续表）

序号	著作名称	主创人员	类型	书号		出版时间
50	农林气象灾害监测预警与防控关键技术研究	李玉中	专著	ISBN	9787030462312	2016
51	Agroecology in China: Science, Practice, and Sustainable Management	杜章留	专著	ISBN	9781482249347	2016
52	Crop Water Productivity of Winter Wheat at Multiscale and Its Improvements over the Huang-Huai-Hai Plain, China	刘勤、严昌荣、Sarah Garre、Hui Zhang、Chunhong Qu	专著	ISBN	9787030558800	2017
53	畜禽养殖污染微生物发酵床控制技术	朱昌雄、耿兵、刘雪	专著	ISBN	9787511633101	2017
54	大气氮沉降对内蒙古草甸草原主要碳氮过程的影响	刘杏认	专著	ISBN	9787511632050	2017
55	低产田改良新技术及其发展趋势	曾希柏、李永涛、林启美等	专著	ISBN	9787030527240	2017
56	设施蔬菜无土栽培及其根区与冠层调控	刘文科、朴连凤、傅国海	专著	ISBN	9787511632043	2017
57	松干流坡耕农田面源污染控制农作技术研究及应用	杨世琦、杨正礼等	专著	ISBN	9787030557469	2017
58	Preparation and Characterization of Drug Liposomes by Nigericin Ionophore-Mediated PEG-coated Liposomes	张亮	专著	ISBN	9783662492314	2017
59	水葫芦监测与防治	付卫东、张国良、张瑞海	编著	ISBN	9787109236097	2017
60	薇甘菊监测与防治	付卫东、张国良、刘宁	编著	ISBN	9787109229860	2017
61	政协委员履职风采	林而达	编著	ISBN	9787503494116	2017
62	粪便好氧堆肥技术指南	张晴雯等	专著	ISBN	9787109233508	2018
63	少花蒺藜草监测与防治	付卫东、张国良、王忠辉	专著	ISBN	9787109248977	2018
64	Biomass as Renewable Raw Material to Obtain Bioproducts of High-Tech Value	申越	专著	ISBN	9780444637741	2018
65	藏北高寒草地生态系统对气候变化的响应与适应	干珠扎布、高清竹、胡国铮	专著	ISBN	9787109242227	2018
66	三峡库区上游面源污染治理理论与实践	张晴雯、展晓莹	专著	ISBN	9787517068686	2018

（续表）

序号	著作名称	主创人员	类型	书号		出版时间
67	设施菜地重金属累积特征与防控对策	李莲芳、朱昌雄、李峰、叶婧、吴翠霞	专著	ISBN	9787511629074	2016
68	农药剂型加工新进展	王琰	专著	ISBN	9787122315656	2018
69	土地承载力测算技术指南	董红敏、朱志平、张万钦	专著	ISBN	9787109233584	2018
70	适应气候变化的国际实践与中国战略	林而达、许吟隆、马欣	专著	ISBN	9787502966416	2018
71	International Symposium on New Technologies for Environment Control, Energy-Saving and Crop Production in Greenhouse and Plant Factory（GreenSys）2017	杨其长、李涛	编著		5677572	2018
72	世界农业科技前沿	杨其长	编著	ISBN	9787109245136	2018
73	羌塘高原生态文明建设与可持续发展战略研究	高清竹、干珠扎布、王学霞、吴红宝、胡国铮、曹旭娟	编著	ISBN	9787030589354	2018
74	外来入侵物种监测与控制	张国良	编著	ISBN	9787109239425	2018
75	Nanotechnology Applications and Implications of Agrochemicals toward Sustainable Agriculture and Food Systems	赵翔、崔海信、王琰、孙长娇、崔博、曾章华	编著		218561	2018
76	2016—2017农学学科发展报告（基础农学）	刘布春等	编著	ISBN	9787504679338	2018
77	典型村镇饮用水安全保障适用技术	梅旭荣、朱昌雄、李玉中、徐春英、邓春生、郭萍、耿兵、刘国强、许娟、叶婧	编著	ISBN	9787112203314	2018
78	营养液创新栽培系统与方法	程瑞锋	编著	ISBN	9787511634849	2018
79	固定化微生物水体修复研究	耿兵、朱昌雄、刘雪	专著	ISBN	9787511644701	2019
80	藏北高寒牧区草地生态保护与畜牧业协同发展技术与模式	干珠扎布、胡国铮、高清竹	专著	ISBN	9787511643636	2019
81	植物工厂	杨其长	专著	ISBN	9787302537434	2019

（续表）

序号	著作名称	主创人员	类型	书号	出版时间
82	洱海流域农业面源污染规模化防控运行机制	罗良国、王艳、段艳涛、刘宏斌	专著	ISBN 9787511710202	2019
83	生物炭和秸秆还田对华北农田土壤主要氮循环过程的影响	刘杏认、张晴雯	专著	ISBN 9787511640529	2019
84	塘坝水源地污染控制技术与应用	郭萍、李红娜、李峰	专著	ISBN 9787517080305	2019
85	地膜漫谈	李真、严昌荣、周继华、王飞	专著	ISBN 9787511644015	2019
86	黄淮海平原冬小麦水分生产力多尺度评估与提升	刘勤、Sarah Garre、严昌荣	专著	ISBN 9787030558800	2019
87	畜禽养殖业粪便污染监测核算方法与产排污系数手册	朱志平、董红敏	专著	ISBN 9787030619457	2019
88	黄顶菊监测与防治	付卫东、张国良	专著	ISBN 9787109261303	2019
89	外来入侵植物风险评估	张国良、付卫东	专著	ISBN 9787109261327	2019
90	植物工厂植物光质生理及其调控	刘文科、查凌雁	编著	ISBN 9787511640598	2019
91	紫茎泽兰监测与防治	付卫东、张国良	编著	ISBN 9787109256637	2019
92	海河流域农田增效减负清洁生产技术研发与示范	张爱平	专著	ISBN 9787517088059	2020
93	农田面源污染全过程流域防控理论与示范研究	张爱平	专著	ISBN 9787511645104	2020
94	内蒙古草地畜牧业适应气候变化关键技术研究	高清竹	编著	ISBN 9787030662644	2020
95	电化学氧化处理有机污染物与消毒机理研究	李红娜	专著	ISBN 9787511143327	2020
96	流域面源污染防治技术与应用	张晴雯	专著	ISBN 9787030667281	2020
97	农村生态环境保护：农村生态种养新模式	展晓莹	编著	ISBN 9787511650221	2020
98	灌区农业用水量控一体化技术及管理模式	展晓莹	编著	ISBN 9787517091776	2020
99	密云水库淀带非点源氮素去除数字模拟及其环境效应分析	赵海根	专著	ISBN 9787511650658	2020
100	数字化植物工厂理论与实践	仝宇欣	专著	ISBN 9787511650177	2020
101	Agronomic and Ecological Effects of Plastic Film Mulching in Dryland Farming	陈保青	专著	ISBN 9787511649997	2020

（续表）

序号	著作名称	主创人员	类型		书号	出版时间
102	豚草监测与防治	付卫东	专著	ISBN	9787109274167	2020
103	外来入侵物种问答	付卫东	专著	ISBN	9787511650511	2020
104	作物根系与养分吸收利用	王耀生	专著	ISBN	9787511646866	2020
105	秸秆清洁供暖技术	赵立欣、姚宗路	编著	ISBN	9787109263659	2020
106	竺山湾小流域种植结构调整优化方案及生态补偿保障政策研究	罗良国	专著	ISBN	9787511647924	2020
107	秦巴山脉区域绿色循环发展战略研究	杨世琦	编著	ISBN	9787030625670	2020
108	乡村绿色生活技术16例	耿兵	专著	ISBN	9787109264106	2020
109	覆盖滴灌水肥高效利用调控与模拟	王建东	专著	ISBN	9787030594112	2020
110	农业农村面源污染防控技术	耿兵	专著	ISBN	9787109258273	2020
111	紫花苜蓿遗传图谱构建及重要农艺形状QTL定位	曾希柏	专著	ISBN	9787511640499	2020
112	碳中和背景下中国农村能源发展战略	赵立欣、姚宗路、郝先荣、霍丽丽、罗娟、张艳丽、朱志平、申瑞霞、张沛祯	专著	ISBN	9787511655233	2021
113	中国地膜覆盖技术应用与发展趋势	刘勤、严昌荣、薛颖昊、刘宏金、李真	专著	ISBN	9787030683878	2021
114	化肥减施增效技术社会经济效果评价指标体系构建与应用研究	罗良国、吴照红、花文元、冉秦、尼雪妹、杨淼、吴道宁	专著	ISBN	9787511656216	2021
115	微生物组实验手册	韩东飞、李玉中	专著	ISBN	9781951285036	2021
116	旱地农田典型覆盖措施土壤微生物学效应	董雯怡、赵燕、刘恩科	专著	ISBN	9787511651730	2021
117	中国气候变化与生态环境演变：2021（第三卷）	李玉娥、朱建华、董红敏、朱志平、秦晓波、张晓咪、曾立雄	专著	ISBN	9787030697806	2021
118	气候变化对风险—气候变化对农业影响与风险研究	马欣、程琨、李阔、李迎春、张青艳等	专著	ISBN	9787030682420	2021
119	Carbon Neutral Tea Production in China	许吟隆、马欣、李迎春、张馨月	专著	ISBN	9789251343739	2021

（续表）

序号	著作名称	主创人员	类型	书号		出版时间
120	农业适应气候变化区域实践	居辉、谢立勇、李岩、高清竹、刘勤	专著	ISBN	9787511651518	2021
121	农业主要外来入侵植物图谱（第一辑）	付卫东、张国良、王忠辉、宋振、邹玲玲、王伊	专著	ISBN	9787511653123	2021
122	农业主要外来入侵植物图谱（第二辑）	付卫东、张国良、王忠辉、宋振、高金会、王伊	专著	ISBN	9787511654724	2021
123	土壤健康——从理念到实践	曾希柏、张丽莉、苏世鸣、王亚男等	编著	ISBN	9787030689313	2021
124	藏北羌塘高寒草地研究常见植物图谱	武建双、李少伟、王向涛	专著	ISBN	9787511654854	2021
125	亏缺灌溉的生物学机理	王耀生、郝卫平、刘福来、李向楠、冯良山、束良佐、魏镇华、马海洋、杨爱峥、李丽、王超、阮仁杰、张鑫	专著	ISBN	9787511653901	2021
126	中国2050低排放发展战略研究：模型方法及应用	潘婕、李阔	编著	ISBN	9787511144423	2021
127	中国作物生产适应气候变化技术体系	许吟隆、李阔	编著	ISBN	9787109275966	2021
128	外来入侵杂草调查技术指南	张国良、付卫东、宋振、王忠辉、张岳、张瑞海、鄢玲玲、高金会、马泽、王伊	编著	ISBN	9787511652270	2021
129	外来水生植物监测与评估	张国良、付卫东、张宏斌、王忠辉、宋振、陈宝雄	编著	ISBN	9787109279384	2021
130	农村厕所粪污处理与资源化利用	朱昌雄、李贵春、田云龙、刘翀、习斌、罗良国	编著	ISBN	9787109279155	2021
131	Marketing Strategy and Environmental Safety of Nano-biopesticides	申悦、崔博、王琰、崔海信	编著	ISBN	9780128200926	2021
132	土壤污染：一个隐藏的事实	陈保青、刘海涛	译著	ISBN	9787109281134	2021
133	土壤测试方法手册——土壤医生全球计划：农民对农民培训	陈保青、董雯怡	译著	ISBN	9787109281530	2021

（续表）

序号	著作名称	主创人员	类型	书号	出版时间
134	土壤侵蚀：可持续土壤管理的巨大挑战	陈保青、董雯怡、张润哲	译著	ISBN 9787109281523	2021
135	宁夏循环农业发展与样本创建研究	梅旭荣、朱昌雄、白小军、李红娜、罗良国、郭鑫年、许泽华、李自云、周涛	专著	ISBN 9787511653222	2021
136	中国农业面源污染控制与治理技术发展报告	李红娜、朱昌雄、赵永坤	专著	ISBN 9787109297722	2022
137	气候变化对中国玉米生产的影响及适应性途径评估	郭季萍、谢瑞芝	专著	ISBN 9787109302860	2022
138	农业主要外来入侵植物图谱（第三辑）	付卫东、张国良、王忠辉、宋振、张岳、王伊	专著	ISBN 9787511657626	2022
139	气候变化对高寒草甸生态系统功能的影响与模拟	胡国铮、高清竹、干珠扎布、曹旭娟、栗文瀚、罗文蓉、李铭杰、勾昭宇	专著	ISBN 9787511658289	2022
140	植物适应非生物胁迫的代谢组学研究	郭端	编著	ISBN 9787576804010	2022
141	畜牧业温室气体监测、报告和核证方法指南	董红敏、朱志平、李玉娥、魏莎、张羽、王悦	专著	ISBN 9787030706102	2022

附录8-4　制定标准目录

序号	标准名称	标准类型	主要完成人	标准号
1	反刍动物甲烷排放量的测定六氟化硫示踪气相色谱法	国家标准	董红敏、陶秀萍、尚斌、游玉波、彭晓培、刘翀、朱志平、陈永杏、黄宏坤	GB/T 32760—2016
2	畜禽粪便无害化处理技术规范	国家标准	董红敏、陶秀萍、陈永杏、尚斌	GB/T 36195—2018
3	规模化畜禽场良好生产环境　第1部分：场地要求	国家标准	董红敏、陶秀萍、陈永杏、尚斌	GB/T 41441.1—2022
4	规模化畜禽场良好生产环境　第2部分：畜禽舍技术要求	国家标准	董红敏、尚斌、陈永杏	GB/T 41441.2—2022
5	生物质热解燃气质量评价	行业标准	赵立欣等	NY/T 3898—2021

（续表）

序号	标准名称	标准类型	主要完成人	标准号
6	畜禽粪便堆肥管理减排项目方法学	行业标准	董红敏、朱志平、王悦	CMS-082-V01
7	反刍动物减排项目方法学	行业标准	董红敏、朱志平、王悦	CMS-081-V01
8	保护性耕作减排增汇项目方法学	行业标准	李玉娥、刘硕、秦晓波、高清竹、董红敏	CMS-083-V01
9	黄顶菊综合防治技术规程	行业标准	张国良、付卫东	NY/T 2529—2014
10	外来入侵植物监测技术规程	行业标准	张国良、付卫东	NY/T 2530—2014
11	刺萼龙葵综合防治技术规程	行业标准	张国良、付卫东、宋振	NY/T 2687—2015
12	外来入侵植物监测技术规程 长芒苋	行业标准	付卫东、张国良、宋振	NY/T 2688—2015
13	外来入侵植物监测技术规程 少花蒺藜草	行业标准	张国良、付卫东、宋振	NY/T 2689—2015
14	水葫芦综合防治技术规程	行业标准	付卫东、张国良、宋振、张瑞海、孙玉芳、张宏斌	NY/T 3019—2016
15	飞机草综合防治技术规程	行业标准	张国良、付卫东、宋振、张瑞海、孙玉芳、张宏斌	NY/T 3018—2016
16	外来入侵植物监测技术规程 银胶菊	行业标准	张国良、付卫东、宋振、张瑞海、孙玉芳、张宏斌	NY/T 3017—2016
17	少花蒺藜草综合防治技术规范	行业标准	张国良、付卫东、张宏斌、宋振、董淑萍、孙玉芳、张瑞海、王忠辉	NY/T 3077—2017
18	外来入侵植物监测技术规程 大漂	行业标准	付卫东、张国良、张宏斌、宋振、王忠辉、孙玉芳、张瑞海	NY/T 3076—2017
19	外来草本植物安全性评估技术规范	行业标准	张国良等	NY/T 3669—2020
20	替代控制外来入侵植物技术规范	行业标准	付卫东等	NY/T 3668—2020
21	农业外来入侵物种监测评估中心建设规范	行业标准	张国良等	NY/T 3613—2020
22	农业外来入侵昆虫监测技术导则	行业标准	付卫东、张国良、宋振	NY/T 3959—2021
23	水生外来入侵植物监测技术规程	行业标准	张国良、付卫东、宋振	NY/T 3960—2021
24	畜禽粪便土地承载力测算方法	行业标准	董红敏等	NY/T 3877—2021

（续表）

序号	标准名称	标准类型	主要完成人	标准号
25	畜禽养殖场温室气体排放核算方法	行业标准	董红敏、朱志平、李玉娥、王悦、周元清、张羽、马端强、魏莎、陈永杏	NY/T 4243—2022
26	外来入侵杂草精准监测与变量施药技术规范	行业标准	付卫东、张国良、宋振	NY/T 4156—2022
27	一季水稻侧条施肥插秧技术规程	地方标准	段然、白玲玉、曾希柏	HNZ 027—2013
28	农用残膜回收利用技术规范	地方标准	何文清、夏训峰、严昌荣	DB64/T 870—2013
29	温室气体排放核算指南畜禽养殖企业	地方标准	朱志平、云福	DB11/T 1422—2017
30	空心莲子草生物防治技术规程	地方标准	付卫东、张国良	DB42/T 1368—2018
31	空心莲子草防治技术规程	地方标准	付卫东、张国良	DB51/T 2460—2018
32	农田地膜残留调查与评价技术规程	地方标准	严昌荣、何文清	DB23/T 2033—2017
33	生物质炭源头削减氮磷污染技术规程	地方标准	张爱平、李洪波、杨正礼	DB372301/T 001—2019
34	农田施用缓释肥控释肥降低氮磷面源污染技术规程	地方标准	张爱平、李洪波、杨正礼	DB372301/T 002—2019
35	秸秆生物炭施用技术规程	地方标准	刘杏认、张晴雯、张爱平	DB372301/T 004—2019
36	冬小麦夏玉米周年农业气象灾害防控技术规程	地方标准	吕国华、韩伟	SDNYGC-2-1044—2018
37	夏玉米农业气象灾害防控技术规程	地方标准	吕国华、韩伟	SDNYGC-2-1043—2018
38	坡耕地植物篱垄向区田技术规程	地方标准	杨正礼	DB23/T 2490—2019
39	高寒牧区退化草地放牧技术规范	地方标准	干珠扎布等	DB54/T 0188—2020
40	高寒牧区草地盖度变化趋势遥感监测技术规程	地方标准	胡国铮等	DB54/T 0189—2020
41	高寒牧区房前屋后牧草栽培技术规范	地方标准	高清竹等	DB54/T 0190—2020
42	高寒牧区暖棚草栽培技术规范	地方标准	干珠扎布等	DB54/T 0191—2020
43	高寒牧区天然草地补播技术规程	地方标准	干珠扎布等	DB54/T 0180—2020
44	育成牦牛补饲育肥技术规程	地方标准	干珠扎布等	DB54/T 0187—2020
45	设施农田有机肥重金属控制技术要求	地方标准	苏世鸣等	DB12/T 953—2020

（续表）

序号	标准名称	标准类型	主要完成人	标准号
46	旱地小麦玉米周年减灾生产技术规程	地方标准	吕国华等	DB41/T 1989—2020
47	冬小麦晚霜冻测报调查技术规范	地方标准	吕国华等	DB4114/T 137—2020
48	水浇地小麦玉米周年减灾生产技术规程	地方标准	吕国华等	DB41/T 1990—2020
49	晚播强筋小麦栽培技术规程	地方标准	吕国华等	DB4114/T 138—2020
50	乔木类果树有机肥施用技术规程	地方标准	刘园等	DB21/T 3263—2020
51	冬小麦干热风灾害综合防御技术规程	地方标准	白文波等	DB13/T 5300—2020
52	农田废旧地膜回收质量等级	地方标准	刘勤等	DB65/T 3834—2021
53	双季稻秸秆机械化全量还田技术规程	地方标准	曾希柏、段然、张洋、白玲玉	HNZ 288—2021
54	寒冷地区村镇秸秆直燃供暖技术规程	地方标准	赵立欣等	DB23/T 2698—2020
55	全生物降解地膜栽培技术规范 第1部分：旱作玉米	地方标准	刘勤等	DB15/T 2525.1—2022
56	全生物降解地膜栽培技术规范 第2部分：河套灌区向日葵	地方标准	刘勤等	DB15/T 2525.2—2022
57	全生物降解地膜栽培技术规范 第3部分：阴山北麓马铃薯	地方标准	刘勤等	DB15/T 2525.3—2022
58	全生物降解农用地膜覆盖薄膜烟草种植使用教程	地方标准	刘勤等	DB52T 1626—2022
59	平原河网区冬小麦减肥增效生产技术规范	地方标准	张爱平等	DB37/T 4521—2022
60	平原河网区夏玉米清洁生产技术规范	地方标准	张爱平等	DB37/T 4522—2022
61	设施蔬菜镉污染风险防控技术规程	地方标准	苏世鸣等	ST 20202801
62	植物光照用LED灯具通用技术规范	团体标准	李涛等	T/CSA 031—2019
63	人工光叶菜生产用LED光照系统一般技术要求	团体标准	李涛等	T/CSA 058—2019
64	藏北紫花针茅高寒草原藏羊放牧技术规程	团体标准	干珠扎布等	T/HXCY 014—2020

（续表）

序号	标准名称	标准类型	主要完成人	标准号
65	藏北轻中度退化草地光伏灌溉恢复技术规程	团体标准	高清竹等	T/HXCY 012—2020
66	藏北高寒牧区暖棚建设技术规范	团体标准	胡国铮等	T/HXCY 011—2020
67	藏北高寒牧区牦牛补饲技术规程	团体标准	高清竹等	T/HXCY 010—2020
68	藏北高寒牧区牦牛暖季育肥技术规程	团体标准	高清竹等	T/HXCY 013—2020
69	藏北高寒牧区冬圈夏草种草技术规程	团体标准	高清竹等	T/HXCY 018—2020
70	藏北高寒草地退化等级遥感监测技术规范	团体标准	高清竹等	T/HXCY 019—2020
71	设施番茄生产用株间补光LED光照系统一般技术要求	团体标准	李涛等	T/CSA 065—2020
72	General Technical Specification of LED Luminaires for Horticultural Lighting	团体标准	李涛等	ISA-S-0015—2020
73	LED植物光照产品的光学性能测量方法	团体标准	仝宇欣等	T/CIES 025—2020
74	藏北牦牛奶生产检验标准	团体标准	胡国铮等	T/HXCY 017—2020
75	藏北高原多年生禾本科牧草种植技术规程	团体标准	干珠扎布等	T/HXCY 015—2020
76	藏北高寒草地鼠害隔离防治技术规范	团体标准	干珠扎布等	T/HXCY 016—2020
77	秸秆打捆燃料检验通则	团体标准	赵立欣、罗娟、姚宗路、霍丽丽、赵亚男、郝先荣、贾吉秀	TCAAMM132—2021/T/NJ1284—2021
78	秸秆捆烧常压供热设备技术条件	团体标准	赵立欣、霍丽丽、姚宗路、罗娟、赵亚男、郝先荣	T/CAAMM133—2021/T/NJ1285—2021
79	黄淮海冬小麦-夏玉米滴灌水肥一体化技术指南	团体标准	郝卫平、李昊儒、龚道枝、高丽丽、王传娟、郭瑞	T/CSES46—2021
80	流域水环境规划 混合区设置技术导则	团体标准	赵高峰等	T/CSES52—2022
81	人工光植物工厂紫外LED光照系统一般技术要求	团体标准	李涛、程端锋	T/CSA080—2022

附录8-5 授权发明专利目录

序号	专利名	发明人	专利号
1	一种坡地集雨节灌控污系统和方法	刘恩科、严昌荣、梅旭荣、张燕卿、潘艳华、何文清、和寿甲、胡玮、刘勤、刘爽	ZL201110078055.0
2	一种畜禽粪便分步热解制取富氢燃气和其他产物的方法和装置	董红敏、徐德洛、朱志平、尚斌、陶秀萍	ZL200810180546.4
3	一种水处理装置的自动控制方法	刘丽晖、朱昌雄、钟云龙、俞晓苇、田云龙、温锦备、赵永坤、宋巍、梁恩虎	ZL200910085729.2
4	高寒草原地区适应气候变化的草地保护方法	林而达、江村旺扎、王贺然、王宝山、高清竹、居煇	ZL201010147594.0
5	一种纳米多孔活性炭担载农用抗生素的缓控释制剂及制备方法	崔海信、姜建芳、孙长娇	ZL201110083063.4
6	黄顶菊[Flaveria bidentis (L.) Kuntze]系列染料制备工艺和用途	付卫东、何兰、张国良、张呈瑞、曹妙程、韩颖	ZL200910250534.9
7	一种烷烃叶氏登氏菌和微生物菌剂及它们的应用	郭萍、朱昌雄、崔丽虹、刘雪、李峰、叶婧	ZL201110167185.1
8	一种友好叶氏登氏菌和微生物菌剂及它们的应用	郭萍、田云龙、朱昌雄、刘雪、李峰、叶婧	ZL201110167190.2
9	一种日本假黄单胞菌和微生物菌剂及它们的应用	郭萍、朱昌雄、田云龙、刘雪、李峰、叶婧	ZL201110167149.5
10	一种假单胞菌属和微生物菌剂及它们的应用	郭萍、田云龙、朱昌雄、刘雪、李峰、叶婧	ZL201110167206.X
11	一种赤红球菌和微生物菌剂及它们的应用	郭萍、田云龙、崔丽虹、朱昌雄、刘雪、李峰、叶婧	ZL201110167189.X
12	一种用高浓度有机废水生产液态水溶碳肥的方法	朱昌雄、李瑞波、吴少全	ZL201210192776.9
13	一种红壤改良剂	曾希柏、李莲芳、白玲玉、段然、王亚男、孙楠	ZL201110240926.4
14	一株降解金霉素的木霉菌LJ245	李艳菊、肖思颖、杨世窍、高菊生、张爱平	ZL201210049934.5
15	一种水溶性农药缓控释制剂及其制备方法	姜建芳、崔海信	ZL201210311123.8
16	一种温室大棚	尹昌斌、李贵春、史森林、李雷、刘振东	ZL201110379078.5

（续表）

序号	专利名	发明人	专利号
17	一种反硝化细菌塔养及测定水体硝态氮同位素组成的方法	徐春英、李玉中、郝卫平、孙东宝、李巧珍、董一威	ZL201210228975.0
18	纳米二氧化硅在农药控释中的应用	王琰、崔海信、孙长娇	ZL201210448805.3
19	资源集约利用型植物工厂	李琨、杨其长、刘文科、程瑞锋、魏灵玲、仝宇欣、张义、方慧、肖平	ZL201210592579.6
20	一种水稻环保型钵体育苗方法	段然、曾希柏、汤月丰、文炯、白玲玉、王伟政、苏世鸣、李莲芳、王亚男、吴翠霞	ZL201310343239.4
21	脱氮微生物菌剂及其制备方法和固定化颗粒及其应用	朱昌雄、肖晶晶、郭萍、田云龙、俞晓云、龚明波、刘雪、叶婧、李峰	ZL201210008762.7
22	一种半开放式气候变化原位模拟气室	万运帆、李玉娥、游松财、高清竹、秦晓波、刘硕、马欣	ZL201210520281.4
23	水培气液共用管道系统	李琨、杨其长、刘文科、程瑞锋、魏灵玲、仝宇欣、张义、方慧、肖平	ZL201210593771.7
24	配方施肥肥料选择器	郝卫平、毛丽丽、梅旭荣、龚道枝、李昊儒、刘琪、顾峰雪、郭端	ZL201310157344.9
25	一种精制的含黄腐酸农用微生物菌剂及其制造方法	朱昌雄、毛丽丽、李瑞波、吴少全	ZL201210185052.1
26	磁性纳米载体介导的植物转基因方法	崔海信、孟志刚、孙长娇、郭三堆、王琰、赵翔	ZL201210487231.0
27	一种转基因生物培育用磁性纳米基因载体的制备方法和应用	崔海信、王琰、孟志刚、孙金海、李奎、姜建芳、赵翔	ZL201310153676.X
28	配方施肥机	郝卫平、毛丽丽、梅旭荣、龚道枝、李昊儒、刘琪、顾峰雪、郭端	ZL201310157067.1
29	一种有机水稻生产方法	曹卫东、吴军、聂军、吴翠霞、廖育林、鲁艳红、杨曾平、白金顺	ZL201310435272.X
30	一种土壤调理剂	曾希柏、李莲芳、孙媛媛、白玲玉、苏世鸣、王亚男、吴翠霞	ZL201110318155.6
31	一种水汽根雾栽培设备及其使用方法	程瑞锋、杨其长、刘菁明、李琨、方慧、张义、仝宇欣	ZL201310694468.0
32	一种金霉素固体废弃物的无害化处理方法	杨正礼、李艳菊、张爱平、杨世琦、张晴雯	ZL201310073748.X
33	一种生态修复剂喷龙葵对龙葵入侵草场的方法	张国良、付卫东、张瑞海、宋振、张衍雷	ZL201310682407.2
34	一种利用水培方法快速筛选砷低吸收作物的方法	曾希柏、苏世鸣、白玲玉、王亚男、李莲芳、段然、吴翠霞	ZL201310522399.5

（续表）

序号	专利名	发明人	专利号
35	一种双季稻氮丰产的生产方法	范美蓉、廖育林、秦晓波、彭辉辉、李玉娥、汤桂容、孙玉桃	ZL201410105019.2
36	一种连体甘薯蝴株循环采收方法	程瑞锋、杨其长、刘喜明、李琨、方慧、张义、仝宇欣	ZL201310693763.4
37	一种稻田紫云英免播循环留种方法	鲁艳红、廖育林、谢坚、聂军、曹卫东、杨曾平、吴翠霞、孙玉桃、魏湘林、周兴	ZL201410105316.7
38	一种坡地水蚀输沙能力的稀土元素示踪方法	张晴雯、雷廷武	ZL201410340488.2
39	一种春玉米坡耕地抗蚀增效的面源污染控制方法	张晴雯、陈尚洪、刘定辉、杨正礼、张爱平	ZL201310684335.5
40	被动式配方施肥机及施肥方法	郝卫平、毛丽丽、梅旭荣、龚道枝、刘琪、李昊儒、郭瑞	ZL201310080290.0
41	一种地表水的生物修复方法	郭萍、朱昌雄、田云龙、叶婧、李红娜	ZL201410288989.0
42	一种遏制尊龙姜人侵天然生态系统的方法	张国良、付卫东、张瑞海、宋振、张衍雷	ZL201310680462.8
43	一种棘孢木霉菌厚垣孢子粉剂及其制备方法与它的用途	曾希柏、蒋细良、苏世鸣、王秀荣、李莲芳、白玲玉、王亚男、段然、吴翠霞	ZL201410003169.2
44	一种设施蔬菜土壤起垄内嵌式无土栽培装置及方法	刘文科、杨其长	ZL201410342395.3
45	一种基质所育苗的洗根方法及其应用	李琨、杨其长、刘文科、程瑞锋、仝宇欣、张义、方慧、魏强、肖平	ZL201410669752.7
46	一种对新整理耕地进行行稻草易地还田的马铃薯培肥方法	范美蓉、秦晓波、杨润新、廖育林、彭辉辉、李玉娥、孙玉桃、汤桂容	ZL201410105306.3
47	纳米增效灭鼠剂	姜建芳、曹煜、崔海信、孙长坏、赵翔	ZL201110278973.8
48	一种用于温室气体排放通量监测的自动气体样品采集站	万运帆、李玉娥、高清竹、游松财、秦晓波、刘硕、马欣、王斌、张卫红	ZL201410141455.5
49	一种土壤中毒死蜱农药及其三种代谢物的检测方法	张义、周波、陕红、方慧、黄金丽、仝乘凤	ZL201410277229.X
50	一种双层保温被卷帘设备及其使用方法与应用	张义、周其长、方慧、李琨、刘文科、程瑞锋、卢威、周升、李志鹏、仝宇欣	ZL201410670655.X

（续表）

序号	专利名	发明人	专利号
51	一种与根与茎类药用植物的设施半水培栽培装置及方法	刘文科、赵姣姣、杨其长	ZL201410080888.4
52	北方荞麦栽培方法	丁素荣、郭李萍、谢立勇、刘迎春、杨学文、白春雷、韩雪、生国利、魏云山、宋吉青、周学超、张晓荣、李峰	ZL201410418608.6
53	一种纤维素接枝环氧树脂高分子吸水树脂的合成方法	刘琪、宋吉青、郭瑞、夏旭、顾峰雪、李昊篇、毛丽丽	ZL201410323542.2
54	一种节水型小麦品种鉴定筛选方法	钟秀丽、梅旭荣、严昌荣、刘晓英、郭瑞	ZL201410778295.5
55	一种转筒上拉式武卷帘机及其使用方法	方慧、周波、杨其长、卢威、张义、李珺、刘文科、程瑞锋、仝宇欣、周升、李志鹏	ZL201410472753.2
56	一种适用于畜禽粪便堆肥挥发氨氮的回收系统及其工艺	董红敏、尚斌、陶秀萍	ZL201310279971.X
57	适用于日光温室的可移动式栽培装置和果菜多段栽培方法	仝宇欣、杨其长、程瑞锋、刘文科、张义、李珺、方慧、肖平	ZL201510038364.3
58	一种太阳能除湿器及其使用方法	张义、周波、杨其长、卢威、方慧、李珺、刘文科、程瑞锋、仝宇欣、周升、李志鹏	ZL201410472029.X
59	有机无机一体化施肥精播机	彭正萍、杨欣、李迎春、门明新、王艳群、刘会玲	ZL201510200906.2
60	应用两阀系统测定三种主要温室气体的气路配置方法	万运帆、李玉娥、高清竹、秦晓波、刘硕、马欣、蔡威威、张卫红	ZL201410843889.X
61	一种高寒牧区温室大棚人工种植牧草的方法	梁艳、高清竹、干珠扎布、曹旭娟、张伟娜、万运帆、李玉娥、江村旺扎、旦久罗布、王宝山	ZL201510156609.2
62	一种利用多年生牧草生态修复剥夺龙葵类入侵退化草场的方法	付卫东、张国良、张瑞海、宋振、张衍雷	ZL201310682104.0
63	一种农药纳米固体分散体及其制备方法	崔海信、崔博、冯磊、刘国强	ZL201510109887.2
64	一种高效精确调节营养液的栽培槽及其使用方法	李珺、周波、程瑞锋、杨其长、仝宇欣、张义、方慧、魏强、肖平	ZL201410678070.2

（续表）

序号	专利名	发明人	专利号
65	一种控制少花蒺藜草的方法	付卫东、张瑞海、张国良、宋振、张衍雷、张婷	ZL201510229353.3
66	一种高寒牧区房前屋后人工种草技术	高清竹、张勇、梁艳、干珠扎布、曹旭娟、万运帆、李玉娥、江村旺扎、旦久罗布、王宝山	ZL201510156624.7
67	植物人工光栽培智能精准照明节能方法及其装置	李瑞、杨其长、巫国栋、刘文科、程瑞锋、仝宇欣、张义、方慧、肖平	ZL201410609775.9
68	营养液面栽培植物冠层间通风降温的方法及装置	李瑞、杨其长、魏强、巫国栋、刘文科、仝宇欣、张义、方慧、肖平	ZL201410676695.5
69	养殖用沼液处理系统和养殖场	耿兵、赵永坤、俞晓芸、刘雪、叶婧、国辉、宫玉艳、朱昌雄	ZL201410165586.7
70	一种蓄热保温型设施蔬菜基质栽培装置及栽培方法	刘文科、杨其长	ZL201510109192.4
71	一种向日葵替代控制少花蒺藜草的方法	张国良、付卫东、张瑞海、张衍雷、韩颖	ZL201210332160.7
72	一种营养液冷气制冷增氧循环装置及其使用的方法	李瑞、杨其长、程瑞锋	ZL201510642283.4
73	一种污染无外排的农业废弃物猪粪尿资源化方法	郭萍、朱昌雄、肖佳华	ZL201510188741.1
74	一种废水微藻加工利用的方法	刘雪、盛清凯、耿兵、朱昌雄、孙利芹、孙中亮、王星凌	ZL201510390515.1
75	一种猪鱼立体联合养殖废水内循环的方法	郭萍、朱昌雄、田云龙、李峰、刘雪、叶婧	ZL201510189105.0
76	一种高效二氧化碳施肥装置及施肥方法	仝宇欣、杨其长、程瑞锋、刘文科、李瑞、张义、方慧、肖平	ZL201510424462.0
77	一种从土壤中提取分离紫云英苷的方法	张国良、张瑞海、付卫东、孙宝丽、宋振	ZL201510706526.6
78	一种用于自动气体样品采集站的自动静态箱升降系统	万运帆、李玉娥、高清竹、秦晓波、马欣、刘硕	ZL201610108708.8
79	一种厌氧反应器及养殖废水处理系统和方法	李红娜、朱昌雄、田云龙、史志伟、叶婧、刘雪、耿兵、郭萍	ZL201510847448.1
80	具有水土氮磷保持作用的植物篱垄及其向区田及耕作方法	杨世琦、吴会军、韩瑞芸、杨正礼、张爱平	ZL201510552968.X
81	一种模块化资源集约利用型育苗机及其使用方法	李瑞、杨其长、程瑞锋	ZL201510641897.0
82	一种玉米多功能分控释肥料及其制备方法	吴会军、杨世琦、韩瑞芸、杨正礼	ZL201510627991.0

（续表）

序号	专利名	发明人	专利号
83	一种设施植物LED光温协同栽培装置及栽培方法	刘文科、杨其长	ZL201511009471.X
84	一种原位探测水蚀土壤中^{137}Cs渗透深度的方法和系统	张晴雯、李勇、杨正礼、张爱平、刘杏认	ZL201610298282.7
85	一种在玉米-小麦轮作体系中促进土壤固碳的方法	陈敏鹏、夏旭、路森	ZL201610663633.X
86	地衣芽孢杆菌及微生物菌剂和它们在发酵床养殖中的应用	张丽、耿兵、朱昌雄、田云龙、叶婧、郭萍、李红娜、刘雪、李峰	ZL201510886295.1
87	甲基营养型芽孢杆菌BH21的应用及微生物肥料和制备方法	黄亚丽、魏新燕、黄媛媛、贾振华、叶婧、赵平、宋聪、朱昌雄	ZL201710070295.3
88	一种叶面亲和性可整载药胶束的制备方法	曾章华、梁洁、崔海信	ZL201610552152.1
89	一种间距可变的免移栽水耕栽培板及其使用方法	李瑞、杨其长、刘文科、程瑞锋、仝宇欣、张义、方慧、魏强、肖平	ZL201410564562.9
90	社区-家庭相结合的水培蔬菜生产系统及菜苗移动装置	程瑞锋、杨其长、李瑞、袁琼、白辰、滕云飞、巫国栋、魏强、肖平、刘焕	ZL201610162846.4
91	一种农药纳米微球及其生产方法	曾章华、梁洁、崔海信	ZL201611145113.6
92	一种水禽养殖微生态垫料及其制备方法	耿兵、张丽、朱昌雄、郑炜、郑宏、俞晓蓉、刘雪、叶婧、田云龙、李红娜	ZL201510998256.0
93	一种基于生物质原料制备纤维素纳米纤维的方法	刘琪、宋吉青、何文清、郝卫平、毛丽丽、郭瑞	ZL201610290757.8
94	一种采用分段水培快速筛选砷低吸收作物的方法	曾希柏、张葶、苏世鸣、王亚男、白玲玉	ZL201710473947.8
95	一种利用气囊膜集热的日光温室	伍纲、杨其长、张义、方慧	ZL201810011392.X
96	一株氯霉素降解菌株LMS-CY及其生产的菌剂和应用	黄星、赵梦君、蒋建东、田云龙、朱昌雄	ZL201710152873.8
97	一种化学-生物钝化剂及其制备方法	苏世鸣、曾希柏、张宏祥、白玲玉、王亚男	ZL201710709669.1
98	微灌管道末端用多功能阀门	莫彦、王建东、龚时宏、高小艳、李巧灵	ZL201910382539.0
99	照片中目标图形面积计算方法及系统	毛丽丽、李志中、梅旭荣、郝卫平、徐春英、孙东宝、李巧珍、李昊篙	ZL201611267235.2
100	一种畜禽养殖废水的处理方法	李红娜、史志伟、朱昌雄、郭萍、刘雪、叶婧、田云龙、耿兵	ZL201510884528.4

（续表）

序号	专利名	发明人	专利号
101	一种电芬顿法处理有机废水的方法和装置	李红娜、阿旺次仁、朱昌雄、彭怀丽、叶婧、田云龙、李峰、耿兵	ZL201611105495.X
102	基于水肥高效管理的面源污染控制系统	张晴雯、杨正礼、刘杏认、张爱平、李贵春	ZL201710749649.7
103	一种修复砷污染土壤的复合淋洗剂及其使用方法和应用	李莲芳、朱昌雄、李峰、叶婧、李红娜、吴翠霞	ZL201710086859.2
104	一种适合避雨栽培的薄膜光伏发电与集雨灌溉系统	龚道枝、南大华、梅旭荣、王丽娟、郝卫平、李昊儒、高丽丽	ZL201810288823.7
105	一种日光温室覆盖层直射光透射率的测定方法	方慧、杨其长、张义、程瑞峰、李涛、伍纲、仝宇欣、李琨	ZL201711021027.9
106	一种自然条件下全天候海上漂浮式日光温室	伍纲、杨其长、方慧、张义	ZL201711491843.6
107	一种农田氨磷面源污染控制与回收利用系统和方法	张晴雯、张爱平、刘杏认、杨正礼	ZL201710071099.8
108	一种改良盐碱地的方法	张晴雯、晏清洪、高偏玲、潘秀华	ZL201810366322.6
109	一种病死动物碱解无害化处理系统与工艺	尚斌、董红敏、陶秀萍	ZL201711206756.1
110	农田面源污染对地表径流中总磷排放量影响的预测方法	张晴雯、张爱平、刘杏认、杨正礼、李贵春	ZL201710943457.X
111	一种氧化亚氮同位素δ^{15}N的校正方法	丁军军、李玉中、毛丽丽、李巧珍、徐春英	ZL202010141814.2
112	一种农业区水资源环境诊断方法及其系统	张晴雯、刘杏认、张爱平、杨正礼	ZL201710311422.4
113	一种树状芽孢杆菌、固定化菌剂及其应用	李红娜、田云龙、朱昌雄、叶婧、李峰、耿兵、郭萍、李莲芳	ZL201910152925.0
114	从畜禽粪便厌氧氧化液分离提取己酸、辛酸、庚酸的方法	张万钦、董红敏、尹福斌、朱志平、曹起涛	ZL201911051661.6
115	流域农业面源污染的FRN-CSSI联合溯源示踪解析方法	于寒青、刘文祥	ZL201910728202.0
116	地衣芽孢杆菌在秸秆降解中的应用、包含该菌的微生物菌剂及其应用	张丽、黄亚丽、叶婧、黄媛媛、田云龙、李峰、朱昌雄	ZL201710804153.5
117	利用畜禽粪便发酵液生产中链脂肪酸的方法	董红敏、张万钦、尹福斌、朱志平、尚斌、曹起涛、陈永杏	ZL201911052430.7

（续表）

序号	专利名	发明人	专利号
118	水凤仙花产碱杆菌及微生物菌剂和它们在畜禽养殖废弃物资源化中的应用	李红娜、朱昌雄、叶婧、田云龙、李峰、郭萍、李莲芳	ZL201711488112.6
119	一种叶面亲和型农药纳米载药系统制备方法	余曼丽、孙长娇、曾章华、崔海信	ZL201711258337.2
120	一种日光温室通风回热系统及装有该系统的日光温室	伍纲、杨其长、方慧、张义、柯行林、展正朋	ZL201810608000.8
121	一种冬小麦抑盐增效的面源污染控制方法	张晴雯、杨正礼、张爱平、刘杏认	ZL201710351422.7
122	退化高寒草地适度放牧利用方法	高清竹、干珠扎布、万运帆、胡国铮、张伟娜、李玉娥、旦久罗布、王宝山	ZL201710519179.5
123	一种制备丝柏油油醇的方法	刘家磊、宋吉青、何文清、刘琪、白文波	ZL201711256954.9
124	一种高寒牧区全年供草的方法	干珠扎布、参木友、高清竹、胡国铮、鲍宇红	ZL201810762339.3
125	一种用于盐碱地的微生物土壤调理剂及其制备方法	张晴雯、张志军、尹龙泉、潘英华、高佩玲、郑莉	ZL201810179316.X
126	一种土壤修复改善装置	秦景、董雯怡、路威	ZL201810691717.3
127	一种烟气高效回用秸秆捆炼方法	姚宗路、贾吉秀、赵立欣、郝先荣、邓云、丛宏斌、赵亚男	ZL201910924229.7
128	一种水滑石负载型吡虫啉纳米农药及其制备方法和使用方法以及应用	崔海信、王琰、朱华新、张湘卿	ZL201910898582.2
129	一种热解焦油雾化水平测评试验方法	姚宗路、贾吉秀、郝晓文、赵立欣、丛宏斌、赵亚男	ZL201910936482.4
130	一种农业面源污染物入河负荷削减系统	张晴雯、刘杏认、张爱平、杨正礼、李贵春	ZL201711189976.8
131	以畜禽粪污为原料两阶段发酵生产中链脂肪酸的方法	董红敏、张万钦、尹福斌、朱志平、曹起涛、陈永杏	ZL201911054286.0
132	一种纳米农药制剂及其制备方法	崔海信、王琰、王安琪	ZL201710485426.4
133	阿维菌素纳米农药制剂及其制备方法	王琰、崔海信、申趣、朱华新、张湘卿	ZL201911150991.0
134	一种基于颜色信息对蔬菜叶片病斑分割方法及服务器	马浚诚、孙忠富、杜克明、褚金翔、郑飞翔	ZL201710358725.1
135	防治红火蚁的熏素制合物及施药方法	张国良、付卫东、王忠辉、张瑞海、宋振	ZL201711432602.4
136	一种农药固体纳米分散体及其制备方法	崔海信、崔博	ZL201710893866.3

（续表）

序号	专利名	发明人	专利号
137	一种能适应多种路况的农田机器人	李志海、刘布春	ZL201910464646.8
138	一种秸秆捆烧的清洁燃烧方法	姚宗路、贾吉秀、赵立欣、邓云、丛宏斌、霍丽丽、郝先荣	ZL202010112457.7
139	畜禽粪便发酵堆肥的方法	李红娜、阿旺次仁、朱昌雄、李峰、彭怀丽、叶婧、田云龙、郭萍、李连芳	ZL201710118086.1
140	一种浅沟浸蚀输沙能力的定量表达方法	张晴雯、雷廷武、董月群、郑莉	ZL201710711495.2
141	淡紫紫孢菌及其协同生物质修复污染水体重金属的方法	郭萍、赵晓宁、唐建、郭敏、郭守林、茆明军、张京伟	ZL201710465695.4
142	一种叶面靶向黏附型水凝胶农药载药系统的制备方法	曾章华、陈虹燕、余曼丽、崔海信	ZL201811058936.4
143	一种变形假单胞菌及其应用	田云龙、李红娜、耿兵、郭萍、叶婧、刘雪、李连芳、李峰、朱昌雄	ZL201910152931.6
144	甲烷监测装置	秦晓波、李玉娥、万运帆、廖育林、范美蓉、王斌	ZL202011048389.9
145	一种具有改良土壤功能的镰刀菌钝化剂及其生产方法	曾希柏、王亚男、苏世鸣、白玲玉、郭良进、黄道友	ZL201710516341.8
146	马蔺种子萌发方法	张瑞海、付卫东、宋振、王忠辉、黄成成、王然、王薇	ZL201810156579.9
147	一种鉴定水稻种高产低排的方法	秦晓波、李玉娥、万运帆、廖育林、范美蓉	ZL202011206448.0
148	一种农业废弃物通过发酵方式生产中链羧酸的方法与应用	董红敏、张万钦、尹福斌、曹起涛、连天境、王顺利	ZL202011266252.0
149	用于改良盐碱地的复合型土壤调理剂、制备及调理方法	张晴雯、晏清洪、高佩玲、潘英华、张志军	ZL201810557070.5
150	控释型纳米农药制剂的制备方法	崔海信、王琼、王安琪	ZL201710486028.4
151	一种农田机器人的定位方法、装置及存储介质	刘布春、李志海	ZL201910465477.X
152	一种农药纳米胶囊及其制备方法	崔海信、王琼、王安琪	ZL201710485630.6
153	农药纳米胶囊的制备方法	崔海信、王琼、王安琪	ZL201710485419.4
154	一种基于物联网的低成本富碳密闭栽培装置	陈保青、严昌荣、林传光、董雯怡、范立宁	ZL202011208962.8

（续表）

序号	专利名	发明人	专利号
155	一种自身缓释海藻肥制备方法	赵鲁、李贵春、杜章留、蒋增、唐泽、董悦、林涵宁、张秀成	ZL201811090664.6
156	一种从土壤中提取分离黄酮类物质的方法	付卫东、张瑞海、张国良、宋振、孙宝利、王忠辉	ZL201910361423.9
157	一种生态棒及其应用	郭萍	ZL202110090064.5
158	一种降低作物对砷吸收种衣剂及其制备方法	曾希柏、张璞、苏世鸣、王亚男、白玲玉、黄道友、朱奇宏、吴翠霞	ZL201810004765.0
159	一种吡唑醚菌酯可溶性固体制剂及其制备方法	崔海信、高飞、张燕卿、王春鑫	ZL201910062595.6
160	一种阿维菌素类纳米粉及其制备与使用方法	崔海信、高飞、张燕卿	ZL201910062404.6
161	一种可调式顶侧开口的自动静态箱	万运帆、李玉娥、高清竹、秦晓波、干珠扎布、胡国铮、刘硕、王斌、武建双、蔡岸冬	ZL202110027737.2
162	连续型覆膜好氧发酵专用换膜机	曾剑飞、董红敏、陶秀萍、朱志平	ZL202110178367.2
163	一种热解型炭化催化一体化方法	姚宗路、郝晓文、赵立欣、贾吉秀、丛宏斌、霍丽丽	ZL202010157657.4
164	低剂量长波紫外光提高植物工厂菜叶产量及品质的方法	李涛、杨其长、陈永成、邹洁、张雅婷、张玉琪	ZL201910629301.3
165	麦穗计数方法及装置	张领先、陈运强、杜克明、马浚诚、李云霞、孙忠富、郑飞翔	ZL201811555424.9
166	文丘里加气装置的工作参数计算方法及灌溉匹配方法	王建东、王海涛、杨彬、龙晓旭、王绍新、莫彦	ZL202010165026.7
167	一种移动式秸秆烘烤与炭化处理原位还田方法	姚宗路、赵立欣、谢腾、贾吉秀、霍丽丽	ZL202010992008.6
168	一种秸秆衣膜多原料协同热解处理方法	霍丽丽、赵立欣、姚宗路、郝晓秀、贾吉秀	ZL202010980935.6
169	一种硝基还原酶基因ZLrB及其编码的蛋白和应用	黄星、鲁璐璐、蒋建东、田云龙、朱昌雄	ZL201810171093.2
170	用于防治水稻纹枯病的双载纳米农药缓释胶囊及其制备方法	王琰、崔海信、崔建霞、申越、张燕卿	ZL201911143392.6
171	连续型覆膜式好氧发酵系统及其使用方法	曾剑飞、董红敏、陶秀萍、尚斌、朱志平	ZL202110178368.7
172	覆膜式好氧发酵专用多功能高效翻堆装置	曾剑飞、董红敏、尚斌、郑云昊	ZL202110169747.X

（续表）

序号	专利名	发明人	专利号
173	一种林下侵蚀劣地土壤增碳和生物多样性菌剂调控方法	于寒青、刘文祥、陈晓光	ZL201910275322.X
174	一种处理畜禽养殖废弃物的方法	李红娜、朱昌雄、李斌绪、张治国、李峰、耿兵、叶婧、田云龙	ZL201810079110.X
175	一种单宁酸修饰叶面黏附型农药的制备方法	曾章华、智亨、崔海信	ZL201910346573.2
176	营养液栽培装置	巫国栋、杨其长、程瑞锋、李琨、魏强	ZL201810188839.0
177	一种生态护坡方法	张国良、张瑞海、付卫东、宋振、王忠辉、王然、王薇	ZL201910361403.1
178	一种秸秆生活垃圾协同处理燃气清洁燃烧的方法	姚宗路、赵立欣、邓云、霍丽丽、贾吉秀	ZL202110596569.9
179	一种热解油回用的生物质热解联产方法	霍丽丽、赵立欣、姚宗路、傅国浩、贾吉秀	ZL202110587860.X
180	一种环境监测用采样机械手及其使用方法	王耀生、郝卫平、李向楠、马海洋、王超	ZL202110662523.2
181	一种智能无人机	王耀生、郝卫平、冯良山、杨宁、马海洋	ZL202110631310.3
182	用于土壤的捕气装置	秦晓波、万运帆、廖育林、范美蓉	ZL202110499444.4
183	一种侵蚀劣地生态恢复全时空分阶段复合调控方法与应用	于寒青、刘文祥、陈晓光	ZL202010151188.5
184	一种高性能镉固定剂的制备方法与应用	严玉波、杨建军、夏星、张良东	ZL201910629581.8
185	一种高阻隔性高强度超薄全生物降解地膜及制备方法	刘琪、何文清	ZL201910814468.7
186	一种秸秆还田配施无机肥养分提高土壤有机碳含量的方法	蔡岸冬、武红亮、肖婧、王斌、万云帆、高清竹、李玉娥	ZL202110564048.5
187	一种翻堆和覆膜一体装置	董红敏、马端强、刘子龙、李肇坤	ZL202011335458.4
188	一种含有机碳的水产养殖水质改良剂	耿兵、吴少全、李斌波、刘雪、叶婧、田云龙、李峰、李红娜、朱昌雄	ZL201811369273.8
189	一种基于双筒结构的生物质与农膜共热解方法	赵立欣、姚宗路、谢腾、霍丽丽、贾吉秀	ZL202110464625.3
190	一种基于AI算法与工作需求的文丘里施肥器优化设计方法	王建东、王海涛、严昌荣、杨彬、田金霞、毛丽丽、龙晓旭、王传娟	ZL201910186526.6

（续表）

序号	专利名	发明人	专利号
191	一种生活污水回灌农田的滴管处理装置	高丽丽、龚道枝、梅旭荣、郝卫平、李昊儒、韩卫华、孙海滨	ZL202110661478.9
192	一种提高水稻稻米中Zn含量的方法	杨建军、张良东、夏星、严玉波	ZL201910333350.2
193	一种三十烷醇新型乳液及其制备其在作物化学调控中的应用	段留生、高飞、王崇	ZL202110069403.1
194	一种基于单宁酸修饰的叶面亲和型农药纳米微胶囊制备方法	曾章华、余曼丽、孙长娇、崔海信	ZL201910748522.2
195	农业废弃物发酵生产聚羟基脂肪酸酯的方法	董红敏、王顺利、张万钦、尹福斌、曹起涛、连天境、周诙龙、朱志平	ZL202110878525.5
196	基于时频耦合模拟的流域面源污染优先控制区识别方法	朱洁、张晴雯	ZL201910795368.4
197	一种冬小麦春季霜冻害预警与监测装置	武永峰	ZL202221459340.7
198	一种漂浮式气体采集装置	万运帆、高清竹、李玉娥、秦晓波、王斌、蔡岸冬、武建双、干珠扎布、胡国铮、刘硕、张志刚	ZL202222758727.9
199	用于防治番茄灰霉病的双载纳米农药剂及其制备方法	王琰、崔海信、崔建霞、蒋佳俊、孙长娇	ZL202111286543.0
200	一种生物质溶气热解油的雾化燃烧方法	赵立欣、姚宗路、谢腾、霍丽丽、贾吉秀、郝晓文	ZL202110609181.8
201	一种土壤样品风干装置	纪冰祎、白文波、刘家磊、赵驰鹏、宋吉青	ZL202221255065.7
202	一种秸秆捆烧烟气焦油去除及再利用方法	赵立欣、姚宗路、贾吉秀、霍丽丽、赵亚男	ZL202010966131.0
203	一种热解气回流协同二级吸附固碳减排方法	赵立欣、谢腾、姚宗路、贾吉秀、霍丽丽、张沛帧	ZL202111448946.0
204	一种醌基修饰生物质炭的制备方法及应用	马俊怡、赵立欣、干佳动、姚宗路、申端霞、罗娟	ZL202210854358.5
205	一种降低水稻籽粒中砷含量的叶面喷施肥	苏世鸣、曾希柏、白玲玉、王亚男	ZL201710504384.4
206	一种双季稻秸秆还田减少甲烷排放的周年水分管理方法	王斌、李玉娥、朱春燕、万运帆、蔡岸冬、高清竹、秦晓波、朱波、胡严武	ZL202210716983.3

（续表）

序号	专利名	发明人	专利号
207	一种草地植被盖度快速测定装置及方法	高清竹、干珠扎布、武建双、胡国铮、李玉娥、万运帆、秦晓波、王斌、蔡岸冬、刘硕、阿里穆斯	ZL202210787900.X
208	一种促进秸秆腐解的水稻-水藻共生管理方法	王斌、蔡岸冬、李玉娥、万运帆、高清竹、胡严炎、宋春燕、秦晓波、朱波	ZL202210721574.2
209	一种设施蔬菜内嵌式基质栽培起垄装置及起垄方法	刘文科	ZL201611138826.X
210	一种磁性秸秆生物炭促进厌氧发酵的方法	申瑞霞、耿涛、赵立欣、姚宗路、于佳动、贾吉秀、罗娟	ZL202210700937.4
211	一种多元物料农业废弃物协同气肥联产的方法	姚宗路、赵立欣、于佳动、黄越、罗娟	ZL202210780413.0
212	主动式太阳能温室	张义、徐微微、马承伟、程瑞锋	ZL202221034130.3
213	一种栽培间距优化的通用营养液槽	李琨、巫国栋、杨其长、魏强、程瑞锋	ZL201711218302.6
214	一种肉桂醛纳米微球悬浮剂的制备方法	曾章华、余曼丽	ZL202010651506.4
215	一种秸秆粉碎清理机组	孙东宝、王庆锁、孙大兴	ZL202010669202.0
216	密闭植物工厂太阳能立体照明系统	伍纲、姬亚宁、程瑞锋、杨其长、张义、方慧	ZL202110241082.9
217	一种自走式秸秆还田耕种一体机	孙东宝、王庆锁、孙大兴	ZL202010668628.4
218	一种链条式起膜回收装置	刘宏金、刘勤、马彦明、严昌荣、张雷、郭晓宇、刘明、张福胜	ZL202123007593.9
219	一种水热平衡的退化高寒草甸修复材料	高清竹、余沛东、胡国铮、干珠扎布	ZL202110446730.4
220	基于多同位素联合示踪的流域氮磷污染物解析方法与系统	于寒青、刘文祥、陈晓光、陆朝阳、王洪雨、薛婷婷	ZL202210058022.8
221	养殖场多级组合除臭降氨杀菌系统和方法	董红敏、郭东坡、郑云昊、曹甜甜、张万钦、朱志平	ZL202210501222.6
222	一种生物质热解油制备储能电极材料的制备方法	姚宗路、贾吉秀、赵立欣、霍丽丽、谢腾、田利伟	ZL202210332656.8
223	一种耐候生物降解薄膜材料及其制备方法和应用	刘琪、何文清	ZL202210488345.0
224	紫外LED营养液杀菌装置	李琨、程瑞锋、李涛、巫国栋、魏强、柯昊纯	ZL202121336751.2
225	一种大量元素沼液水溶肥生产装置	张晴雯	ZL202220427648.7

中国农业科学院农业环境与可持续发展研究所所志 〉〉〉

（续表）

序号	专利名	发明人	专利号
226	油包水型纳米疫苗佐剂、制备方法及其应用	崔海信、郭亮、赵翀、王春鑫、崔博	ZL202110153128.1
227	一种植物分生育阶段给光提质增效的方法	仝宇欣、李列、路军灵、李扬眉、刘鑫	ZL202011248560.0
228	一种兽用疫苗纳米乳液及其制备方法	崔海信、郭亮、赵翀、王春鑫、崔博	ZL202110050444.6
229	苹果旱涝灾害综合风险评估方法	刘布春、邱美娟、刘园	ZL202110996391.7
230	含有氟吡菌酰胺和吡唑醚菌酯的双载纳米农药控释剂及其制备方法	王琰、崔海信、李柠君、蒋佳俊、王崇	ZL202111286552.X
231	一种垂直农场及其空气调控方法	李琨、杨其长、程瑞锋、巫国栋、魏强	ZL201811522853.6
232	光温环境高效精准调控利用的植物工厂化生产装置	李琨、程瑞锋、伍纳、方慧	ZL202123166855.6
233	一种固体物料混合搅拌装置	赵立欣、田利伟、姚宗路、贾吉秀、谢腾	ZL202123075843.2
234	处理种植残废苯物的自走式厌氧干发酵装置及运行方法	赵立欣、于佳动、姚宗路、罗娟	ZL202011579157.6
235	一种低波段紫外吸收抗菌转光膜及其制备方法	何文清、刘杨、刘家磊、刘琪	ZL202010759025.5
236	一种吡唑醚菌酯纳米微囊及其制备方法和应用	王琰、崔海信、黄秉娜、孙长娇、申越	ZL202110952418.2
237	一种基于秸秆聚合形成的缓释氮肥及制备方法与应用	张爱平、张晴雯、程冬冬、杨正礼、李贵春、刘杏认	ZL201610950774.X
238	一种反压压弹簧式蔬菜地表层残膜回收机	李贵春、杜章留、曹子敏、张文、李虎	ZL201910922449.6
239	一种蔬菜地表层残膜回收机	李贵春、曹子敏、李虎、杜章留、张文、刘珊	ZL201910922137.5
240	一种空气悬浮导轨、装置及栽培辅助装置	李琨、程瑞锋	ZL202121651937.7
241	低剂量UVB提升植物工厂育苗壮苗生产的方法	李涛、张玉琪、程瑞锋、李琨	ZL202210123477.3
242	一种可调节立体栽培装置	程瑞锋、李琨、刘音明、李扬眉	ZL202122592887.6
243	一种肥料型生物降解地膜及其制备方法	刘琪、何文清、刘家磊、刘勤、李真、董园园	ZL202010065238.8
244	一种变量高抗堵灌水器及灌水方法	王建东、仇学峰、王海涛、王传娟、王吉、龙晓旭	ZL202111196118.2

（续表）

序号	专利名	发明人	专利号
245	一种沼液滴灌系统网式过滤器自动冲洗装备及其应用	王建东、王海涛、仇学峰、孙豫超、王传娟、王绍新	ZL202111125134.2
246	一种分布式有机生活垃圾一体化堆肥设备	姚宗路、贾吉秀、赵立欣、罗娟、于佳动	ZL202123148568.2
247	一种双载农药纳米微胶囊悬浮剂的制备方法	曾章华、冯博媛、智亨、崔海信	ZL202110248858.X
248	一种高寒草地水蚀面的生态修复方法	余沛东、高清竹、干珠扎布、胡国铮	ZL202110447020.3
249	一种分布式有机生活垃圾一体化堆肥方法	姚宗路、贾吉秀、赵立欣、罗娟、于佳动	ZL202111526778.2
250	一种基于物联网的碳氮转化测量系统	陈保青、严昌荣、董雯怡	ZL202111499361.1
251	农作物表征信息采集系统	刘布春、宫志宏、董朝阳、刘园、黎贞发、李春	ZL202122978686.X
252	一种灌溉综合性能测试平台	王建东、王海涛、曾希柏、褚幼晖、何青海、仇学峰、王传娟	ZL202122673897.2
253	一种利用微生物-化学法修复砷污染土壤的方法	苏世鸣、曾希柏、王亚男、白玲玉	ZL201710338587.0
254	一种增强厌氧发酵电子传递的发酵装置	申瑞霞、耿涛、赵立欣、姚宗路、罗娟	ZL202210013875.X
255	连栋温室内立柱结构及连栋温室	张义、桑硕、程端端、方慧、伍纳、于永会	ZL202122470377.1
256	一种低能耗作物蒸散水循环利用系统	陈保青、梅旭荣、董雯怡、龚道枝、满旭伦	ZL202111249807.5
257	一种秸秆捆燃用质量的检测方法	姚宗路、邓云、赵立欣、霍丽丽、贾吉秀	ZL202111372626.1
258	一种以植物替代控制与天敌控制协同防治陆生型水花生的方法	付卫东、张国良、周小刚、赵浩宇、郑仕军、宋振、王忠辉	ZL201910925404.4
259	原位分离土壤微团聚体中活性组分表征其微观结构的方法	杨建军、刘遭	ZL201910476008.8
260	一种浅沟侵蚀土壤剥蚀能力的定量计算方法	张晴雯、雷廷武、董月群、郑莉	ZL201711160898.9
261	营养液栽培槽清洗机	李珺、程端峰、李涛	ZL202121258265.3
262	防治红火蚁的熏蒸剂组合物及施药方法	张国良、付卫东、王忠辉、张端海、宋振	ZL201711432602.4
263	一种选择性吸附材料的制备方法	宋吉青、白文波、吕国华	ZL201811304196.8

（续表）

序号	专利名	发明人	专利号
264	一种高阻隔性高强度超薄全生物降解地膜及制备方法	刘琪、何文清	ZL201910814468.7
265	一种沼液灌溉施肥系统及其应用	梅旭荣、王建东、王海翔、仇学峰、王传娟、郝卫平、龚道枝、李昊儒	LU502080
266	含有呋虫胺和阿维菌素的双载纳米农药胶囊及其制备方法	王琰、崔海信、崔建霞、蒋佳俊、申趣	ZL202111286584.X
267	一种镍负载掺杂多级孔生物炭材料及其制备方法和应用	赵立欣、姚宗路、胡婷霞、贾吉秀、霍丽丽	ZL202211146594.8
268	一种生物菌剂减少温室气体排放的方法	万运凯、高清竹、李玉娥、秦晓波、王斌、蔡岸冬、Ganjurjav Hasbagan、胡国铮、武建双、刘硕	NL B1 2030506
269	一种秸秆捆燃用质量的检测装置	姚宗路、邓云、赵立欣、霍丽丽、贾吉秀	ZL202122836091.0
270	微生物菌落基质过滤法去除粪污臭气实验装置	刘翀、李贵春、田云龙、王金强、朱昌雄	ZL202121087388.5
271	一种用于秸秆全还田的多次粉碎机	孙东宝、王庆锁、孙大兴	ZL202021364217.8
272	一种限根、限液营养液栽培及微环境精准调控系统	仝宇欣	ZL202121495529.7

附录8-6 软件著作权目录

序号	软件名称	完成人	登记号
1	旱作农业决策支持系统	严昌荣	2013SR083046
2	华北地区气象干旱数据库管理软件	刘勤、严昌荣、梅旭荣、杨建莹	2013SR070649
3	北方旱区降水量盈亏量计算通用软件	刘勤、严昌荣、梅旭荣、杨建莹	2013SR070361
4	小麦苗情辅助调查数据上报分析系统v1.0	孙忠富、杜克明、郑飞翔	2013SR059286
5	农业信息远程监控系统v1.0	孙忠富、杜克明、郑飞翔	2013SR059372
6	农业数据信息远程监控系统v1.0	孙忠富、杜克明、郑飞翔	2013SR059371
7	基于WEB的小麦苗情诊断管理系统证书	孙忠富、杜克明、郑飞翔	2013SR059012

（续表）

序号	软件名称	完成人	登记号
8	基于ARM-Linux嵌入式无线远程LED大屏幕信息发布系统v1.0	孙忠富、杜克明、郑飞翔	2013SR059013
9	农业物联网信息LED大屏幕终端显示软件v1.0	孙忠富、杜克明、郑飞翔	2013SR106191
10	农业环境与灾害物联网监控管理系统v1.0	孙忠富、杜克明、郑飞翔	2013SR106193
11	农情信息监控预警系统移动客户端软件v1.0	孙忠富、杜克明、郑飞翔	2013SR106753
12	基于Android移动设备的农业物联网小麦辅助数据上报系统v1.0	孙忠富、杜克明、郑飞翔	2013SR106328
13	黄淮海区冬小麦对干旱适应技术评价软件	李迎春、胡伟、居辉、林而达、韩雪	2013SR120294
14	农业对气候变化暴露风险评价软件	李迎春、居辉、韩雪	2013SR120297
15	所务信息平台内容管理系统	田佳妮	2013SR115788
16	DL-2000测试接口板系统软件	仝乘风、巫国栋、魏强	2013SR008039
17	FACE控制程序v2.10	仝乘风、魏强、巫国栋	2013SR007586
18	TC-40热电偶过冷却点温度采集软件v1.0	仝乘风、魏强、巫国栋	2013SR007597
19	霜箱控制系统	仝乘风、巫国栋、魏强	2013SR007590
20	极端气候分析软件	居辉	2013SR092839
21	气象灾害脆弱性和适应性管理数据库系统	陈敏鹏、夏旭	2014SR121508
22	气候变化模拟箱控制系统（简称CCSCCS）v1.0	刘颎、万运帆、李玉娥、游松财	2014SR053106
23	中国区域农业氮氧流动模型系统	陈敏鹏、夏旭	2014S4100658
24	作物种植面积数据空间分布优化系统	刘杏认	2014SR185078
25	牧草智能灌溉管理系统	万运帆、仝乘风、高清竹、李玉娥、秦晓波、刘颎	2014SR183675
26	开顶式气室自动降温控制系统	万运帆、高清竹、耿魁、秦晓波、刘颎、马欣	2014SR183678
27	多通道气体采样系统	董红敏、朱志平、仝乘风	2014SR104607
28	规模化养殖环境监测系统	董红敏、朱志平、仝乘风	2014SR104867

（续表）

序号	软件名称	完成人	登记号
29	智能多用途GPS授时节能系统软件	孙忠富、杜克明、郑飞翔	2014SR049292
30	温室远程控制物联网平台	孙忠富、杜克明、郑飞翔	2014SR049279
31	农业环境信息单点采集入式软件	孙忠富、杜克明、郑飞翔	2014SR048586
32	基于物联网的温室大棚智能环境控制软件	孙忠富、杜克明、郑飞翔	2014SR049288
33	基于web的小麦发育进程模拟系统软件	孙忠富、杜克明、郑飞翔	2014SR049275
34	基于Android移动设备的冬小麦积温监测预警系统平台软件	孙忠富、杜克明、郑飞翔	2014SR049320
35	北方果树霜冻灾害物联网监控平台软件	孙忠富、杜克明、郑飞翔	2014SR049323
36	水稻侧条施肥育苗决策支持与产量预测系统	段然、曾希柏、白玲玉、苏世鸣、王亚男、李莲芳、吴翠霞	2014SR083229
37	适水型种植结构优化系统	龚道枝等	2015SR669656
38	农业清洁生产技术评价系统	张爱平等	2015SR113310
39	小麦干热风灾损评估与预警系统v1.0	游松财等	2016SR238473
40	多尺度天气数据下载软件v1.0	游松财等	2016SR238089
41	玉米热害灾损评估与预警软件v1.0	游松财等	2016SR350241
42	我国主要粮食作物水分生产力信息管理系统	孙东宝等	2016SR363490
43	北方旱作区作物水分生产力关键技术提升评价信息平台	孙东宝等	2016SR363482
44	我国主要粮食作物生产数据查询系统	孙东宝等	2016SR363487
45	我国主要粮食作物养分利用基础数据管理系统	孙东宝等	2016SR363450
46	多通道气体自动采样器软件	万运帅等	2016SR164788
47	作物收获指数遥感反演软件	刘杏认等	2016SR342875
48	垂直升降与水平移动视频监控系统	杜克明等	2016SRR271205
49	苹果树冷害监测预警平台	孙忠富等	2016SR271208

（续表）

序号	软件名称	完成人	登记号
50	果树冻害自动熏烟系统平台	郑飞翔等	2016SR271285
51	中国气象灾害数据库管理软件v1.0	刘勤等	2016SR379401
52	畜禽粪尿异位发酵床管理软件v1.0	刘雪等	2016SR394362
53	基于T分布进行气候情景数据：降水的订正系统	许吟隆等	2016SR303828
54	基于正态分布进行气候情景数据：地面气温的订正系统	许吟隆等	2016SR303637
55	中国森林、农田和草地碳储量变化计量系统	刘硕等	2016SR140177
56	基于MODIS影像的中国地表蒸散计算软件	刘勤	2017SR701423
57	华北平原作物水分生产力信息管理系统	孙东宝	2017SR661713
58	动物GHG排放因子及排放量计算系统	朱志平等	2017SR532537
59	畜禽粪污土地承载力测算系统	董红敏等	2017SR532422
60	草地气候变化模拟控制系统	胡国铮等	2017SR483541
61	区域气候模拟系统PRECIS预估气温的差值调整订正系统v1.0	潘婕	2017SR241787
62	室内图像识别系统1.1	毛丽丽等	2017sr527158
63	室外图像识别系统1.1	毛丽丽等	2017sr527900
64	高寒草原自动气候采集软件	万运帆等	2017SR484532
65	西藏青稞气候变化模拟系统	万运帆等	2017SR484542
66	草地温度水分自动监测系统	万运帆等	2017SR095673
67	稻田温室气体自动采集系统	万运帆等	2017SR095695
68	分布式气体采样软件	万运帆等	2017SR095707
69	稻田气候变化模拟控制系统	万运帆等	2017SR097719
70	气体进样控制器软件	万运帆等	2017SR095893

（续表）

序号	软件名称	完成人	登记号
71	色谱积分面积提取软件	万运帆等	2017SR095136
72	基于水肥高效管理的面源污染控制系统	张晴雯等	2017SR390890
73	基于计量监控一体化的农业用水高效管理决策支持系统	张晴雯等	2017SR258451
74	坡耕地合理耕层评价及构建支持系统	张晴雯等	2017SR047027
75	农田面源污染流域地表径流总磷排放量的预测系统	张晴雯等	2017SR588925
76	快速整合数据文件软件v1.0	刘园等	2017SR644286
77	整合数据快速处理软件v1.0	刘园等	2017SR646152
78	季节性干旱数据管理系统v1.0	白薇等	2017SR252182
79	季节性干旱监测预警系统v1.0	刘布春等	2017SR252187
80	季节性干旱监测与评估系统v1.0	刘园等	2017SR252161
81	实时与预报天气数据自动获取和同化系统	杨晓娟等	2017SR252155
82	华北地区气象数据获取及整合系统v1.0	丁军军等	2018SR1053900
83	生物降解地膜应用适宜性综合评价系统	李真等	2018SR1047069
84	农田环境塑化剂污染源与污染贡献率调查分析系统	李真等	2018SR1045685
85	农田土壤微塑料污染源与污染贡献率调查分析系统	李真等	2018SR1045693
86	生产者责任延伸制度下的经济因素分析系统	李真等	2018SR1045733
87	农业塑料产品的全生命周期追溯管理评价系统	李真等	2018SR1046109
88	基于SQLite3的农业碳汇活动水平数据管理系统	秦晓波等	2018SR1040727
89	基于Perl语言和双层扩散模型的水体温室气体排放自动分析系统	秦晓波等	2018SR1040725
90	基于Picarro的流域碳氮气体稳定同位素自动分析系统	秦晓波等	2018SR1040722
91	基于BaPS的稻田土壤碳氮循环自动监测系统	秦晓波等	2018SR1040720

（续表）

序号	软件名称	完成人	登记号
92	基于Perl语言的温室气体区域排放Daycent模型自动模拟系统	秦晓波等	2018SR1040738
93	黄土高原农业技术基础信息系统v1.0	李昊儒等	2018SR855993
94	植物工厂计算机控制系统1.0	李琨等	2018SR677791
95	通量数据插补与拆分通用计算软件	顾峰雪等	2018SR047026
96	农业清洁流域构建系统	张晴雯等	2017SR649993
97	坡耕地合理耕层诊断系统	张晴雯等	2017SR650367
98	平原河网区农业面源污染物入河负荷削减方案构建系统	张晴雯等	2018SR650002
99	作物水足迹评价系统	刘恩科等	2022SR1115960
100	农田塑料残留数据管理系统	刘勤等	2021SR1876805
101	内蒙古地膜覆盖技术适宜性评价数据平台	刘勤等	2022SR0107428
102	种养一体循环系统	刘恩科等	2022SR1115956
103	贵州省烟草地膜覆盖技术适宜性评价数据库平台	刘勤等	2021SR1949574
104	青稞养分管理系统	刘恩科等	2022SR1137480
105	青稞氮素管理系统	刘恩科等	2022SR1137481
106	旱地覆盖氮素管理系统	刘恩科等	2022SR1113599
107	承德市地膜覆盖技术适宜性评价基础数据库平台	刘勤等	2022SR0107419
108	苜蓿地下滴灌管网优化布置软件v1.0	王传娟等	2022SR1285624
109	小麦水肥一体化智能灌溉系统	刘恩科等	2022SR1117344
110	基于土壤与作物种考量的农产品可食部位砷累积评估系统	苏世鸣等	2022SR1250019
111	基于土壤与作物种考量的农产品可食部位镉累积评估系统	苏世鸣等	2022SR1339301
112	畜禽养殖环境评估与发展分析系统：碳足迹v1.0	董红敏等	2022SR1049348

（续表）

序号	软件名称	完成人	登记号
113	冬小麦长势长线估算系统	马波诚等	2021SR1038895
114	原位分离土壤微团聚团聚体中活性组分和表征其微观结构图像分析系统	杨建军等	2022SR0322395
115	水稻高产水分管理系统	杨建军等	2022SR0322397
116	土壤原位分离团聚体微结构计算软件	杨建军等	2022SR0322396
117	不同类型黄腐酸与化肥配施智能配比系统	王亚男等	2022SR0877118
118	规模化沼气工程减排固碳效益评价系统（v1.0）	罗娟等	2022SR1369045
119	冬小麦穗识别系统v1.0	陈迪等	2022SR0787027
120	草地管理的土壤碳汇估算软件	胡国铮等	2022SR1008799
121	草地火灾温室气体排放估算软件	胡国铮等	2022SR1008798

附录9 导师名录

序号	导师姓名	性别	招生专业	导师类别
1	高清竹	男	生态学-农业气象与气候变化（博士）/大气科学（硕士）	博士生导师
2	刘布春	女	生态学-农业气象与气候变化（博士）/大气科学（硕士）	博士生导师
3	李玉娥	女	生态学-农业气象与气候变化（博士）/大气科学（硕士）	博士生导师
4	游松财	男	生态学-农业气象与气候变化（博士）/大气科学（硕士）	博士生导师
5	许吟隆	男	生态学-农业气象与气候变化（博士）/大气科学（硕士）	博士生导师
6	居 辉	女	生态学-农业气象与气候变化（博士）/大气科学（硕士）	博士生导师
7	贺 勇	男	生态学-农业气象与气候变化（博士）/大气科学（硕士）	博士生导师
8	郭李萍	女	生态学-农业气象与气候变化（博士）/大气科学（硕士）	博士生导师
9	武建双	男	生态学-农业气象与气候变化（博士）/大气科学（硕士）	博士生导师
10	秦晓波	男	生态学-农业气象与气候变化（博士）/大气科学（硕士）	博士生导师
11	马 欣	男	生态学-农业气象与气候变化（博士）/大气科学（硕士）	博士生导师
12	雷添杰	男	生态学-农业气象与气候变化（博士）/大气科学（硕士）	博士生导师
13	武永锋	男	大气科学（硕士）	硕士生导师
14	万运帆	男	大气科学（硕士）	硕士生导师
15	潘 婕	女	大气科学（硕士）	硕士生导师
16	李迎春	女	大气科学（硕士）	硕士生导师
17	刘 园	女	大气科学（硕士）	硕士生导师
18	郑飞翔	男	大气科学（硕士）	硕士生导师
19	韩 雪	女	大气科学（硕士）	硕士生导师
20	杨晓娟	女	大气科学（硕士）	硕士生导师
21	杜克明	男	大气科学（硕士）	硕士生导师
22	干珠扎布	男	大气科学（硕士）	硕士生导师
23	王 斌	男	大气科学（硕士）	硕士生导师
24	蔡岸冬	男	大气科学（硕士）	硕士生导师
25	马浚诚	男	大气科学（硕士）	硕士生导师

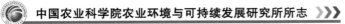
（续表）

序号	导师姓名	性别	招生专业	导师类别
26	张晴雯	女	生态学（博士、硕士）	博士生导师
27	朱昌雄	男	生态学（博士、硕士）	博士生导师
28	王庆锁	男	生态学（博士、硕士）	博士生导师
29	罗良国	男	生态学（博士、硕士）	博士生导师
30	张国良	男	生态学（博士、硕士）	博士生导师
31	李莲芳	女	生态学（博士、硕士）	博士生导师
32	李红娜	女	生态学（博士、硕士）	博士生导师
33	赵高峰	男	生态学（博士、硕士）	博士生导师
34	杨世琦	男	生态学（硕士）	硕士生导师
35	刘杏认	女	生态学（硕士）	硕士生导师
36	娄翼来	男	生态学（硕士）	硕士生导师
37	张爱平	女	生态学（硕士）	硕士生导师
38	于寒青	女	生态学（硕士）	硕士生导师
39	郭 萍	女	生态学（硕士）	硕士生导师
40	耿 兵	男	生态学（硕士）	硕士生导师
41	李洪波	男	生态学（硕士）	硕士生导师
42	展晓莹	女	生态学（硕士）	硕士生导师
43	田云龙	男	生态学（硕士）	硕士生导师
44	刘 雪	女	生态学（硕士）	硕士生导师
45	崔海信	男	生物物理学（博士、硕士）	博士生导师
46	王 琰	女	生物物理学（博士、硕士）	博士生导师
47	曾章华	男	生物物理学（博士、硕士）	博士生导师
48	张 亮	男	生物物理学（博士、硕士）	博士生导师
49	刘国强	男	生物物理学（博士、硕士）	博士生导师
50	崔 博	女	生物物理学（硕士）	硕士生导师
51	赵 翔	男	生物物理学（硕士）	硕士生导师
52	詹深山	男	生物物理学（硕士）	硕士生导师
53	赵立欣	女	农业生物环境与能源工程（博士、硕士）	博士生导师
54	董红敏	女	农业生物环境与能源工程（博士）/环境工程（硕士）	博士生导师
55	朱志平	男	农业生物环境与能源工程（博士）/环境工程（硕士）	博士生导师
56	刘文科	男	农业生物环境与能源工程（博士、硕士）	博士生导师
57	姚宗路	男	农业生物环境与能源工程（博士）/环境工程（硕士）	博士生导师

（续表）

序号	导师姓名	性别	招生专业	导师类别
58	程瑞锋	男	农业生物环境与能源工程（博士、硕士）	博士生导师
59	霍丽丽	女	农业生物环境与能源工程（博士、硕士）	博士生导师
60	李 涛	男	农业生物环境与能源工程（博士、硕士）	博士生导师
61	王顺利	男	农业生物环境与能源工程（博士）/环境工程（硕士）	博士生导师
62	王 悦	女	农业生物环境与能源工程（博士）/环境工程（硕士）	博士生导师
63	尹福斌	男	环境工程（硕士）	硕士生导师
64	尚 斌	男	环境工程（硕士）	硕士生导师
65	魏灵玲	女	农业生物环境与能源工程（硕士）	硕士生导师
66	仝宇欣	女	农业生物环境与能源工程（硕士）	硕士生导师
67	张 义	女	农业生物环境与能源工程（硕士）	硕士生导师
68	李 琨	男	农业生物环境与能源工程（硕士）	硕士生导师
69	方 慧	女	农业生物环境与能源工程（硕士）	硕士生导师
70	罗 娟	女	农业生物环境与能源工程（硕士）	硕士生导师
71	伍 纲	男	农业生物环境与能源工程（硕士）	硕士生导师
72	于佳动	男	农业生物环境与能源工程（硕士）	硕士生导师
73	梅旭荣	男	农业水资源与环境（博士、硕士）	博士生导师
74	龚道枝	男	农业水资源与环境（博士、硕士）	博士生导师
75	郝卫平	男	农业水资源与环境（博士、硕士）	博士生导师
76	何文清	男	农业水资源与环境（博士、硕士）	博士生导师
77	钟秀丽	女	农业水资源与环境（博士、硕士）	博士生导师
78	刘晓英	女	农业水资源与环境（博士、硕士）	博士生导师
79	宋吉青	男	农业水资源与环境（博士、硕士）	博士生导师
80	王耀生	男	农业水资源与环境（博士、硕士）	博士生导师
81	刘恩科	男	农业水资源与环境（博士、硕士）	博士生导师
82	刘家磊	男	农业水资源与环境（博士、硕士）	博士生导师
83	王建东	男	农业水资源与环境（博士、硕士）	博士生导师
84	顾峰雪	女	农业水资源与环境（硕士）	硕士生导师
85	白文波	女	农业水资源与环境（硕士）	硕士生导师
86	吕国华	男	农业水资源与环境（硕士）	硕士生导师
87	刘 勤	男	农业水资源与环境（硕士）	硕士生导师
88	孙东宝	男	农业水资源与环境（硕士）	硕士生导师
89	董雯怡	女	农业水资源与环境（硕士）	博士生导师

（续表）

序号	导师姓名	性别	招生专业	导师类别
90	刘　琪	女	农业水资源与环境（硕士）	硕士生导师
91	曾希柏	男	土壤学（博士、硕士）	博士生导师
92	杨建军	男	土壤学（博士、硕士）	博士生导师
93	李玉中	男	土壤学（博士、硕士）	博士生导师
94	张西美	男	土壤学（博士、硕士）	博士生导师
95	苏世鸣	男	土壤学（博士、硕士）	博士生导师
96	徐春英	女	土壤学（硕士）	硕士生导师
97	毛丽丽	女	土壤学（硕士）	硕士生导师
98	王亚男	女	土壤学（硕士）	硕士生导师
99	刘　为	男	土壤学（硕士）	硕士生导师
100	杨　巍	女	土壤学（硕士）	硕士生导师
101	宋　振	男	土壤学（硕士）	硕士生导师

附录10 博士后名录

序号	姓名	性别	流动站名称	合作导师	进站时间 （年-月-日）	出站时间 （年-月-日）
1	刘翀	男	畜牧学	董红敏	2010-03-02	2013-07-08
2	黄树青	男	作物学	林而达	2010-08-24	2013-05-20
3	郝兴宇	男	作物学	林而达	2011-02-25	2014-03-31
4	曹翠玲	女	植物保护	朱昌雄	2011-09-02	2014-05-20
5	冯永祥	男	生物学	林而达	2011-09-02	2016-03-24
6	高霁	男	作物学	林而达	2013-07-01	2017-02-22
7	刘月娥	女	农业资源与环境	梅旭荣	2013-08-06	2015-08-11
8	曲航	男	农业资源与环境	梅旭荣	2013-08-13	2016-10-31
9	雷波	女	农业资源与环境	杨其长	2013-08-16	2017-10-11
10	张薇	女	农业资源与环境	李玉中	2014-08-06	2018-07-11
11	贾伟	男	农业资源与环境	董红敏	2014-08-07	2018-01-25
12	周伟平	女	作物学	李玉娥	2014-08-07	2018-07-02
13	孟庆辉	男	畜牧学	董红敏	2014-08-08	2016-12-23
14	俄胜哲	男	农业资源与环境	曾希柏	2014-08-20	2020-07-22
15	李瑞霞	女	农业资源与环境	杨正礼	2014-10-13	2018-01-11
16	武慧斌	女	农业资源与环境	曾希柏	2014-12-17	2017-06-28
17	董月群	女	农业资源与环境	张晴雯	2014-12-17	2020-11-09
18	柏超	女	农业资源与环境	张国良	2015-06-16	2018-11-29
19	王学霞	女	农业资源与环境	高清竹	2015-06-19	2017-10-25
20	尹福斌	男	畜牧学	董红敏	2015-06-29	2017-07-13
21	云安萍	女	农业资源与环境	郭李萍	2015-07-02	2020-09-08
22	耿燕	女	农业资源与环境	李勇	2015-08-13	2017-08-29
23	董雯怡	女	农业资源与环境	张燕卿	2015-08-14	2017-07-19
24	闫琰	女	农业资源与环境	梅旭荣	2015-09-29	2017-10-30
25	董瑞兰	女	畜牧学	董红敏	2016-03-18	2018-04-28

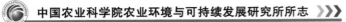

（续表）

序号	姓名	性别	流动站名称	合作导师	进站时间 （年-月-日）	出站时间 （年-月-日）
26	赵宏亮	男	农业资源与环境	许吟隆	2016-03-24	2022-03-09
27	孟纯纯	女	农业资源与环境	许吟隆	2016-06-27	2019-07-25
28	张万钦	男	农业资源与环境	董红敏	2016-06-29	2018-06-21
29	王 君	女	农业工程	魏灵玲	2016-12-15	2018-10-17
30	李 涛	男	农业资源与环境	曾希柏	2016-12-26	2020-01-17
31	伍 纲	男	农业工程	杨其长	2017-07-14	2019-10-08
32	张瑞海	男	农业资源与环境	张国良	2017-07-17	2020-12-08
33	王 俊	男	农业资源与环境	朱昌雄	2017-07-31	2019-02-28
34	张子嘉	男	生物学	张西美	2017-10-16	
35	王小涵	女	农业资源与环境	李玉娥	2017-12-28	2020-12-03
36	严玉波	男	农业资源与环境	杨建军	2018-01-05	
37	黄 鑫	男	农业资源与环境	何文清	2018-03-27	2021-01-15
38	刘凤歧	男	草学	曾希柏	2018-04-09	2020-07-08
39	张 洋	男	农业资源与环境	曾希柏	2018-04-09	2020-07-22
40	王明昌	男	农业资源与环境	刘布春、王野田	2018-04-27	2020-07-16
41	王 斌	男	作物学	游松财	2018-07-06	2020-09-17
42	王 晨	女	农业资源与环境	梅旭荣	2018-12-25	
43	李 卓	男	农业工程	朱志平、刘旭明	2018-12-27	2021-05-24
44	梁 颖	女	农业工程	杨其长	2019-02-18	2021-08-13
45	徐 丹	男	农业工程	杨其长	2019-02-18	2020-12-08
46	张海燕	女	农业资源与环境	董红敏	2019-06-28	2021-10-25
47	邢 稳	女	农业资源与环境	张晴雯	2019-08-16	
48	Waseem Hassan	男	农业资源与环境	李玉娥	2019-08-21	
49	房福力	男	生态学	王庆锁	2019-12-25	
50	Mohammad Abubakar Siddik	男	生态学	贺 勇	2020-01-19	
51	石生伟	男	农业资源与环境	李玉娥	2020-03-25	
52	庞 爽	女	农业资源与环境	张西美	2020-03-25	
53	熊 丹	女	农业资源与环境	张西美	2020-03-29	2020-09-08
54	马瑞强	男	农业资源与环境	董红敏	2020-04-03	
55	韩 辉	男	农业资源与环境	杨建军	2020-07-17	

（续表）

序号	姓名	性别	流动站名称	合作导师	进站时间（年-月-日）	出站时间（年-月-日）
56	张玉琪	女	农业资源与环境	王耀生	2020-08-27	2022-09-01
57	范熠	女	农业资源与环境	张西美	2020-08-27	
58	张羽	男	农业资源与环境	李玉娥	2020-09-21	
59	姜菁秋	女	生态学	赵高峰	2020-09-25	
60	徐微微	女	农业工程	程瑞锋	2020-09-30	
61	丁凡	男	农业资源与环境	严昌荣	2020-11-02	
62	胡轶伦	男	生态学	高清竹	2021-03-16	
63	张拓	男	农业资源与环境	曾希柏	2021-05-21	
64	张岳	男	生态学	张国良	2021-07-13	
65	马俊怡	女	农业工程	赵立欣	2021-07-16	
66	张慧琦	男	农业资源与环境	曾希柏	2021-08-03	
67	李丽	女	农业工程	程瑞锋	2021-08-05	
68	冀国旭	男	生态学	高清竹	2021-08-16	
69	陈虹燕	女	农业工程	姚宗路	2021-08-19	
70	徐超	男	生态学	刘布春、胡钟东	2021-11-08	
71	张迪	男	生态学	居辉	2021-11-26	
72	闫亮	男	生态学	赵高峰	2022-07-08	
73	李全	男	农业资源与环境	张西美	2022-09-02	
74	马芬	女	农业资源与环境	许吟隆	2022-09-15	
75	Shirazi Sana Zeeshan	女	生态学	刘布春	2022-09-30	
76	曹左男	男	农业资源与环境	高清竹	2022-10-11	
77	张旭	男	生态学	李红娜	2022-12-02	
78	刘紫云	女	农业工程	赵立欣	2022-12-12	
79	孙逸飞	男	农业资源与环境	苏世鸣	2022-12-29	

附录11 研究生名录

附表10-1 博士研究生名录

序号	学号	姓名	入学时间（年.月）	毕业时间（年.月）	导师	专业	研究方向	论文题目
1	82101081091	李焕春	2008.09	2013.01	严昌荣	农业水资源利用	旱作农业	长期施肥对农牧交错带旱耕地土壤特性及生产力影响的研究
2	82101101037	崔金辉	2010.09	2013.07	崔海信	生物物理学	分子生物物理学	新型纳米基因载体和蛋白质检测探针的构建、表征与应用
3	82101101038	李银坤	2010.09	2013.07	梅旭荣	农业水土工程	作物水分生理与高效利用	碳氮组合下华北平原冬小麦-夏玉米水分利用研究
4	82101101075	刘汝亮	2010.09	2013.07	杨正礼	作物生态学	农业生态学	宁夏引黄灌区稻田氮素淋失特征与过程控制研究
5	82101101080	胡亚南	2010.09	2013.07	许吟隆	农业气象与气候变化	气候资源与气候变化	华北冬小麦-夏玉米轮作区干旱灾害风险评估
6	82101101082	邹晓霞	2010.09	2013.07	李玉娥	作物气象学	气候资源与气候变化	节水灌溉与保护性耕作应对气候变化效果分析
7	82101081093	郝卫平	2008.09	2014.01	梅旭荣	农业水资源利用	旱地农业	干旱复水对玉米水分利用效率及补偿效应影响研究

（续表）

序号	学号	姓名	入学时间（年.月）	毕业时间（年.月）	导师	专业	研究方向	论文题目
8	82101111026	姜建芳	2011.09	2014.06	崔海信	生物物理学	分子生物物理学	三种纳米农药制备、性能评价及缓释机理研究
9	82101111027	杨建莹	2011.09	2014.06	梅旭荣	农业水土工程	旱地农业	基于SEBAL模型的黄淮海冬小麦和夏玉米水分生产力研究
10	82101111028	隋倩雯	2011.09	2014.06	董红敏	农业水土工程	农业水资源与水环境	氨吹脱与膜生物反应器组合工艺处理猪场厌氧消化液研究
11	82101111099	柴彦君	2011.09	2014.06	曾希柏	土壤学	土壤肥力	灌溉土团聚体稳定性及其固碳机制研究
12	82101111104	王健波	2011.09	2014.06	严昌荣	植物营养学	旱地农业	耕作方式对旱地冬小麦土壤有机碳转化及水分利用影响
13	82101111098	王进进	2011.09	2015.01	曾希柏	土壤学	土壤环境	外源磷对土壤中砷活性与植物有效性的的影响及机理
14	82101121027	赵翔	2012.09	2015.07	崔海信	生物物理学	分子生物物理学	基于四氧化三铁纳米磁转化系统的花粉介导棉花转基因技术
15	82101121038	李际会	2012.09	2015.07	来吉青	农业水土工程	作物水分生理与高效用水	小麦秸秆炭改性活化及其氮磷吸附效应研究
16	82101121109	房福力	2012.09	2015.07	李玉中	植物营养学	农田养分循环与环境	菜地N₂O同位素特征及溯源
17	82101111083	杜克明	2011.09	2015.07	孙忠富	作物气象学	农业气象灾害与减灾	小麦生长监测物联网关键技术研究
18	82101121032	卞中华	2012.09	2016.01	杨其长	设施农业与生态工程	设施农业环境工程	采收前连续LED光照调控生菜硝酸盐代谢机理的研究
19	82101131032	王君	2013.09	2016.07	杨其长	设施农业与生态工程	设施农业环境工程	红蓝光下不同光强和光质配比对生菜光合能力影响机理

中国农业科学院农业环境与可持续发展研究所所志 >>>

（续表）

序号	学号	姓名	入学时间（年.月）	毕业时间（年.月）	导师	专业	研究方向	论文题目
20	82101131040	王悦	2013.09	2016.07	董红敏	农业水土工程	农业水资源与水环境	猪场沼液贮存过程碳氮气体排放及机理研究
21	82101121031	于寒青	2012.09	2016.07	李勇	农产品质量与食物安全	生态农业	土壤侵蚀与碳动态环境放射性核素示踪研究
22	82101131029	任新茂	2013.09	2016.12	王庆锁	生态学	作物生态	种植密度和秸秆覆盖对黄土高原东部旱地玉米生产和水分平衡影响的模拟研究
23	82101131026	陈哲	2013.09	2016.12	杨正礼	生态学	面源污染发生与机制与防控	季节性冻融生态系统土壤温室气体排放研究
24	82101141022	余曼丽	2014.09	2017.07	崔海信	生物物理学	纳米生物技术	靶向亲和型农药纳米载药系统的构建及表征
25	82101111084	王丽伟	2011.09	2017.07	杨其长	气象学	农业设施环境控制	红蓝光质对番茄碳氮代谢和果实品质的影响及相关机制研究
26	82101141028	刘统帅	2014.09	2017.07	董红敏	设施农业与生态工程	设施农业环境工程	生物过滤处理猪舍排出气体的参数优化研究
27	82101141121	杨东升	2014.09	2017.07	崔海信	农药学	农药毒理与农药应用工艺学	三种难溶性杀虫剂的纳米载药系统构建、表征及药效功能评价
28	82101121039	张文英	2012.09	2017.07	梅旭荣	农业水土工程	作物水分生理与高效用水	限水增碳对华北冬小麦水分生产力的影响
29	82101141032	张玉静	2014.09	2017.07	许吟隆	农业气象与气候变化	气候变化影响与适应	PRECIS对中国区域极端气候事件的高分辨率数值模拟与预估
30	82101131028	张瑞海	2013.09	2017.07	朱昌雄	农业生态学	生态农业与清洁生产	黄顶菊次生代谢产物紫云英苷在土壤中的环境行为

（续表）

序号	学号	姓名	入学时间（年.月）	毕业时间（年.月）	导师	专业	研究方向	论文题目
31	8210114130	千珠扎布	2014.09	2017.07	林而达	农业气象与气候变化	气候变化影响与适应	模拟气候变化对高寒草地物候期、生产力和碳收支的影响
32	8210113094	霍丽娟	2013.09	2017.12	曾希柏	土壤学	土壤生态与修复	水铁矿纳米材料对土壤中砷的吸附固定及其稳定化反应机制
33	8210113027	马金奉	2013.09	2018.07	朱昌雄	农业生态学	生态农业与清洁生产	畜禽养殖废弃物不同处置产物对农田养分淋（流）失的影响及机理研究
34	8210114029	卢 威	2014.09	2018.07	杨其长	设施农业与生态工程	设施农业环境工程	日光温室主动蓄放热系统构建与性能评价
35	8210114031	李健陵	2014.09	2018.07	李玉娥	农业气象与气候变化	农业温室气体排放及减排	水氮管理方式对水稻生长发育和温室气体排放的影响
36	8210114096	高 翔	2014.09	2018.07	梅旭荣	农业水资源与环境	农业水资源与环境管理	黄土高原旱作春玉米田水热碳通量研究
37	8210114025	杨晓燕	2014.09	2018.07	朱昌雄	农业生态学	生态农业与清洁生产	固定化阿特拉津降解菌-藻体系的构建及去除水体中阿特拉津的研究
38	8210115039	陈晓丽	2015.09	2018.07	杨其长	设施农业与生态工程	设施农业环境工程	连续红蓝光照射对生菜糖代谢的影响机理研究
39	8210115038	周元清	2015.09	2018.07	董红敏	设施农业与生态工程	污染控制生态工程	中国规模化生猪养殖碳足迹评估方法与案例研究
40	8210115041	王 斌	2015.09	2018.07	李玉娥	农业气象与气候变化	气候变化影响与适应	大气CO_2浓度和温度升高对双季稻生长及温室气体排放强度的影响
41	2016Y90100003	RASHEED AHMED	2016.09	2018.12	李玉中	农业水土工程	土壤氮淋失	菜地硝酸盐淋失调控研究

（续表）

序号	学号	姓名	入学时间（年.月）	毕业时间（年.月）	导师	专业	研究方向	论文题目
42	82101121040	林涛	2012.09	2018.12	梅旭荣	农业土水工程	作物水分生理与高效用水	绿洲覆膜滴灌棉田水分耗散特征及水分生产力提升机制研究
43	82101161026	王春鑫	2016.09	2019.07	崔海信	生物物理学	纳米生物学	功夫菊酯和吡唑醚菌酯纳米载药系统构建与表征
44	82101161116	林伟	2016.09	2019.07	李玉中	植物营养学	养分循环	有机肥添加对菜地N₂O排放和同位素特征的影响及其驱动机制
45	82101151107	强晓晶	2015.09	2019.07	李玉中	植物营养学	植物营养生物学	披碱草内生真菌的分离及其对小麦抗旱性影响的作用机理
46	82101151105	殷涛	2015.09	2019.07	严昌荣	农业水资源与环境	农业水资源与环境管理	地膜覆盖对旱作春玉米田碳平衡影响的研究
47	82101131039	王罕博	2013.09	2019.07	宋吉青	农业土水工程	作物高效用水理论与技术	半湿润区不同耕作方法对黄绵土特性及冬小麦生长特性的影响研究
48	2016Y90100043	MOUSSA TANKARI	2016.09	2019.07	王耀生	农业水资源与环境	水资源高效利用	水分胁迫和根瘤菌对豇豆农艺性状的影响及其生理机制
49	82101161039	李豫婷	2016.09	2019.12	林而达	生态学	气候变化影响与适应	不同糖型冬小麦品种和对高CO₂浓度的响应差异及响应机理
50	2016Y90100041	MAHENDAR KUMAR	2016.09	2019.12	曾希柏	土壤学	土壤肥力与改良	黄腐酸对三种典型障碍土壤特性和作物生长的改良
51	82101131099	陈尚洪	2013.09	2019.12	梅旭荣	农业水资源与环境	土壤水肥调控	碳氮管理对紫色土坡排地玉米水肥资源利用的影响
52	82101171048	刘宏元	2017.09	2020.07	杨正礼	农业生态学	农业生态学	生物炭对华北农田土壤N₂O排放的影响及其机制

（续表）

序号	学号	姓名	入学时间（年.月）	毕业时间（年.月）	导师	专业	研究方向	论文题目
53	82101161033	王娜娜	2016.09	2020.07	罗良国	农业生态学	农业环境生态	基于离散选择实验的农业环境政策设计及案例研究
54	82101161032	王惟帅	2016.09	2020.07	杨正礼	农业生态学	农业生态系统管理	秸秆基纤维素肥料化改性及其应用研究
55	82101161037	张玉琪	2016.09	2020.07	杨其长	农业生物环境与能源工程	农业生物环境工程	番茄动态光合特性对红蓝光及盐胁迫的响应研究
56	82101161036	查凌雁	2016.09	2020.07	刘文科	农业生物环境与能源工程	农业生物环境工程	LED红蓝光连续光照调控生菜抗坏血酸代谢的机理研究
57	82101151036	刘文祥	2015.09	2020.07	李勇	农业生态学	农业环境生态	^{137}Cs和^{60}Co在农田土壤中的迁移特征及情景模拟
58	82101151040	刁田田	2015.09	2020.07	林而达	农业气象与气候变化	气候变化影响与适应	大气CO_2浓度升高对麦玉农田碳氮相关微生物的影响
59	82101151106	黄佳荣	2015.09	2020.07	梅旭荣	农业水资源与环境	旱地农业	冬小麦品种间水分利用效率差异及其关键影响因素分析
60	2017Y90100178	RAJESH KUMAR	2017.09	2020.07	王耀生	农业水资源与环境	水资源高效利用	咸水管理对华北平原冬小麦土壤盐分、生理响应和作物水分生产力的影响
61	82101151035	耿飏	2015.09	2020.07	罗良国	农业生态学	农业环境生态	农业面源污染规模化防控政策研究：以洱海种植业为例
62	82101161038	刘欢	2016.09	2020.08	许吟隆	生态学	气候变化影响与适应	气候变化和适应性措施对中国小麦生产的影响
63	82101171040	王安琪	2017.09	2020.08	崔海信	生物物理学	纳米生物学	缓控释及环境响应型农药纳米载药系统制备与表征
64	82101171041	智亭	2017.09	2020.08	曾章华	生物物理学	纳米生物学	叶面黏附性农药构建与黏附机制的探究

（续表）

序号	学号	姓名	入学时间（年.月）	毕业时间（年.月）	导师	专业	研究方向	论文题目
65	82101171047	李娜	2017.09	2020.08	朱昌雄	生态学	农业生态学	废弃物在用猪场土壤环境中抗性基因分布规律与影响机制
66	82101171049	张羽	2017.09	2020.08	董红敏	农业生物环境与能源工程	农业生物环境工程	猪场沼液贮存和好氧处理过程气载污染物排放及机理研究
67	82101171052	吴红宝	2017.09	2020.08	高清竹	生态学	农业气象与气候变化	青藏高原怒江上游水体氮素来源及N_2O产生机制研究
68	2016Y90100031	PEIMAN ZANDI	2016.09	2020.08	杨建军	土壤学	土壤生态与修复	外源硫素和根系结构对水稻（Oryza sativa L.）根表铁膜形成及铬吸收积累的影响机制
69	2016Y90100042	TUMAINI ERASTO ROBERT MAZENGO	2016.09	2020.08	刘晓英	农业水资源与环境	水资源高效利用	低资源投入下5个冬小麦品种在华北的水分生产力及环境效应
70	2017Y90100009	MARTIAL AMOU	2017.09	2020.12	许吟隆	农业气象与气候变化	气候变化影响与适应	肯尼亚气候变化风险分析及SGR廊道适应途径案例研究
71	2017Y90100158	MYINT THIDAR	2017.09	2020.12	梅旭荣	农业水资源与环境	旱地农业	覆盖措施对旱作玉米水耗水特性和水分利用效率的影响及其模拟
72	2018Y90100004	HESHAM ABDO AHMED ALI	2018.03	2020.12	杨其长	农业生物环境与能源工程	农业生物环境工程	人工植物工厂CO_2浓度、光强和气流速度耦合对生菜生长及其热量和气体交换的影响
73	82101181040	邱美娟	2018.09	2021.07	刘布春	生态学	农业气象与气候变化	苹果周年需水规律及水旱灾害风险研究
74	82101171053	张蕾	2017.09	2021.07	许吟隆	生态学	农业气象与气候变化	农业气候资源演变下双季稻冷热灾害风险分析与适应对策

（续表）

序号	学号	姓名	入学时间（年.月）	毕业时间（年.月）	导师	专业	研究方向	论文题目
75	8210116110	张晓佳	2016.09	2021.07	曾希柏	土壤学	土壤培肥与改良	有机物对第四纪红壤有机无机复合稳定性影响及复合机制
76	8210118043	张雅婷	2018.09	2021.07	杨其长	农业生物环境与能源工程	农业生物环境工程	UVA调节番茄苗期生长与形态建成的机理研究
77	8210118146	李丽	2018.09	2021.07	王耀生	农业水资源与环境	水资源高效利用	麦类作物对水氮胁迫及高CO_2浓度响应的生理生化机制
78	8210118034	陈虹燕	2018.09	2021.07	曾章华	生物物理学	纳米生物学	叶面靶向黏附农药载药系统的构建及协同增效机制研究
79	2017Y90100008	MUHAMMAD AHMED WAQAS	2017.09	2021.07	李玉娥	农业气象与气候变化	农业温室气体排放及减排	农田茶分管理对土壤有机碳、作物生产力和产量稳定性的影响
80	2017Y90100077	MD ARIFUR RAHAMAN	2017.09	2021.07	张晴雯	农业生态学	农业面源污染控制	小麦-玉米轮作系统下沼液施用的气态氮损失及其优化管理
81	2017Y90100078	AMATUS GYILBAG	2017.09	2021.07	许吟隆	农业气象与气候变化	气候变化影响与适应	坦桑尼亚SAGCOT气候适应性技术体系的构建：气候风险与水稻强化栽培技术（SRI）
82	8210118147	戚瑞敏	2018.09	2021.12	严昌荣	农业水资源与环境	旱地农业	中国典型农区土壤微塑料特征及生态效应
83	8210118045	周成波	2018.09	2021.12	刘文科	农业生物环境与能源工程	农业生物环境工程	采前强光照射调控水培生菜AsA积累利代谢的机理研究
84	2018Y90100005	MUHAMMAD FAHAD SARDAR	2018.09	2021.12	朱昌雄	农业生态学	分子环境土壤科学	畜禽粪便资源化利用过程中抗生素及性基因的变化规律

（续表）

序号	学号	姓名	入学时间（年.月）	毕业时间（年.月）	导师	专业	研究方向	论文题目
85	2017Y90100128	MUHAMMAD SHAHBAZ FAROOQ	2017.09	2021.12	许吟隆	农业气象与气候变化	气候变化适应	东北地区不同粳稻品种的气候适应性机理研究
86	2018Y90100059	MEKONNEN DABA HABTEMARIAM	2018.09	2021.12	游松财	农业气象与气候变化	气候变化影响与适应	气候变化和土地利用变化对埃塞俄比亚上阿瓦什子流域水文和水资源影响研究
87	82101191060	邹洁	2019.09	2022.07	杨其长	农业生物环境与能源工程	农业生物环境工程	植物工厂生菜光形态建成及品质形成对远红光的生理响应研究
88	82101191059	袁余	2019.09	2022.07	杨其长	农业生物环境与能源工程	农业生物环境工程	纳米流体光谱分频调控温室内光热环境及作物的生长响应
89	82101171136	张欣莹	2017.09	2022.07	钟秀丽	农业水资源与环境	旱作农业	冬小麦气孔运动的主要驱动力与气孔响应重度干旱胁迫的特征代谢物分析
90	82101181148	闫振兴	2018.09	2022.07	梅旭荣	农业水资源与环境	旱作农业	不同水肥制度对华北平原冬小麦产量及耗水特性影响
91	82101191156	刘秀	2019.09	2022.07	刘恩科	农业水资源与环境	旱地农业	旱地不同覆盖类型农田氮素迁移转化机制研究
92	82101171135	马海洋	2017.09	2022.07	王耀生	农业水资源与水环境	水资源高效利用	水分和氮素对波萝萝生长与水氮利用效率的调控及其生理生理机制
93	82101181042	张聪	2018.09	2022.07	贺勇	生态学	农业气象与气候变化	冬小麦籽粒蛋白质及其组分对气候变化的响应机理研究
94	82101181044	赵运成	2018.09	2022.07	许吟隆	生态学	农业气象与气候变化	中国茶叶生产适应气候变化及技术体系研究

（续表）

序号	学号	姓名	入学时间（年.月）	毕业时间（年.月）	导师	专业	研究方向	论文题目
95	82101171051	任天靖	2017.09	2022.07	李玉娥	生态学	农业气象与气候变化	养分管理对设施菜地含氮气体排放及产量和品质的影响
96	82101181038	马芬	2018.09	2022.07	郭李萍	生态学	农业气象与气候变化	大气CO₂浓度升高影响华北麦玉农田N₂O排放途径的机理研究
97	82101191143	夏星	2019.09	2022.07	杨建军	土壤学	土壤生态与修复	有机铁氧化物共沉淀体固定三价铬的分子机制
98	82101181143	郑欠	2018.09	2022.07	李玉中	植物营养学	养分循环	基于位值及氮氧同位素分馏规律的土壤硝化过程研究
99	2018Y90100060	TSEDALE DEMELASH LEBSSIE	2018.09	2022.07	许吟隆	农业气象与气候变化	气候变化影响与适应	埃塞俄比亚小麦生产适应气候变化技术体系研究
100	2018Y90100108	MD ELIAS HOSSAIN	2018.09	2022.07	梅旭荣	农业水资源与环境	旱地农业	旱地农业不同节水技术对水、氮利用效率和作物产量的影响
101	2019Y90100037	SANA ZEESHAN SHIRAZI	2019.09	2022.07	梅旭荣	农业水资源与环境	旱地农业	气候变化对黄淮海平原小麦-玉米种植系统产量和水分收支的影响模拟
102	2018Y90100061	HAFIZ ATHAR HUSSAIN	2018.09	2022.07	张晴雯	生态学	环境生态学	在不同水分与磷供应条件下丛枝菌（AMF）对玉米形态生理生化的影响
103	2018Y90100094	MD ABU SAYEM JIKU	2018.09	2022.07	曾希柏	土壤学	土壤培肥与改良	水分管理-化学钝化同步调控稻田砷镉有效性及相关机制
104	82101191155	王超	2019.09	2022.12	王耀生	农业水资源与环境	水资源高效利用	灌溉和施肥对小麦根区不同部位微生物的影响机制
105	82101191168	颜蒙蒙	2019.09	2022.12	朱昌雄	农业环境学	土壤生态与修复	外源有机质对水稻土砷-ARGs复合污染的影响及电动力修复机制

附录10-2 硕士研究生名录

序号	学号	姓名	入学时间（年.月）	毕业时间（年.月）	导师	专业	研究方向	论文题目
1	82101102001	黄焕平	2010.09	2013.07	林而达	气象学	气候资源与气候变化	气候变化对中国、欧洲玉米生产影响的模拟比较研究——以榆林和巴里为例
2	82101102002	姜帅	2010.09	2013.07	居辉	气象学	气候变化的农业影响评估	CO_2浓度升高与水肥互作对冬小麦生长发育的影响
3	82101102003	李超	2010.09	2013.07	李玉娥	气象学	气候变化	不同施肥处理对春玉米N_2O排放的影响及经济效益分析
4	82101102004	梁驹	2010.09	2013.07	许吟隆	气象学	气候资源与气候变化	基于PRECIS模拟的西北太平洋热带气旋活动情景分析
5	82101102005	王健	2010.09	2013.07	刘布春	气象学	农业气象灾害与减灾	东北地区粳稻低温冷害风险评估
6	82101102075	干珠扎布	2010.09	2013.07	高清竹	生态学	草地生态学	增温增雨对藏北小嵩草草甸生态系统碳交换的影响
7	82101102076	刘云璐	2010.09	2013.07	李连芳	生态学	土壤污染与生态调控	化学-微生物联合调控土壤砷生物有效性及其机理研究
8	82101102077	秦丽欢	2010.09	2013.07	罗良国	生态学	农业生态学	环境友好型技术的环境、经济、社会接受性评价
9	82101102087	郭东坡	2010.09	2013.07	董红敏	农业生物环境与能源工程	农业生物环境工程	死猪堆肥关键影响参数的试验研究
10	82101102088	李文	2010.09	2013.07	杨其长	农业生物环境与能源工程	农业生物环境工程	日光温室主动蓄放热系统设计及应用效果研究
11	82101102089	邱志平	2010.09	2013.07	刘文科	农业生物环境与能源工程	农业生物环境工程	TiO_2光催化去除营养液中自毒物质的效果研究

（续表）

序号	学号	姓名	入学时间（年.月）	毕业时间（年.月）	导师	专业	研究方向	论文题目
12	82101102090	王 君	2010.09	2013.07	杨其长	农业生物环境与能源工程	农业生物环境工程	人工光植物工厂风机和空调协同降温节能研究
13	82101102091	夏 于	2010.09	2013.07	孙忠富	农业生物环境与能源工程	农业信息网络技术	基于物联网的小麦苗情远程诊断管理系统设计与实现
14	82101102098	马金奉	2010.09	2013.07	邓春生	环境科学	农业环境修复剂与产品	利用菜-潘系去除污水中磷的初步研究
15	82101102099	于学胜	2010.09	2013.07	朱昌雄	环境科学	农业环境污染的机理与修复技术	生物腐植酸对矿产废弃土壤微生态重建作用的研究
16	82101102100	张迎珍	2010.09	2013.07	李 勇	环境科学	农业环境监测与评价	用^{137}Cs技术评价人工林坡地细根防蚀拦砂的有效性
17	82101102271	王 明	2010.09	2013.07	张晴雯	土壤学	土壤生态与修复	干湿交替驱动下土壤微生物量变化与N_2O变化规律
18	82101102283	郭智成	2010.09	2013.07	李玉中	植物营养学	植物营养生理生化与分子生物学	不同肥料处理对番茄和生菜$\delta\,^{15}N$的影响
19	82101102288	高 翔	2010.09	2013.07	郝卫平	农业水资源利用	旱地农业	旱作春玉米田水碳通量变化规律及其影响因素
20	82101102289	庞 绪	2010.09	2013.07	何文清	农业水资源利用	旱地农业	不同耕作措施对土壤碳库和水热特性的影响
21	82101102290	王罕博	2010.09	2013.07	龚道枝	农业水资源利用	农业水资源管理	沟植垄盖春玉米生长动态与水分耗散结构
22	82101112001	曹 阳	2011.09	2014.06	熊 伟	气象学	气候资源管理与气候变化	1961—2010年潜在干旱对中国玉米、小麦产量影响的模拟

中国农业科学院农业环境与可持续发展研究所所志 >>>

（续表）

序号	学号	姓名	入学时间（年.月）	毕业时间（年.月）	导师	专业	研究方向	论文题目
23	82101112002	王　斌	2011.09	2014.06	李玉娥	气象学	气候资源与气候变化	新型氮肥对双季稻田温室气体减排的研究
24	82101112003	徐建文	2011.09	2014.06	居　辉	气象学	气候资源与气候变化	黄淮海平原干旱对冬小麦产量影响的潜在影响模拟研究
25	82101112004	张瑜洁	2011.09	2014.06	游松财	气象学	气候资源与气候变化	气候变化对南方地区水稻生长影响的试验研究
26	82101112064	陈文杰	2011.09	2014.06	崔海信	生物物理学	分子生物物理学	脂质磁转染技术应用于动物细胞多基因共转的初步研究
27	82101112070	惠锦卓	2011.09	2014.06	杨正礼	生态学	农业生态学	生物炭对宁夏引黄灌区灌淤土氮素淋失的影响
28	82101112071	纪巧凤	2011.09	2014.06	张国良	生态学	农业生态学	黄顶菊入侵对根际主要功能细菌多样性的影响
29	82101112072	李　洁	2011.09	2014.06	顾峰雪	生态学	农业生态学	氮输入对中国东北地区土壤碳蓄积影响的模拟研究
30	82101112073	鲁　宁	2011.09	2014.06	张久忠	生态学	土壤黑炭与生物炭农业利用	生物炭对华北高产农田土壤碳和作物产量的影响
31	82101112074	唐晓川	2011.09	2014.06	宋吉青	生态学	农业生态学	植物生长调节剂对冬小麦苗期抗旱生长的影响
32	82101112085	刘义飞	2011.09	2014.06	杨其长	农业生物环境与能源工程	农业生物环境工程	基于LabVIEW的温室番茄雾培控制系统研究
33	82101112086	彭东玲	2011.09	2014.06	魏灵玲	农业生物环境与能源工程	农业生物环境工程	日光温室墙体蓄放热过程与结构优化研究

（续表）

序号	学号	姓名	入学时间（年.月）	毕业时间（年.月）	导师	专业	研究方向	论文题目
34	82101112087	孙维拓	2011.09	2014.06	杨其长	农业生物环境与能源工程	农业生物环境工程	主动蓄放热-热泵联合加温系统设计与优化
35	82101112091	王显贵	2011.09	2014.06	郭 萍	环境科学	农业环境污染的机理与修复技术	拟杆菌特异性生物标记示踪猪场废水的应用研究
36	82101112092	王秀荣	2011.09	2014.06	曾希柏	环境科学	退化农业生态系统修复	赭曲霉菌厚垣孢子制备及其对土壤砷污染调控初探
37	82101112094	李 同	2011.09	2014.06	陶秀萍	环境工程	农村废弃物处理技术	猪场处理出水杀菌方法试验研究
38	82101112261	胡 玮	2011.09	2014.06	严昌荣	土壤学	土壤资源管理	两种土壤类型条件下冬小麦干旱适应能力研究
39	82101112262	陶宏亮	2011.09	2014.06	鄂祥萍	土壤学	土壤资源管理	菜地土壤N_2O排放特征、产生途径及其影响因素
40	82101112270	赵筱筱	2011.09	2014.06	刘文科	植物营养学	植物营养生理生化与分子生物学	桔梗设施无土栽培氮营养与光照条件研究
41	82101122001	段智源	2012.09	2015.07	李玉娥	气象学	气候资源与气候变化	不同施肥处理对春玉米N_2O排放和综合温室效应的影响
42	82101122002	冯灵芝	2012.09	2015.07	熊 伟	气象学	气候资源与气候变化	气候变化背景下水稻高温热害风险及其对产量的可能影响
43	82101122003	纪瑞鹏	2012.09	2015.07	许吟隆	气象学	气候资源与气候变化	PRECIS对东亚气候的模拟能力评估和情景分析
44	82101122004	姜亚珍	2012.09	2015.07	游松财	气象学	农业气象灾害与减灾	MODIS监测黄淮海平原冬小麦长势与土壤湿度——辅助评估干热风影响

（续表）

序号	学号	姓名	入学时间（年.月）	毕业时间（年.月）	导师	专业	研究方向	论文题目
45	82101122005	杨 帆	2012.09	2015.07	刘布春	气象学	农业气象灾害与减灾	东北玉米旱灾指数保险基差风险评估
46	82101122064	郝 虹	2012.09	2015.07	王庆锁	生态学	农业生态学	山西中部旱地农田蒸发与蒸腾量研究
47	82101122066	李 赢	2012.09	2015.07	马世铭	气象学	气候变化的影响与适应	气候变化对黑龙江水稻单产的影响及适应技术评价
48	82101122067	张伟娜	2012.09	2015.07	高清竹	生态学	草地生态学	不同年限禁牧对藏北高寒草甸植被及土壤特征的影响
49	82101122068	张衍雷	2012.09	2015.07	张国良	生态学	生物多样性保护与入侵物种防治	少花蒺藜草遗传多样性及萌发、繁殖特性研究
50	82101122075	刘 琦	2012.09	2015.07	龚道枝	农业水土工程	农业水资源与水环境	利用AquaCrop模型模拟覆膜春玉米耗水和产量
51	82101122081	辛 敏	2012.09	2015.07	魏灵玲	农业生物环境与能源工程	农业生物环境工程	引进室外冷源的植物工厂零浓度差 CO_2 施肥系统
52	82101122085	张广格	2012.09	2015.07	邓春生	环境科学	农业环境修复剂与产品	豆禾混播与生物炭互作去除径流污染物效果研究
53	82101122086	黄文强	2012.09	2015.07	董红敏	环境工程	农村废弃物处理技术	规模化养殖场牛奶生产碳足迹评估方法与案例分析
54	82101122087	姚蕙娇	2012.09	2015.07	陶秀萍	环境工程	农村废弃物处理技术	浸没式膜生物反应器处理猪场污水验研究
55	82101122253	姚志鹏	2012.09	2015.07	李玉中	植物营养学	植物营养生理生化与分子生物学	利用植物内生菌提高小麦抗旱性研究
56	82101122254	余 意	2012.09	2015.07	刘文科	植物营养学	植物营养生理生化与分子生物学	三种叶色生菜人工光水培氮营养及光质条件优化研究

（续表）

序号	学号	姓名	入学时间（年.月）	毕业时间（年.月）	导师	专业	研究方向	论文题目
57	82101122065	胡博	2012.09	2016.07	罗良国	生态学	农业生态学	农田生态沟渠面源污染防控环境经济政策研究
58	82101132001	苏一峰	2013.09	2016.07	孙忠富	气象学	气候资源与气候变化	基于物联网的小麦病虫害动态气象模型和远程诊断方法研究
59	82101132002	佟金鹤	2013.09	2016.07	许吟隆	气象学	气候资源与气候变化	气候变化条件下农业低温灾害特征分析
60	82101132003	张卫红	2013.09	2016.07	李玉娥	气象学	温室气体排放及减排	秸秆还田方式与水稻品种对双季稻田CH_4和N_2O排放的影响
61	82101132057	冯磊	2013.09	2016.07	崔海信	生物物理学	纳米生物技术	两种难溶性农药固体纳米载药系统的制备与表征
62	82101132060	梁艳	2013.09	2016.07	高清竹	农业生态学	农业生态系统与气候变化	模拟氮沉降对藏北高寒草甸温室气体排放的影响
63	82101132061	王娜娜	2013.09	2016.07	罗良国	农业生态学	生态农业与清洁生产	洱海流域农户环保及奶牛集中养殖意愿研究
64	82101132085	李志鹏	2013.09	2016.07	杨其长	农业生物环境与能源工程	农业生物环境工程	植物工厂人工光斑可调式LED节能光源研制及应用研究
65	82101132086	周波	2013.09	2016.07	杨其长	农业生物环境与能源工程	农业生物环境工程	基于主动蓄放热能的日光温室除湿系统研究
66	82101132087	周升	2013.09	2016.07	程瑞锋	农业生物环境与能源工程	农业生物环境工程	大跨度主动蓄能型温室太阳能热泵增温试验研究
67	82101132092	高雪	2013.09	2016.07	曾希柏	环境科学	退化农业生态系统修复	外源砷在土壤中的老化及植物有效性研究

（续表）

序号	学号	姓名	入学时间（年.月）	毕业时间（年.月）	导师	专业	研究方向	论文题目
68	82101132095	刘 杨	2013.09	2016.07	陶秀萍	环境工程	农村废弃物处理技术	育肥猪舍气溶胶产生规律与减排方法研究
69	82101132254	贾武霞	2013.09	2016.07	白羽玉	土壤学	土壤资源管理	畜禽粪便施用对土壤中重金属累积及植物有效性影响研究
70	82101132255	张佰佰	2013.09	2016.07	刘恩科	土壤学	土壤资源管理	北方旱地免耕下土壤氮储量和肥料氮去向研究
71	82101132256	张肖林	2013.09	2016.07	李 勇	土壤学	土壤资源管理	渭北黄土高原合理放牧对退耕草地土壤呼吸和侵蚀的影响
72	82101132268	李元桥	2013.09	2016.07	何文清	农业水资源与环境	节水灌溉施肥与环境	残留地膜对土壤水氮运移及作物苗期根系的影响
73	82101132269	张祖光	2013.09	2016.07	郝卫平	农业水资源与环境	农业水资源与环境管理	补充性灌溉对旱地玉米生长和产量的影响
74	82101132270	赵叶萌	2013.09	2016.07	刘晓英	农业水资源与环境	农业水资源与环境管理	基于产量响应的冬小麦水分亏缺诊断指标及其阈值研究
75	82101132062	赵建坤	2013.09	2016.12	张庆忠	生态学	生态农业与清洁生产	施用生物炭对土壤热性质的影响及其机制研究
76	82101145061	孟 雷	2014.09	2017.07	宋吉青	农业资源利用	不区分研究方向	土壤表层湿度影响下冬小麦晚霜冻害光谱检测
77	82101145062	朱新梦	2014.09	2017.07	刘恩科	农业资源利用	不区分研究方向	奶牛粪便堆肥氮素转化与温室气体排放研究
78	82101142064	肖建南	2014.09	2017.07	杨正礼	农业生态学	生态农业与清洁生产	生物炭对宁夏引黄灌区土壤有机碳组分及微生物群落结构的影响

（续表）

序号	学号	姓名	入学时间（年.月）	毕业时间（年.月）	导师	专业	研究方向	论文题目
79	82101142263	曹金峰	2014.09	2017.07	刘晓英	农业水资源与环境	农业水资源与水环境管理	基于波文比实测值的参照作物蒸散量温度法评价
80	82101142253	黄新君	2014.09	2017.07	张晴雯	土壤学	土壤资源管理	紫色土区坡耕地耕层结构稳定特征及抗蚀性影响
81	82101142088	张　芳	2014.09	2017.07	程瑞峰	农业生物环境与能源工程	农业生物环境工程	基于CFD技术的大跨度温室喷雾降温热环境模拟
82	82101142096	周诙龙	2014.09	2017.07	董红敏	环境工程	农村废弃物处理技术	猪粪堆肥臭气生物过滤处理的试验研究
83	82101142063	唐哲仁	2014.09	2017.07	朱昌雄	农业生态学	农业生态系统与气候变化	一种生物矿质复合材料在农业废弃物堆肥化中的应用研究
84	82101142003	杨　笛	2014.09	2017.07	熊　伟	气象学	气候资源与气候变化	中国玉米产量增长的驱动因素分析
85	82101142087	徐文倩	2014.09	2017.07	陶秀萍	环境工程	废弃物处理与利用	畜禽粪便厌氧发酵甲烷潜力（B0）试验研究
86	82101142078	李沅媛	2014.09	2017.07	龚道枝	农业水土工程	作物水分生理与高效用水	光质和水分对玉米生理生态特性、植株生长和水分利用的影响
87	82101142004	张梦婷	2014.09	2017.07	许吟隆	气象学	气候资源与气候变化	气候资源气候变化
88	82101142094	张　箐	2014.09	2017.07	曾希柏	环境科学	农业环境污染的机理与修复技术	作物对砷吸收能力比较的方法研究
89	82101142062	曹旭娟	2014.09	2017.07	高清竹	农业生态学	农业生态系统与气候变化	青藏高原草地退化及其对气候变化的响应

（续表）

序号	学号	姓名	入学时间（年.月）	毕业时间（年.月）	导师	专业	研究方向	论文题目
90	82101142002	李翔翔	2014.09	2017.07	居 辉	气象学	气候资源与气候变化	未来气候变化对黄淮海平原冬小麦的影响及干旱适应技术补偿能力研究
91	82101142093	彭怀丽	2014.09	2017.07	朱昌雄	环境科学	农业环境污染的机理与修复技术	正十六烷降解菌的筛选及其降解性能研究
92	82101142005	朱永昶	2014.09	2017.07	李玉娥	气象学	气候资源与气候变化	土地规模化经营对农业减缓和适应气候变化的影响研究：以山东省为例
93	82101142327	张 婷	2014.09	2017.07	张国良	农业生态学	入侵种预防与控制技术	外来入侵植物少花蒺藜草对土壤氮循环的影响
94	82101142252	傅国海	2014.09	2017.07	刘文科	植物营养学	植物营养生理生化与分子生物学	日光温室起垄内嵌式基质栽培增产机制研究
95	82101132091	阿旺次仁	2013.09	2017.07	朱昌雄	环境科学	农业废弃物资源化利用	一种新型矿物材料吸附协同降解四环素及甲基橙的效果及机理研究
96	2014Y90200007	ROMESH ERIC ROMY KIMBEMBE	2014.09	2017.07	龚道枝	农业水资源与环境	水资源高效利用	咸淡水交替灌溉对华北平原土壤盐渍化过程和小麦生产力的影响
97	2014y90200005	TSEGAY BEREKET MENGHIS	2014.09	2017.07	李 勇	农业水土工程	流域侵蚀和管理	利用¹³⁷Cs技术评价中国黄土高原灵宝柿子湾流域不同土地利用土壤侵蚀
98	2015Y90200004	姜秀贤	2015.09	2018.06	杨其长	设施农业与生态工程	农业生物环境工程	UV-A促进人工光环境下番茄苗生长的研究
99	82101152104	冯 禹	2015.09	2018.07	龚道枝	农业水土工程	作物水分生理	黄土高原旱作玉米田不同尺度水分过程与模拟研究
100	82101152083	潘亚茹	2015.09	2018.07	罗良国	农业生态学	农业生态与环境经济政策	洱海流域散养奶牛废弃物集中收集处理意愿及其补偿研究

（续表）

序号	学号	姓名	入学时间（年.月）	毕业时间（年.月）	导师	专业	研究方向	论文题目
101	82101152105	柯行林	2015.09	2018.07	杨其长	农业生物环境与能源工程	农业生物环境工程	日光温室主动蓄热能高效利用机制研究
102	82101152106	刘焕	2015.09	2018.07	程瑞锋	农业生物环境与能源工程	农业生物环境工程	基于CFD的人工光型植物工厂通风模拟与优化研究
103	82101152107	闫文凯	2015.09	2018.07	杨其长	农业生物环境与能源工程	农业生物环境工程	日光温室人工补光对果菜光合作用及生长的影响
104	82101152116	岳彩德	2015.09	2018.07	董红敏	环境工程	废弃物处理与利用	不同膜浓缩工艺处理猪场沼液效果的研究
105	82101152267	李小利	2015.09	2018.07	郝卫平	农业水资源与环境	土壤水肥调控	滴灌施肥一体化在华北小麦－玉米轮作体系的应用研究
106	82101152268	秦丽娟	2015.09	2018.07	严昌荣	农业水资源与环境	旱地农业	华北集约农区马铃薯地膜覆盖安全期的研究
107	82101152270	张雪丽	2015.09	2018.07	刘恩科	农业水资源与环境	肥料氮素转化	北方旱地覆膜春玉米氮素高效利用机制研究
108	82101152271	郑久	2015.09	2018.07	李玉中	农业水资源与环境	土壤水肥调控	不同土壤含水量利pH下N$_2$O排放及同位素特征值的机理研究
109	82101155068	黄成成	2015.09	2018.07	张国良	农业资源利用	不区分研究方向	不同生境下空心莲子草组学特性及氮素迁移差异研究
110	82101155069	张宏祥	2015.09	2018.07	苏世鸣	农业资源利用	不区分研究方向	嫩孢木霉厚垣孢子粉剂调控污染土壤上作物生长及砷吸收的应用研究
111	82101155070	朱虹晖	2015.09	2018.07	宋吉青	农业资源利用	不区分研究方向	基于多气象因子的冬小麦晚霜冻害评估

中国农业科学院农业环境与可持续发展研究所所志 ▶▶▶

（续表）

序号	学号	姓名	入学时间 （年.月）	毕业时间 （年.月）	导师	专业	研究方向	论文题目
112	82101152001	栗文瀚	2015.09	2018.07	高清竹	气象学	气候资源与气候变化	气候变化对中国主要草地生产力和土壤有机碳影响的模拟研究
113	82101152002	刘 笑	2015.09	2018.07	游松财	气象学	气象灾害与减灾	气候变化对华北平原冬小麦和夏玉米产量影响评估
114	82101152003	马倩倩	2015.09	2018.07	许吟隆	气象学	气候资源与气候变化	北部冬麦区冬小麦各生育阶段气候资源演变及干旱风险分析
115	82101152004	秦晓晨	2015.09	2018.07	居 辉	气象学	气候资源与气候变化	中国冬小麦单产波动中的气候变化作用及其演变趋势研究
116	82101152005	史 萍	2015.09	2018.07	武永峰	气象学	气象灾害与减灾	晚霜冻冷冻下冬小麦高变化及与冠层光谱关系研究
117	82101152006	张 铁	2015.09	2018.07	刘布春	气象学	气象灾害与减灾	种植范围变化下的东北水稻低温冷害风险及其指数保险研究
118	82101152007	周志花	2015.09	2018.07	李玉娥	气象学	气候资源与气候变化	利用LCA法核算农作物生产碳足迹
119	2016Y9020005	JUAN PABLO ALBORNOZ RUY	2016.09	2019.06	董红敏	环境工程	畜牧业温室气体减排	不同饲养系统下肉牛肠道甲烷排放Meta分析
120	82101162084	史思伟	2016.09	2019.07	娄翼来	农业生态学	农业环境生态	长期施用生物炭对华北潮土碳库的影响
121	82101162085	肖美佳	2016.09	2019.07	张晴雯	农业生态学	农业环境生态	坡耕地面积时空变化特征及资源安全评价
122	82101152081	李艳苓	2015.09	2019.07	耿 兵	农业生态学	农业环境生态	异位发酵床土霉素残留降解及其抗性基因丰度变化规律

（续表）

序号	学号	姓名	入学时间（年.月）	毕业时间（年.月）	导师	专业	研究方向	论文题目
123	82101162086	邢磊	2016.09	2019.07	杨世琦	农业生态学	农业环境生态	改性纤维素对黄土高原农田土壤及作物的影响研究
124	82101162083	尼雪姝	2016.09	2019.07	罗良国	农业生态学	农业环境生态	水稻化肥减施增效技术评价指标体系构建及应用研究
125	82101162082	李斌绪	2016.09	2019.07	朱昌雄	农业生态学	农业环境生态	电动力修复四环素类抗生素污染土壤的效果及机理研究
126	82101162081	高悦	2016.09	2019.07	杨正礼	农业生态学	农业环境生态	生物炭添加对宁夏灌区稻田土壤有机质化学组分的影响
127	82101162274	刘秀	2016.09	2019.07	刘恩科	农业水资源与环境	旱作农业	北方旱区不同耕作方式对秸秆氮素转化的影响
128	82101162275	王雅静	2016.09	2019.07	钟秀丽	农业水资源与环境	旱作农业	水分胁迫下植物磷脂酸调控细胞膜稳定性的作用与机理
129	82101162003	孙茹	2016.09	2019.07	居辉	气象学	气候资源利用与气候变化	我国北部冬麦区生态适应性小麦品种遴选与栽培技术评价
130	82101162004	汪东炎	2016.09	2019.07	鄂李萍	气象学	气候资源利用与气候变化	华北地区典型露地菜地氮磷淋溶特征及阻控措施研究
131	82101162105	和永康	2016.09	2019.07	杨其长	农业生物环境与能源工程	农业生物环境工程	直膨式太阳能热泵的温室加温试验研究
132	82101162108	魏晓然	2016.09	2019.07	程瑞锋	农业生物环境与能源工程	农业生物环境工程	日光温室番茄基质含水量及辐射累积量控制灌溉模式研究
133	82101162106	李宗耕	2016.09	2019.07	刘文科	农业生物环境与能源工程	农业生物环境工程	设施蔬菜起垄基内嵌式栽培优化增效机制研究

（续表）

序号	学号	姓名	入学时间（年.月）	毕业时间（年.月）	导师	专业	研究方向	论文题目
134	82101152076	李晓霞	2015.09	2019.07	曾章华	生物物理学	纳米生物学	基于纳米金比色和荧光双模式检测有机磷和莱克多巴胺
135	82101162121	占源航	2016.09	2019.07	董红敏	环境工程	废弃物处理与利用	纸带过滤与中空纤维超滤膜结合工艺预处理猪场沼液应用研究
136	82101162107	刘庆鑫	2016.09	2019.07	魏灵玲	环境工程	农业生物环境工程	自然光植物工厂多层立体栽培补光对生菜生长发育的影响
137	82101162120	杨培媛	2016.09	2019.07	陶秀萍	环境工程	废弃物处理与利用	膜生物反应器处理奶牛场污水效果研究
138	82101162122	邹梦圆	2016.09	2019.07	朱志平	环境工程	废弃物处理与利用	猪场沼液膜浓缩氨吹脱工艺研究
139	82101165068	王超	2016.09	2019.07	王耀生	农业资源利用	不区分研究方向	水肥一体化对番茄生理及水氮利用效率的影响
140	82101152112	图雅日拉	2015.09	2019.07	曾希柏	环境科学	环境污染与修复	长沙县典型区域土壤重金属空间分布特征及影响因子分析
141	82101162096	唐大华	2016.09	2019.07	龚道枝	农业水土工程	节水灌溉技术与工程	适应猕猴桃避雨栽培的光伏滴灌技术研究
142	82101165066	刘礼	2016.09	2019.12	王庆锁	农业资源利用	不区分研究方向	长期施肥对旱地春玉米产量、水氮利用效率和土壤硝态氮的影响
143	82101172118	曹起涛	2017.09	2020.07	董红敏	环境工程	农业废弃物处理与利用	猪粪与青贮玉米秸秆混合发酵产短链羧酸特性研究
144	82101162119	陈腾	2016.09	2020.07	董红敏	环境工程	废弃物处理与利用	猪场沼液消毒热处理关键因素优化与能耗分析

（续表）

序号	学号	姓名	入学时间（年.月）	毕业时间（年.月）	导师	专业	研究方向	论文题目
145	82101172119	余 鑫	2017.09	2020.07	董红敏	环境工程	农业废弃物处理与利用	腐熟堆肥基料生物滤池对猪粪堆肥过程氨气碱排效果研究
146	82101172113	宋姿蓉	2017.09	2020.07	白玲玉	环境科学	环境污染与修复	污灌农田镉铅污染特征分析——以保定市安新、清苑为例
147	82101172088	杨 森	2017.09	2020.07	罗良国	农业生态学	农业生态学	辽宁寒区设施蔬菜化肥减施增效技术模式评价指标体系构建及应用研究
148	82101172107	李 列	2017.09	2020.07	魏灵玲	农业生物环境与能源工程	农业生物环境工程	不同复合光质对生菜生长、品质及能量利用率的影响
149	82101172108	展正朋	2017.09	2020.07	杨其长	农业生物环境与能源工程	农业生物环境工程	拱型温室外保温被翻越式铺卷系统的设计与模拟试验
150	82101172109	张 晨	2017.09	2020.07	程瑞锋	农业生物环境与能源工程	农业生物环境工程	植物工厂气流场及温度场CFD模拟与优化研究
151	82101172273	高海河	2017.09	2020.07	严昌荣	农业水资源与环境	旱地农业	东北地区春玉米地膜覆盖适宜性研究
152	82101172274	刘 杨	2017.09	2020.07	何文清	农业水资源与环境	旱地农业	新型农用转光膜的研制及应用评价
153	82101172272	吴 玥	2017.09	2020.07	白文波	农业水资源与环境	农业水土环境	化学制剂对冬小麦抗干热风的调控作用与机理研究
154	82101172275	杨 潇	2017.09	2020.07	刘恩科	农业水资源与环境	旱地农业	长期施肥对土壤无机碳变化的影响及机理研究
155	82101176074	车艳丽	2017.09	2020.07	杨其长	农业资源利用	不区分研究方向	基于酱香型白酒酒糟沼渣的有机基质研究及应用

（续表）

序号	学号	姓名	入学时间（年.月）	毕业时间（年.月）	导师	专业	研究方向	论文题目
156	82101176076	封 富	2017.09	2020.07	钟秀丽	农业资源利用	不区分研究方向	冬小麦品种抗旱性差异的代谢组学分析
157	82101176077	何久兴	2017.09	2020.07	吕国华	农业资源利用	不区分研究方向	蔗糖对作物生长调控及其抗低温能力的作用机理研究
158	82101176079	纪冰祎	2017.09	2020.07	宋吉青	农业资源利用	不区分研究方向	连续失水-复水中保水剂与土壤的水分交换及其互作效应
159	82101175080	李崇瑞	2017.09	2020.07	游松财	农业资源利用	不区分研究方向	东北地区春玉米干旱监测研究
160	82101175081	梁立江	2017.09	2020.07	武永峰	农业资源利用	不区分研究方向	东北地区水稻障碍型冷害灾变过程监测与评估研究
161	82101175082	牛晓光	2017.09	2020.07	郭李萍	农业资源利用	不区分研究方向	大气CO_2浓度升高与氮肥互作对玉米光合及碳氮代谢的影响
162	82101176083	田 雨	2017.09	2020.07	杨建军	农业资源利用	不区分研究方向	土壤不同密度组分吸附固定重金属的分子机制
163	82101176084	王丽娟	2017.09	2020.07	龚道枝	农业资源利用	不区分研究方向	水肥一体化下番茄需水信号、产量及品质对不同水氮水平的响应研究
164	82101176086	邢换丽	2017.09	2020.07	王耀生	农业资源利用	不区分研究方向	水分和氮素对玉米叶片呼吸和相关生理过程的影响及调控机制
165	82101176087	张良东	2017.09	2020.07	杨建军	农业资源利用	不区分研究方向	Eh变化耦合的污染土壤砷动态释放、形态转化及作物有效性研究
166	82101175084	张玉彬	2017.09	2020.07	刘文科	农业资源利用	不区分研究方向	光氮条件对采前LED红蓝光连续光照调控水培生菜AsA代谢的影响
167	82101176088	郑 莉	2017.09	2020.07	张晴雯	农业资源利用	不区分研究方向	沼液施用对黄淮海平原盐化潮土土壤结构稳定性的影响

（续表）

序号	学号	姓名	入学时间（年.月）	毕业时间（年.月）	导师	专业	研究方向	论文题目
168	82101176089	周凤琴	2017.09	2020.07	张西美	农业资源利用	不区分研究方向	内蒙古典型草原植物群落和土壤微生物群落对环境变化的响应
169	82101176090	庄 姗	2017.09	2020.07	李玉中	农业资源利用	不区分研究方向	植物根系分泌对土壤N_2O排放的影响
170	82101172002	李 岩	2017.09	2020.07	高清竹	气象学	气候资源与气候变化	增温对青藏高原高寒草甸和人工草地N_2O排放通量的影响
171	82101162002	罗文蓉	2016.09	2020.07	高清竹	气象学	气候资源与气候变化	气候变化对藏北高寒草甸CO_2净交换影响的模拟与预测
172	82101172003	张玥滢	2017.09	2020.07	刘布春	气象学	气象灾害与减灾	苹果水旱灾害风险评价与保险产品研发
173	82101172264	曹小霞	2017.09	2020.07	苏世鸣	土壤学	土壤生态与修复	玉米品种间对砷累积能力差异及其吸收与耐砷机制
174	82101172266	杨小东	2017.09	2020.07	曾希柏	土壤学	土壤生态与修复	长期施肥对三种土壤酶活性及硝化微生物丰度的影响
175	82101176075	崔建霞	2017.09	2020.08	王 琰	农业资源利用	不区分研究方向	双效型纳米农药缓释微囊的制备工艺和应用
176	82101176082	田 艳	2017.09	2020.08	崔海信	农业资源利用	不区分研究方向	药用植物纳米功能剂开发及应用
177	82101172075	朱华新	2017.09	2020.08	王 琰	生物物理学	纳米生物学	吡虫胺与阿维菌素纳米缓控释载药体系的性能研究
178	82101176081	梁 婷	2017.09	2020.08	李莲芳	农业资源利用	不区分研究方向	铈锰改性生物炭对土壤砷的固定效应与机制研究
179	82101176085	王 然	2017.09	2020.08	张国良	农业资源利用	不区分研究方向	少花蒺藜草对磷元素高效利用的土壤微生态机制

（续表）

序号	学号	姓名	入学时间（年.月）	毕业时间（年.月）	导师	专业	研究方向	论文题目
180	82101172004	马娟	2017.09	2020.08	李玉娥	气象学	温室气体排放及减排	增温增 CO_2 及施氮水平对双季稻田温室气体排放的影响
181	82101172001	韩耀杰	2017.09	2020.08	马欣	气象学	气候变化与气候资源利用	人工灌木碳储量核算及驱动因素分析
182	82101176080	李紫薇	2017.09	2020.08	贺勇	农业资源利用	不区分研究方向	冬小麦开花期对气象条件和基因型的响应研究
183	82101182132	宋建超	2018.09	2021.07	陶秀萍	环境工程	农业废弃物处理与利用	基于絮凝预处理的膜生物反应器处理奶牛场高浓度污水中试试验研究
184	82101182131	连天境	2018.09	2021.07	董红敏	环境工程	农业废弃物处理与利用	物料配比对猪粪混合发酵产乳酸特性研究
185	82101182120	邵明杰	2018.09	2021.07	刘文科	农业生物环境与能源工程	农业生物环境工程	LED红蓝光供光模式对紫叶生菜生长和品质的影响
186	82101182118	路军灵	2018.09	2021.07	魏灵玲	农业生物环境与能源工程	农业生物环境工程	根际带电栽培对植物工厂生菜生长、叶烧病及品质的影响
187	82101182105	孙嘉星	2018.09	2021.07	龚道枝	农业水土工程	作物高效用水理论与技术	灌溉施肥对酿酒葡萄水肥信号及产量和品质的影响研究
188	82101182278	白重九	2018.09	2021.07	刘恩科	农业水资源与环境	旱地农业	近30年北方旱地农田土壤有机碳变化特征及其主控因素研究
189	82101182277	张雨函	2018.09	2021.07	张西美	农业水资源与环境	农业水土环境	植物叶内生菌多样性的维持机制
190	82101182279	丁伟丽	2018.09	2021.07	严昌荣	农业水资源与环境	旱地农业	地膜微塑料和塑化剂特点及对动植物的影响研究

（续表）

序号	学号	姓名	入学时间（年.月）	毕业时间（年.月）	导师	专业	研究方向	论文题目
191	82101182004	杨荣全	2018.09	2021.07	郭李萍	气象学	温室气体排放及减排	不同水氮管理措施对华北平原典型露地菜地氮去向的影响
192	82101182003	王子欣	2018.09	2021.07	高清竹	气象学	温室气体排放及减排	藏北高寒草地生态系统碳交换和植物群落对干旱的响应
193	82101182001	庞静漪	2018.09	2021.07	刘布春	气象学	气象灾害与减灾	辽宁葡萄种植的灾害风险分析与预估（1971—2100年）
194	82101182094	郓玲玲	2018.09	2021.07	张国良	生态学	农业生态学	印加孔雀草入侵生物学特性及其根际微生物群落研究
195	82101182092	马立晓	2018.09	2021.07	张爱平	生态学	农业生态学	华北平原不同耕作措施下土壤有机质来源贡献研究
196	82101182272	李丽娟	2018.09	2021.07	苏世鸣	土壤学	土壤生态与修复	真菌对砷的胞内区隔及砷转化基因多样性研究
197	82101182270	宋 佳	2018.09	2021.07	曾希柏	土壤学	土壤生态与修复	长期施肥对三种母质发育土壤微生物学特征的影响
198	82101182271	赵 婧	2018.09	2021.07	王亚男	土壤学	土壤生态与修复	红壤改良对土壤全程氨氧化细菌群落组成及功能的影响
199	82101186103	唐占明	2018.09	2021.07	刘杏认	资源利用与植物保护	不区分研究方向	基于同位素特征溯源分析生物炭对华北农田土壤硝化反硝化过程的影响研究
200	82101186100	李 威	2018.09	2021.07	顾峰雪	资源利用与植物保护	不区分研究方向	北方旱作春玉米水分生产力时空变化的模拟研究
201	82101185095	李 明	2018.09	2021.07	李迎春	资源利用与植物保护	不区分研究方向	大气CO_2浓度升高与氮肥互作对夏玉米光合参数及花后碳氮同化物的影响

（续表）

序号	学号	姓名	入学时间 （年.月）	毕业时间 （年.月）	导师	专业	研究方向	论文题目
202	82101186097	崔宇菲	2018.09	2021.07	毛丽丽	资源利用与植物保护	不区分研究方向	滴灌条件下葡萄园水分运移过程及其模拟研究
203	82101186098	寇馨月	2018.09	2021.07	李玉中	资源利用与植物保护	不区分研究方向	山东典型地区地下水硝酸盐时空变化与溯源研究
204	82101185097	邢佳伊	2018.09	2021.07	王耀生	资源利用与植物保护	不区分研究方向	干旱锻炼和施氮对小麦生理特性及水分利用效率的影响
205	82101185094	李璐瑶	2018.09	2021.07	耿兵	资源利用与植物保护	不区分研究方向	异位发酵处理蛋鸡废弃物过程中微生物耐抗性基因的动态变化
206	82101186108	于梦赢	2018.09	2021.07	马欣	资源利用与植物保护	不区分研究方向	四子王旗灌草模式对草地土壤有机碳的影响
207	82101186102	苏倩倩	2018.09	2021.07	李莲芳	资源利用与植物保护	不区分研究方向	蚯蚓/铈锰改性生物炭对砷污染红壤的钝化效应
208	82101186107	王悦	2018.09	2021.07	何文清	资源利用与植物保护	不区分研究方向	生物降解地膜水蒸气阻隔性能改性研究及田间应用评价
209	82101186106	王艺皓	2018.09	2021.07	杨建军	资源利用与植物保护	不区分研究方向	油菜秸秆生物炭及其复配材料对镉性污染土壤镉的钝化机制及微生物学效应研究
210	82101186109	张汉超	2018.09	2021.07	曾章华	资源利用与植物保护	不区分研究方向	类水滑石介导的植物纳米基因递送系统的构建
211	82101186104	王铎	2018.09	2021.07	王庆锁	资源利用与植物保护	不区分研究方向	京津冀冬小麦时空分布格局研究
212	82101185098	袁梦	2018.09	2021.07	娄翼来	资源利用与植物保护	不区分研究方向	东北稻田"有机肥替代"对土壤酶活性和线虫群落的影响

（续表）

序号	学号	姓名	入学时间（年.月）	毕业时间（年.月）	导师	专业	研究方向	论文题目
213	82101186101	马俊杰	2018.09	2021.07	贺 勇	资源利用与植物保护	不区分研究方向	低水肥投入下小麦籽粒产量和蛋白质含量对基因型的响应
214	82101185092	冯 炼	2018.09	2021.07	朱昌雄	资源利用与植物保护	不区分研究方向	北京市顺义区金鸡河流域土壤中抗生素抗性菌的分布特征
215	82101186099	李柠君	2018.09	2021.07	王 琰	资源利用与植物保护	不区分研究方向	缓释型纳米杀菌剂的制备与性能评价
216	82101186105	王珂依	2018.09	2021.07	刘 园	资源利用与植物保护	不区分研究方向	西南干热河谷酿酒葡萄时域延迟萌芽的气候资源配置与区划
217	82101185093	李 晶	2018.09	2021.07	刘国强	资源利用与植物保护	不区分研究方向	吡虫啉微纳载药体系的构建及其在黄瓜上沉积和迁移规律的研究
218	82101185096	马金智	2018.09	2021.07	朱志平	资源利用与植物保护	不区分研究方向	异位发酵床处理肉鸭粪污的效果研究
219	82101186096	卞含笑	2018.09	2021.07	朱志平	资源利用与植物保护	不区分研究方向	部分亚硝化-厌氧氨氧化工艺处理猪场沼液的中试试验
220	82101186223	康晨茜	2018.09	2021.07	杨其长	农业工程与信息技术	不区分研究方向	LED光质对黄瓜与番茄幼苗的生理影响研究
221	82101186224	李宝石	2018.09	2021.07	刘文科	农业工程与信息技术	不区分研究方向	日光温室起垄内嵌式基质栽培N_2O和CO_2排放特征及其根区调控
222	82101185225	吴晨溶	2018.09	2021.07	杨其长	农业工程与信息技术	不区分研究方向	基于CFD的植物工厂作物冠层管道风流模拟及试验
223	82101185224	骆乾亮	2018.09	2021.07	程瑞锋	农业工程与信息技术	不区分研究方向	日光温室主动蓄热系统热过程模拟与优化设计

（续表）

序号	学号	姓名	入学时间（年.月）	毕业时间（年.月）	导师	专业	研究方向	论文题目
224	82101186225	赵爱萍	2018.09	2021.07	武永峰	农业工程与信息技术	不区分研究方向	基于单—宽波段光谱指数预测晚霜冻胁迫后冬小麦减产率研究
225	82101192002	陈洪儒	2019.09	2022.07	秦晓波	大气科学	温室气体排放及减排	等养分投入下绿肥与稻秆还田对超级稻甲烷产生、氧化和传输的影响
226	82101192001	张晓男	2019.09	2022.07	刘布春	大气科学	气象灾害与减灾	陕西省苹果高低温灾害风险区划及天气指数保险设计
227	82101192125	刘璐	2019.09	2022.07	陶秀萍	环境工程	农业废弃物处理与利用	微生物燃料电池处理奶牛场污水产电试验研究
228	82101192124	曹甜甜	2019.09	2022.07	董红敏	环境工程	农业废弃物处理与利用	湿式洗涤耦合光催化技术对鸡舍臭气和微生物气溶胶去除效率研究
229	82101192117	李佳彬	2019.09	2022.07	耿兵	环境科学	环境污染与修复	微生物发酵床技术处理农村厕所粪污研究
230	82101192116	黄晓雅	2019.09	2022.07	李莲芳	环境科学	环境污染与修复	铈锰改性麦秆炭老化过程对土壤砷钝化效能的影响研究
231	82101192113	李扬眉	2019.09	2022.07	仝宇欣	农业生物环境与能源工程	农业生物环境工程	电场对植物工厂生菜生长发育及其营养品质影响研究
232	82101192272	运翠霞	2019.09	2022.07	刘恩科	农业水资源与环境	旱地农业	华北集约农区土传病害覆膜高温消杀技术研究
233	82101192271	乔润猛	2019.09	2022.07	何文清	农业水资源与环境	旱地农业	生物降解地膜专用抗紫外剂研发与应用评价
234	82101192270	徐亚楠	2019.09	2022.07	白文波	农业水资源与环境	农业水土环境	磷糖类制剂对干热风冬小麦籽粒形成过程和灌浆特性的调整作用
235	82101192269	郭仲英	2019.09	2022.07	刘晓英	农业水资源与环境	农业水土环境	不同冠层阻力模型在冬小麦蒸散量模拟中的应用

（续表）

序号	学号	姓名	入学时间（年.月）	毕业时间（年.月）	导师	专业	研究方向	论文题目
236	82101192091	孙佳丽	2019.09	2022.07	张爱平	生态学	农业生态学	长期施用生物炭下氨氧化微生物的变化及其对硝化作用的相对贡献
237	82101192090	高金会	2019.09	2022.07	张国良	生态学	农业生态学	外来入侵植物少花蒺藜草对氮素高效利用的微生态机制研究
238	82101192080	冯勃媛	2019.09	2022.07	曾章华	生物物理学	纳米生物学	农药纳米微囊和光响应控释剂型的制备及评价
239	82101192263	张 玥	2019.09	2022.07	苏世鸣	土壤学	土壤生态与修复	有机物料施用及水分变化对稻田土壤砷甲基化效率及其关键微生物过程的影响
240	82101192262	宋翰乾	2019.09	2022.07	张西美	土壤学	土壤生态与修复	氮肥施用和刈割影响内蒙古草原生物群落的模式和机制
241	82101195261	张玉琛	2019.09	2022.07	张 义	农业工程与信息技术	设施农业技术	基于多维数据的日光温室热环境模拟
242	82101195260	薛鹏英	2019.09	2022.07	朱志平	农业工程与信息技术	设施农业技术	肉鸭粪肥对果蔬质量及土壤环境的影响研究
243	82101195259	崔庭源	2019.09	2022.07	杨其长	农业工程与信息技术	设施农业技术	基于迁移学习与卷积神经网络的生菜鲜重估测研究
244	82101195182	赵宇航	2019.09	2022.07	杨建军	资源利用与植物保护	农业资源开发与利用	土壤有机液相^{3}P核磁形态表征方法学研究
245	82101195181	张静昕	2019.09	2022.07	张 亮	资源利用与植物保护	农业资源开发与利用	隐丹参酮磷脂-壳聚糖自组装纳米粒子抗菌作用研究
246	82101195179	宋柏龙	2019.09	2022.07	郝卫平	资源利用与植物保护	农业资源开发与利用	微咸水灌溉对华北平原冬小麦土壤微生物的影响

（续表）

序号	学号	姓名	入学时间（年.月）	毕业时间（年.月）	导师	专业	研究方向	论文题目
247	82101195178	马明明	2019.09	2022.07	李迎春	资源利用与植物保护	农业资源开发与利用	气候变化背景下冬小麦品质形成的气象因素及未来时空演变规律
248	82101195168	王永杰	2019.09	2022.07	杨世琦	资源利用与植物保护	农业面源污染与生态治理	喷施CMC-K对宁夏引黄灌区土壤及其作物的影响
249	82101195167	冉秦	2019.09	2022.07	罗良国	资源利用与植物保护	农业面源污染与生态治理	菜园化肥减施增效技术模式评价指标体系构建及应用研究
250	82101195117	黄秉娜	2019.09	2022.07	王琰	资源利用与植物保护	农业有害生物综合防控	农药纳米胶囊的制备与性能表征
251	82101196217	杨利	2019.09	2022.07	杨其长	农业工程与信息技术	设施农业技术	光温环境对十字花科芽苗菜生长及品质的影响研究
252	82101196216	王奇	2019.09	2022.07	刘文科	农业工程与信息技术	设施农业技术	植物工厂水培生菜LED红蓝光供给模式优化研究
253	82101196215	江旭东	2019.09	2022.07	朱志平	农业工程与信息技术	设施农业技术	鸡舍氨排放特征与弱酸喷淋氨减排参数优化试验
254	82101196214	胡旭朝	2019.09	2022.07	董红敏	农业工程与信息技术	设施农业技术	离心微滤膜前预处理对猪场粪水处理效果的研究
255	82101196148	赵驰鹏	2019.09	2022.07	茶晋青	资源利用与植物保护	农业资源开发与利用	基于吡啶-2,6-二甲酸衍生物的小分子转光剂的研究及应用评价
256	82101196147	杨扬	2019.09	2022.07	何文清	资源利用与植物保护	农业资源开发与利用	农田土壤地膜源微塑料污染分布特征与释放机制研究
257	82101196143	钱远超	2019.09	2022.07	吕国华	资源利用与植物保护	农业资源开发与利用	壳寡糖和纤维寡糖对土壤微生物群落结构的影响

（续表）

序号	学号	姓名	入学时间（年.月）	毕业时间（年.月）	导师	专业	研究方向	论文题目
258	82101196146	王子健	2019.09	2022.07	郝卫平	资源利用与植物保护	农业资源开发与利用	华北地区滴灌施肥对小麦－玉米籽粒矿质元素含量和品质的影响
259	82101196145	王宏哲	2019.09	2022.07	韩东飞	资源利用与植物保护	农业资源开发与利用	农用地膜聚乙烯降解微生物分离及降解机理研究
260	82101196144	史丽平	2019.09	2022.07	贺勇	资源利用与植物保护	农业资源开发与利用	气候变化背景下冬小麦粒重对基因型、播期的响应
261	82101196132	杨嘉琏	2019.09	2022.07	朱昌雄	资源利用与植物保护	农业面源污染与生态治理	不同类型肥料对农田的环境影响研究
262	82101196131	田昊曈	2019.09	2022.07	娄翼来	资源利用与植物保护	农业面源污染与生态治理	土壤酶群分析对腐肩网特征的指示作用研究
263	82101196093	郑重	2019.09	2022.07	王亚男	资源利用与植物保护	农业废弃物资源化利用	温度与有机碳源调控潮棕壤氧化亚氮产生及排放机制研究
264	82101192004	魏娜	2019.09	2022.07	郭李萍	大气科学	温室气体排放及减排	未来气候情景下露地菜地阻控活性氮损失的多目标水氮管理措施模拟
265	2019Y9020004	FANTA F JABBI	2019.09	2022.07	李玉娥	农业气象与气候变化	气候变化影响与适应	气候变化对冈比亚主要粮食作物的影响对粮食安全的影响
266	2018Y9020027	TRUJILLO MARIN ELIO ENRIQUE	2018.09	2022.07	王耀生	农业水土工程	作物高效用水理论与技术	土壤水分和生育期施氮素施用比例对番茄生长、生理响应、水分利用效率和氮素吸收的影响
267	82101196142	刘昊隆	2019.09	2022.07	毛丽丽	资源利用与植物保护	农业资源开发与利用	温室空气－土壤换热器湿热汽凝结规律及数值模拟
268	82101195180	宋惠敏	2019.09	2022.07	马欣	资源利用与植物保护	农业资源开发与利用	榆林市旱涝急转特征及其对作物产量的影响

附录12　国家奖学金获得者名录

序号	年级	姓名	性别	导师	专业	类别	获奖年度
1	2011级	柴彦君	男	曾希柏	土壤学	博士	2013
2	2011级	国 辉	女	朱昌雄	微生物学	博士	
3	2011级	刁田田	女	郭李萍	土壤学	硕士	
4	2010级	赵 翔	男	崔海信	生物物理学	博士	2014
5	2013级	王 悦	女	董红敏	农业水土工程	博士	
6	2012级	姜亚珍	女	游松财	气象学	硕士	
7	2012级	余 意	女	刘文科	植物营养学	硕士	
8	2014级	干珠扎布	男	林而达	农业气象与气候变化	博士	2015
9	2013级	赵叶萌	女	刘晓英	农业水资源与环境	硕士	
10	2014级	干珠扎布	男	林而达	农业气象与气候变化	博士	2016
11	2015级	冯 禹	男	龚道枝	农业水土工程	硕士	
12	2014级	李翔翔	男	居 辉	气象学	硕士	
13	2014级	高 翔	男	梅旭荣	农业水资源与环境	博士	2017
14	2015级	潘亚茹	女	罗良国	农业生态学	硕士	
15	2015级	刘 笑	女	游松财	气象学	硕士	
16	2016级	张玉琪	女	杨其长	设施农业与生态工程	博士	2018
17	2017级	高海河	男	严昌荣	农业水资源与环境	硕士	
18	2016级	占源航	男	董红敏	环境工程	硕士	
19	2017级	王安琪	女	崔海信	生物物理学	博士	2019
20	2017级	曹小霞	女	苏世鸣	土壤学	硕士	
21	2017级	刘 杨	男	何文清	农业水资源与环境	硕士	
22	2019级	夏 星	男	杨建军	土壤学	博士	2020
23	2018级	李丽娟	女	苏世鸣	土壤学	硕士	
24	2018级	连天境	男	董红敏	环境工程	硕士	
25	2018级	宋婷婷	女	朱昌雄	生态学	博士	2021
26	2019级	孙佳丽	女	张爱平	生态学	硕士	
27	2019级	马明明	女	李迎春	资源利用与植物保护	硕士	
28	2021级	曹起涛	男	董红敏	农业生物环境能与能源工程	博士	2022
29	2020级	仇雪峰	男	王建东	农业水资源与环境	硕士	
30	2020级	晋 琳	女	杨建军	土壤学	硕士	

附录13 北京市优秀毕业生获得者名录

序号	年级	姓名	性别	导师	专业	类别	获奖年度
1	2011级	刘义飞	男	杨其长	农业工程	硕士	2014
2	2012级	姜亚珍	女	游松财	气象学	硕士	2015
3	2013级	高 雪	女	曾希柏	环境科学	硕士	2016
4	2014级	干珠扎布	男	林而达	农业气象与气候变化	博士	2017
5	2015级	柯行林	男	杨其长	农业生物环境与能源工程	硕士	2018
6	2016级	王春鑫	男	崔海信	生物物理学	博士	2019
7	2017级	张玥滢	女	刘布春	气象学	硕士	2020
8	2017级	高海河	男	严昌荣	农业水资源与环境	硕士	2020
9	2018级	连天境	男	董红敏	环境工程	硕士	2021
10	2018级	李丽娟	女	苏世鸣	土壤学	硕士	2021
11	2019级	夏 星	男	杨建军	土壤学	博士	2022
12	2019级	邹 洁	女	杨其长	农业生物环境与能源工程	博士	2022
13	2019级	曹甜甜	女	董红敏	环境工程	硕士	2022

附录14 基建修购项目

附表14-1 基本建设项目（2013—2022年）

序号	项目名称	立项批准号	初步设计批准文号	项目建设地点	竣工时间	总投资（万元）	其中国家投资（万元）	主要建设内容及规模
1	农业部旱作节水农业重点实验室建设项目	农计函〔2013〕285号	农办计〔2014〕30号	北京市中关村南大街12号环发所	2017	809	809	购置植物光合测定仪、植物生理生态监测系统、质谱检测器、荧光定量PCR仪、微生物鉴定系统、总有机碳分析仪、流动注射仪、原子吸收分光光度计、高速冷冻离心机、多气体分析仪、同位素质谱仪等14台（套）仪器设备
2	农业部设施农业节能与废弃物处理重点实验室建设项目	农计函〔2013〕290号	农办计〔2014〕47号	北京市中关村南大街12号环发所	2017	708	708	购置温室环境立体监测设备、光合测定仪、近红外分析仪、冷冻干燥机、植物生理生态监测系统、养殖环境立体监测设备、总有机碳分析仪、光声谱多气体检测仪、动物生理信号遥测系统、液相色谱仪、多标记微孔板检测系统等14台（套）仪器设备，改造实验室60 m²

（续表）

序号	项目名称	立项批准号	初步设计批准文号	项目建设地点	竣工时间	总投资（万元）	其中国家投资（万元）	主要建设内容及规模
3	植物工厂物联网应用研究	农计函〔2012〕208号	农办计〔2013〕56号	北京市中关村南大街12号	2017	600	600	改造植物工厂816 m²，其中叶菜植物工厂353 m²，食用菌工厂463 m²；购置智能感知系统等环境智能控制系统设备26台（套），叶菜人工光源系统设备61台（套），数据处理及网络平台硬件设备25台（套），购置数据库系统软件2套，开发物联网平台应用软件1套，并进行系统集成
4	中国农业科学院农业环境与可持续发展研究所顺义试验基地建设项目	农计发〔2016〕101号	农办计〔2017〕98号	北京市顺义区大孙各庄镇府前东街2号	2022	2 593	2 593	新建综合实验室2 804 m²，科研车间1 219 m²，农机具库175 m²，配套给排水、电气、供暖及安防监控系统等室外工程，购置设施园艺农业环境控制系统7台（套）
5	国家数字设施农业创新中心建设试点项目	农规发〔2019〕9号	农办规〔2019〕53号	北京市中关村南大街12号	2022	1 310	1 310	改造远程控制与服务中心、数据中心以及生产区域的建筑装饰、灌溉系统、通风空调、强弱电等基础设施416 m²，购置设施园艺农业生产运营管理系统、智能水肥一体化控制系统等硬件设备194台（套），购置数据库、服务器操作系统、杀毒软件等软件系统3套，杀菌仓储系统、开发仓储系统、生产计划管理子系统和生产过程管理子系统等应用软件5套，并进行系统集成

（续表）

序号	项目名称	立项批准号	初步设计批准文号	项目建设地点	竣工时间	总投资（万元）	其中国家投资（万元）	主要建设内容及规模
6	中国农业科学院农业环境与可持续发展研究所农业科技创新园改造项目	农规发〔2019〕30号	农办规〔2020〕31号	北京市中关村南大街12号	项目实施中	2 802	2 802	改造智能联栋温室4 049.6 m²、双层智能联栋温室1 762.80 m²，食药用菌菌种研发中心1 191.6 m²，购置温室屋面清洗机、低温保藏箱、超低温培养箱2台、凯氏定氮仪、温室自动控制系统、物联网自动控制系统共7台（套）仪器设备
7	中国农业科学院农业环境与可持续发展研究所农村部休闲农业重点实验室建设项目	农规发〔2019〕30号	农办规〔2020〕41号	北京市中关村南大街12号	项目实施中	1 604	1 604	购置安装智能叶菜定植实验机械装备、智能叶菜采收实验机械装备、休闲农业成果转化场景化实验室系统等仪器设备25台（套）

附录14-2 修缮购置项目（2013—2022年）

序号	项目名称	类型	年度	项目经费（万元）
1	中国农业科学院前沿优势项目：农业环境综合试验示范基地基础设施改造项目	基础设施改造	2013	1 091.29
2	中国农业科学院共建共享项目：农业环境重点野外科学试验站基础设施改造项目	基础设施改造	2014	190
3	中国农业科学院公共安全项目：环发所科研楼房屋修缮项目	房屋修缮	2015	1 345
4	更新改造项目：农业环境专用实验室房屋修缮项目	房屋修缮	2016	195
5	共建共享项目：北京农业环境综合试验示范基地基础设施改造二期项目	基础设施改造	2016—2017	2 115
6	人才引进项目：科技创新团队科研平台仪器设备购置项目	仪器设备购置	2018	1 115
7	院级重大平台：国家农业科技创新园基础设施改造项目	基础设施改造	2019—2020	2 655
8	院级重大平台：中国农业科学院成都农业科技中心环境生物学公共实验室仪器设备购置	仪器设备购置	2020	3 220
9	院级重大平台：中国农业科学院成都农业科技中心功能植物栽培与精细化提取利用公共实验室仪器设备购置项目	仪器设备购置	2021	2 180
	合计	—	—	14 106.29